高等职业教育教学改革系列规划教材
国家示范性高职院校建设项目成果

PLC 应用技术项目教程

（三菱 FX 系列）

（第 2 版）

姜新桥　石建华　主　编

黄利敏　副主编

侯肖霞　主　审

电子工业出版社

Publishing House of Electronics Industry

北京·BEIJING

内 容 简 介

本书根据国家示范性高等职业院校建设项目的需要编写，按照项目导向、任务驱动的模式，重点介绍三菱 FX_{2N} 系列 PLC 的工作原理和应用技术。全书包括 PLC 认知初步，基本逻辑指令及应用，步进指令及应用，功能指令、特殊模块及应用，PLC 的综合应用等内容。在附录中提供了常用电气设备图形及文字符号、FX_{2N} 系列 PLC 的主要技术指标、特殊元件编号及名称检索和应用指令总表，供读者使用时查阅。

本书可作为高等职业院校和各类培训学校的机电、电气、电子类专业的教材，也可供相关工程技术人员参考使用。

图书在版编目（CIP）数据

PLC 应用技术项目教程：三菱 FX 系列/姜新桥，石建华主编. —2 版. —北京：电子工业出版社，2016.6
高等职业教育教学改革系列规划教材

ISBN 978-7-121-29106-7

Ⅰ. ①P… Ⅱ. ①姜… ②石… Ⅲ. ①plc 技术－高等职业教育－教材 Ⅳ. ①TM571.6

中国版本图书馆 CIP 数据核字（2016）第 136453 号

策划编辑：王艳萍
责任编辑：王艳萍
印　　刷：涿州市京南印刷厂
装　　订：涿州市京南印刷厂
出版发行：电子工业出版社
　　　　　北京市海淀区万寿路 173 信箱　邮编　100036
开　　本：787×1 092　1/16　印张：16.5　字数：422.4 千字
版　　次：2016 年 6 月第 1 版
印　　次：2022 年 2 月第 9 次印刷
定　　价：37.00 元

凡所购买电子工业出版社图书有缺损问题，请向购买书店调换。若书店售缺，请与本社发行部联系，联系及邮购电话：（010）88254888，88258888。

质量投诉请发邮件至 zlts@phei.com.cn，盗版侵权举报请发邮件至 dbqq@phei.com.cn。

本书咨询联系方式：（010）88254574。

前　　言

PLC 是一种以微处理器为基础的通用工业控制装置，是自动化系统中的关键设备，广泛应用于机电一体化、工业自动化控制等各个领域。目前在高等职业院校的机电、电气类等专业，PLC 应用技术已被列为重要的专业课程。

本书从高职学生的接受能力、课程的易学性和 PLC 工程应用出发，以三菱 FX$_{2N}$ 系列 PLC 为主线，介绍 PLC 控制系统的开发方法。本书借鉴了学习领域课程开发的方法，在编写前首先组织企业工人和技术骨干的专家座谈会，充分了解企业现场对于本课程相关知识和技能的要求，从企业生产过程中提取典型任务，根据对典型工作任务的分析，确定学习项目和学习任务。通过学习项目和学习任务的完成，达到学习目标，最终使学生在分析和解决实际问题的过程中提高知识的应用能力。

本书根据国家示范性高等职业院校建设项目的需要编写。全书分为五个项目。项目 1 为 PLC 认知初步，以三项任务分别介绍了 PLC 的基本结构和工作原理，三菱 FX$_{2N}$ 系列 PLC 的硬件、外部接线和编程元件，以及 FX 系列常用编程软件 GX Developer。项目 2 为基本逻辑指令及应用，通过电动机的 PLC 控制介绍了基本逻辑指令、梯形图、编程方法及实际应用。项目 3 为步进指令及应用，通过三项任务的实施，介绍了顺序功能图及类型、步进指令编程方法及实际应用。项目 4 为功能指令、特殊模块及应用，通过前两项任务的完成介绍了功能指令及应用，后一项任务介绍了模拟量的 PLC 控制方法。项目 5 为 PLC 的综合应用，介绍了三菱 FR-E700 系列的变频器及 PLC 控制；介绍了触摸屏和组态软件的知识，使 PLC 控制系统知识的学习更趋完整；介绍了 PLC 通信控制的内容。

本书精选了 15 个具体的学习任务作为载体，以"项目导向—任务驱动"的教学模式编写。本书按照"任务目标—任务分析—相关知识—任务实现—知识链接—能力测试—研讨与练习"的顺序编排，每个任务的实施都按照"I/O 分配—硬件接线—编程—调试"步骤进行，通过每一个完整的"教、学、做"一体化教学，使读者能较熟练地掌握 PLC 控制系统的设计、安装和调试方法。每个项目中各个任务的安排均由简单到复杂并尽量注意循序渐进，同时保证各项任务学习内容的针对性和多项任务完成后知识的相对系统性。本书中的任务目标使学习内容具体明确，任务分析则主要阐明控制要求，相关知识直接服务于任务实施，任务实现强调的是按规范执行，知识链接则更注重基本知识的拓展，而能力测试是对学生解决问题能力的检验，研讨与练习则进一步延伸知识的应用并巩固所学的知识。

本书由武汉职业技术学院姜新桥、石建华担任主编，黄利敏担任副主编。杨杰、付斯桃、李健、袁勇参加了本书的编写工作。本书由姜新桥统稿，侯肖霞主审。

本书配有免费的电子教学课件、项目程序，请有需要的教师登录华信教育资源网（www.hxedu.com.cn）免费注册后下载，有问题请在网站留言或与电子工业出版社联系（E-mail：hxedu@phei.com.cn）。

由于编写时间仓促，加之编者水平有限，书中难免存在错误和不妥之处，敬请广大读者批评指正。对本书的意见和建议请发电子邮件至作者邮箱：jxq1957@126.com。

编　　者

目　　录

项目 1　PLC 认知初步

1.1　可编程控制器的构成及工作原理

1.1.1　PLC 的产生与发展

　　1968 年，美国最大的汽车制造商——通用汽车公司（GM 公司）为了适应生产工艺不断更新的需要，提出要用一种新型的工业控制器取代继电器—接触器控制装置，并要求将计算机控制的优点（功能完备，灵活性、通用性好）和继电器—接触器控制的优点（简单易懂、使用方便、价格便宜）结合起来，设想将继电器—接触器控制的硬接线逻辑转变为计算机的软件逻辑编程，且要求编程简单，使不熟悉计算机的人员也能很快掌握其使用技术。第二年，美国数字设备公司（DEC 公司）研制出了第一台可编程控制器（PLC），并在美国通用汽车公司的自动装配线上试用成功，取得了满意的效果，可编程控制器自此诞生。

　　PLC 的定义有许多种，国际电工委员会（IEC）对 PLC 的定义：可编程控制器是一种专为在工业环境下应用而设计的数字运算操作的电子装置。它采用可编程序的存储器，用来在其内部存储执行逻辑运算、顺序控制、定时、计数和算术运算等操作的指令，并通过数字的或模拟的输入和输出，控制各种类型的机械或生产过程。可编程控制器及其有关的外围设备，都应按易于与工业控制系统形成一个整体，易于扩展其功能的原则而设计。

1.1.2　PLC 的特点与应用领域

1. PLC 的特点

　　（1）抗干扰能力强、可靠性高

　　在工业现场存在着电磁干扰、电源波动、机械振动、温度和湿度的变化等因素，这些因素都影响着计算机的正常工作。而 PLC 从硬件和软件两个方面都采取了一系列的抗干扰措施。在硬件方面，PLC 采用大规模和超大规模的集成电路，采用了隔离、滤波、屏蔽及接地等抗干扰措施，并采取了耐热、防潮、防尘和抗振等措施；在软件上采用数字滤波等抗干扰和故障诊断措施。以上这些措施使 PLC 具有了很强的抗干扰能力和很高的可靠性。

　　（2）控制系统结构简单、使用方便

　　在 PLC 控制系统中，只需在 PLC 的输入/输出端子上接入相应的信号线即可，不需要连接继电器之类的低压电器和大量复杂的硬件接线电路，大大简化了控制系统的结构。PLC 体积小、质量轻，安装与维护也极为方便。另外，PLC 的编程大多采用类似继电器控制线路的梯形图形式，这种编程语言直观、容易掌握，编程非常方便。

　　（3）功能强大、通用性好

　　PLC 内部有成百上千个可供用户使用的编程元件，具有很强的功能，可以实现非常复杂的控制功能。另外，PLC 的产品已经标准化、系列化、模块化，配备品种齐全的各种硬件装置供用户使用，用户能灵活方便地进行系统配置，组成不同功能、不同规模的控制系统。

2．PLC 的应用领域

随着 PLC 技术的发展，PLC 的应用领域已经从最初的单机、逻辑控制，发展到能够联网、功能强大的控制。

（1）逻辑控制

通过"与"、"或"、"非"等逻辑指令的组合，代替继电器进行组合逻辑控制、定时控制与顺序逻辑控制，这是 PLC 最初能完成的功能，如印刷机、注塑机、组合机床、电镀流水线和电梯控制等。

（2）运动控制

PLC 可以使用专用的运动控制模块，对步进电动机或伺服电动机的单轴或多轴的位置进行控制。PLC 将描述位置的数据送给模块，其输出移动一轴或数轴到目标位置。每个轴移动时，位置控制模块保持适当的速度和加速度，确保运动平滑，如各种机械、机床、工业机器人和电梯等应用场合。

（3）过程控制

过程控制是指对温度、压力、流量等模拟量的闭环控制。对于温度、压力、流量等模拟量，PLC 提供了配套的模数（A/D）和数模（D/A）转换模块，使 PLC 可以很方便地处理这些模拟量；PLC 还提供了 PID 功能指令，可以很方便地进行闭环控制，从而实现过程控制。过程控制在冶金、化工、热处理及锅炉控制等场合有着非常广泛的应用。

（4）工业控制网络分级系统

PLC 能与计算机、PLC 及其他智能装置连成网络，使设备级的控制、生产线的控制、工厂管理层控制连成一个整体，形成控制自动化与管理自动化的有机集成，从而创造更高的企业效益。

1.1.3 PLC 的分类与主要产品

1．PLC 的分类

PLC 可以按以下两种方法进行分类。

（1）按 PLC 的点数分类

根据 PLC 可扩展的输入/输出点数，可以将 PLC 分为小型、中型和大型三类。小型 PLC 的输入/输出点数在 256 以下；中型 PLC 的输入/输出点数为 256～2048；大型 PLC 的输入/输出点数在 2048 以上。

（2）按 PLC 的结构分类

按 PLC 的结构，PLC 可分为整体式和模块式。整体式 PLC 将电源、CPU、存储器、I/O 系统都集中在一个小箱体内，小型 PLC 多为整体式 PLC；模块式 PLC 先按功能分成若干模块，如电源模块、CPU 模块、连接模块、输入模块及输出模块等，再根据系统要求组合成不同的模块，形成不同用途的 PLC，大中型的 PLC 多为模块式 PLC。

2. PLC 的主要产品

目前我国使用的 PLC 几乎都是国外品牌。在全世界有上百家 PLC 制造厂商，但只有几家举足轻重的厂商，它们是美国 Rockwell 自动化公司所属的 A-B（Alien&Bradly）公司、GE-FANUC 公司，德国的西门子（SIEMENS）公司和法国的施耐德（SCHNEIDER）自动化公司，日本的欧姆龙（OMRON）和三菱公司等。这几家公司控制着全世界 80% 以上的 PLC 市场，它们的系列产品有其技术广度和深度，从微型 PLC 到有上万个 I/O 点的大型 PLC 应有尽有。目前应用较广的 PLC 生产厂家的主要产品如表 1-1 所示。

表 1-1　部分 PLC 生产厂家及主要产品

国　　家	公　　司	产品型号
美国	GE-FANUC	90^{TM}-30 系列，90^{TM}-70 系列
日本	三菱 MITSUBISHI	FX_{1S}，FX_{1N}，FX_{2S}，FX_{2N} 系列，A 系列，Q 系列，AnS 系列
日本	欧姆龙 OMRON	C 系列，C200H，CPM1A，CQM1，CV 系列
德国	西门子 SIEMENS	S5 系列，S7-200，S7-300，S7-400 系列
法国	施耐德 SCHNEIDER	Twido，Micro，Premume，Compaq 系列

1.1.4　PLC 的基本结构和工作原理

1. PLC 的基本结构

各种 PLC 的组成结构基本相同，主要由 CPU、电源、存储器和输入/输出接口电路等组成。PLC 的基本结构如图 1-1 所示。

（1）中央处理单元

中央处理器单元（CPU）一般由控制器、运算器和寄存器组成。CPU 通过地址总线、数据总线、控制总线与存储单元、输入/输出接口、通信接口、扩展接口相连。CPU 是 PLC 的核心，它不断地采集输入信号，执行用户程序，刷新系统的输出。

（2）存储器

PLC 的存储器包括系统存储器和用户存储器两种。系统存储器用于存放 PLC 的系统程序，用户存储器用于存放 PLC 的用户程序。现在的 PLC 一般采用可电擦除的 E^2PROM 存储器来作为系统存储器和用户存储器。

（3）输入/输出接口电路

PLC 的输入接口电路的作用是将按钮、行程开关或传感器等产生的信号送入 CPU；PLC 的输出接口电路的作用是将 CPU 向外输出的信号转换成可以驱动外部执行元件的信号，以便控制接触器线圈等电器的通、断电。PLC 的输入/输出接口电路一般采用光电耦合隔离技术，可有效地保护内部电路。

PLC 的输入接口电路可分为直流输入电路和交流输入电路。直流输入电路的延迟时间比较短，可以直接与接近开关、光电开关等电子输入装置连接；交流输入电路适用于有油雾、粉尘的恶劣环境。直流输入电路如图 1-2 所示，交流输入电路将直流电源改为 220V 交流电源，其他与直流输入电路类似。

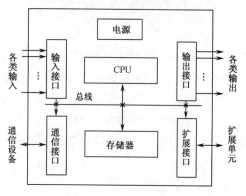

图 1-1　PLC 的基本结构图

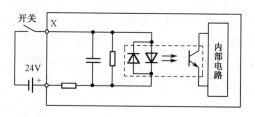

图 1-2　直流输入电路

输出接口电路通常有 3 种类型：继电器输出型、晶体管输出型和晶闸管输出型。

继电器输出的优点是电压范围宽、导通压降小、价格便宜，既可以控制直流负载，也可以控制交流负载；缺点是触点寿命短，转换频率低。继电器输出电路如图 1-3 所示。

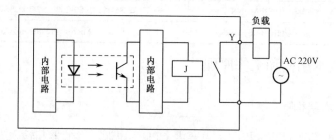

图 1-3　继电器输出电路

晶体管输出的优点是寿命长、无噪声、可靠性高、转换频率快，可驱动直流负载；缺点是价格高，过载能力较差。

晶闸管输出的优点是寿命长、无噪声、可靠性高，可驱动交流负载；缺点是价格高，过载能力较差。

（4）扩展接口和通信接口

PLC 扩展接口的作用是将扩展单元和功能模块与基本单元相连，使 PLC 的配置更加灵活，以满足不同控制系统的需要；通信接口的功能是通过这些接口和监视器、打印机、其他的 PLC 或计算机相连，从而实现"人—机"或"机—机"之间的对话。

（5）电源

PLC 一般使用 220V 交流电源或 24V 直流电源，内部的开关电源为 PLC 的中央处理器、存储器等电路提供 5V、12V、24V 直流电源，使 PLC 能正常工作。

2. PLC 的工作原理

PLC 有两种工作方式，即 RUN（运行）方式和 STOP（停止）方式。在 RUN 方式中，CPU 执行用户程序，并输出运算结果；在 STOP 方式中，CPU 不执行用户程序，但可将用户程序和硬件设置信息下载到 PLC 中。

PLC 控制系统与继电器控制系统在运行方式上存在着本质的区别。继电器控制系统的逻辑采用并行运行的方式，即如果一个继电器的线圈通电或者断电，该继电器的所有触点都会立即动作；而 PLC 的逻辑是通过 CPU 逐行扫描执行用户程序来实现的，即如果一个逻辑线圈接通或断开，该线圈的所有触点并不会立即动作，必须等到扫描执行到该触点时才会动作。

一般来说，当 PLC 运行后，其工作过程可分为输入采样阶段、程序执行阶段和输出刷新阶段。完成上述 3 个阶段即称为一个扫描周期。在整个运行期间，PLC 的 CPU 以一定的扫描速度重复执行上述 3 个阶段。

PLC 的扫描工作过程如图 1-4 所示。在图中，输入映像寄存器是指在 PLC 的存储器中设置一块用来存放输入信号的存储区域，而输出映像寄存器是用来存放输出信号的存储区域；元件映像存储器是包括输入和输出映像寄存器在内的所有 PLC 梯形图中的编程元件的映像存储区域的统称。

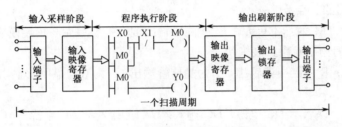

图 1-4 PLC 的扫描工作过程

输入采样阶段：PLC 将各输入状态存入对应的输入映像寄存器中，此时，输入映像寄存器被刷新，接着进入程序执行阶段。

程序执行阶段：PLC 根据最新读入的输入信号，以先左后右、先上后下的顺序逐行扫描，执行一次程序。结果存入元件映像寄存器中。对于元件映像寄存器，每个元件（除输入映像寄存器之外）的状态会随着程序的执行而变化。

输出刷新阶段：在所有指令执行完毕后，输出映像寄存器中所有输出继电器的状态（"1"或"0"）在输出刷新阶段转存到输出锁存器中，通过一定的方式输出并驱动外部负载。

在程序执行阶段或输出刷新阶段，输入元件映像寄存器与外界隔绝，无论输入端子信号如何变化，其内容保持不变，直到下一个扫描周期的输入采样阶段才将输入端子的新内容重新写入。

 思考与练习

1．PLC 产生的原因是什么？

2．PLC 具有哪些功能特点？主要应用在哪些方面？

3．PLC 按 I/O 点数和结构形式可分为几类？

4．整体式 PLC 与模块式 PLC 各有什么特点？

5．PLC 开关量输出模块一般有几种类型？它们各有何优点和缺点？

6．PLC 控制系统与继电器控制系统在运行方式上有何不同？

7．简述 PLC 的扫描工作过程。

1.2 三菱 FX₂ₙ 系列 PLC 的硬件与编程元件

1.2.1 三菱 FX₂ₙ 系列 PLC 的硬件

三菱 FX 系列 PLC 型号名称可按如下格式定义：

$$\text{FX} \underset{(1)}{\square\square} - \underset{(2)}{\square\square}\underset{(3)}{\square}\underset{(4)}{\square} - \underset{(5)}{\square}$$

（1）子系列名称，如 1S、1N、2N、2NC、3U 等。

（2）输入/输出的总点数。

（3）单元类型：M 为基本单元，E 为输入/输出混合扩展单元与扩展模块，EX 为输入专用扩展模块，EY 为输出专用扩展模块。

（4）输出形式：R 为继电器输出，T 为晶体管输出，S 为双向晶闸管输出（或称为可控硅输出）。

（5）其他定义：D 表示 DC 电源，DC 输入；UA1/UL 表示 AC 电源，AC 输入；001 表示专为中国推出的产品。如果"其他定义"这一项无符号，则表示为 AC 电源、DC 输入。

如型号为 FX₂ₙ-48MR-D 的 PLC 表示该 PLC 属于 FX₂ₙ 系列，具有 48 个 I/O 点的基本单元，继电器输出型，使用 DC 24V 电源。

FX₂ₙ 系列 PLC 是三菱公司 FX 系列中性能优越的小型 PLC，除输入/输出 16～256 个点的独立用途外，还适用于多个基本组件间的连接、运动控制、闭环控制等特殊用途，是一套可以满足广泛需要、性价比很高的 PLC。

1. 三菱 FX₂ₙ 系列 PLC 的硬件结构

FX₂ₙ 系列 PLC 的硬件结构系统可以分为硬件基本单元、扩展单元、扩展模块、特殊功能模块和相关辅助设备。

（1）硬件基本单元

硬件基本单元即主机或本机，包括 CPU、存储器、基本输入/输出点和电源等，是 PLC 的主要部分。它实际上是一个完整的控制系统，可以独立完成一定的控制任务。

FX₂ₙ 基本单元有 16/32/48/64/80/128 个 I/O 点，如表 1-2 所示。这些基本单元可以通过扩展单元或模块扩充到 256 个 I/O 点。

表 1-2 FX₂ₙ 基本单元

型 号			输入点数	输出点数	输入/输出总点数
继电器输出	晶闸管输出	晶体管输出			
FX₂ₙ-16MR-001	FX₂ₙ-16MS-001	FX₂ₙ-16MT-001	8	8	16
FX₂ₙ-32MR-001	FX₂ₙ-32MS-001	FX₂ₙ-32MT-001	16	16	32
FX₂ₙ-48MR-001	FX₂ₙ-48MS-001	FX₂ₙ-48MT-001	24	24	48
FX₂ₙ-64MR-001	FX₂ₙ-64MS-001	FX₂ₙ-64MT-001	32	32	64
FX₂ₙ-80MR-001	FX₂ₙ-80MS-001	FX₂ₙ-80MT-001	40	40	80
FX₂ₙ-128MR-001	—	FX₂ₙ-128MT-001	64	64	128

（2）扩展单元

扩展单元由内部电源、内部输入/输出电路组成，需要和基本单元一起使用。在基本单元的 I/O 点数不够时，可采用扩展单元来扩展 I/O 点数（总点数只有两种，即 32/48）。

（3）扩展模块

扩展模块由内部输入/输出电路组成，自身不带电源，由基本单元、扩展单元供电，需要和基本单元一起使用。在基本单元的 I/O 点数不够时，可采用扩展模块来扩展 I/O 点数（输入/输出点数只有 16）。

（4）特殊功能模块

FX_{2N} 系列 PLC 提供了各种特殊功能模块，当需要完成某些特殊功能的控制任务时，就需要用到特殊功能模块。这些特殊模块又分为：

① 模拟量输入/输出模块，如 FX_{0N}-3A、FX_{2N}-2AD、FX_{2N}-2DA、FX_{2N}-4AD-PT 等。

② 数据通信模块，如 FX_{2N}-232-DB、FX_{2N}-422-DB、FX_{2N}-485-DB、FX_{2N}-16CCL-M 等。

③ 高速计数器模块，如 FX_{2N}-1HC。

④ 运动控制模块，如 FX_{2N}-1PG-E、FX_{2N}-10GM 等。

（5）相关辅助设备

① 专用编程器。

FX_{2N} 系列 PLC 有专用的液晶显示的手持式编程器 FX-10P-E 和 FX-20P-E，它们不能直接输入和编辑梯形图程序，只能输入和编辑指令表程序，可以监视用户程序的运行情况。

② 编程软件。

在开发和调试过程中，专用编程器编程不方便，使用范围和寿命也有限，因此目前的发展趋势是在计算机上使用编程软件。目前常用的 FX 系列 PLC 的编程软件是 SWOPC-FXGP/WIN-C 编程软件，它是汉化软件，可以编辑梯形图和指令表，并可以在线监控用户程序的执行情况。

③ 显示模块。

显示模块 FX-10DM-E 可以安装在控制屏的面板上，用电缆与 PLC 相连，有 5 个键和带背光的 LED 显示器，显示 2 行数据，每行 16 个字符。可用于各种型号的 FX 系列 PLC，可以监视和修改定时器 T、计数器 C 的当前值和设定值，监视和修改数据寄存器 D 的当前值。

④ 图形操作终端。

GOT-900 系列图形操作终端是 FX_{2N} 系列 PLC 人机操作界面中的较常用的一种。它的电源电压为 DC 24V，用 RS-232C 或 RS-485 接口与 PLC 通信。它有 50 个触摸键，可以设置 500 个画面，可以用于监控或现场调试。

2. 三菱 FX_{2N} 系列 PLC 的性能指标

在使用 PLC 的过程中，除了需要熟悉 PLC 的硬件结构外，还应了解 PLC 的一些性能指标。

（1）FX_{2N} 的基本性能指标（见表 1-3）

表 1-3　FX_{2N} 系列 PLC 的基本性能指标

项　　目	FX_{2N}
运算控制方式	存储程序，反复运算
I/O 控制方式	批处理方式（在执行 END 指令时），可以使用 I/O 刷新

续表

项　　目		FX_{2N}
运算处理速度	基本指令	0.08μs/指令
	应用指令	1.52～数百μs/指令
程序语言		逻辑梯形图和指令表，可以用步进梯形指令来生成顺序控制指令
程序容量（E²PROM）		内置 8KB 步，用存储盒可达 16KB 步
指令容量	基本、步进	基本指令 27 条，步进指令 2 条
	应用指令	128 条
I/O 设置		最多 256 点

（2）FX_{2N} 的输入技术指标（见表 1-4）

表 1-4　FX_{2N} 的输入技术指标

输入电压	输入电流		输入 ON 电流		输入 OFF 电流		输入阻抗		输入隔离	输入响应时间
	X0～7	X10～	X0～7	X10～	X0～7	X10～	X0～7	X10～		
DC 24V	7mA	5mA	4.5mA	3.5mA	≤1.5mA	≤1.5mA	3.3kΩ	4.3kΩ	光耦合器隔离	0～60ms 可变

（3）FX_{2N} 的输出技术指标（见表 1-5）

表 1-5　FX_{2N} 的输出技术指标

项　　目		继电器输出	晶闸管输出	晶体管输出
外部电源		AC 250V，DC 30V 以下	AC（85～240）V	DC（5～30）V
最大负载	电阻负载	2A/1 点；8A/4 点；8A/8 点	0.3A/1 点；0.8A/4 点	0.5A/1 点；0.8A/4 点
	感性负载	80VA	15A/AC 100V 30A/AC 200V	12W/DC 24V
	灯负载	100W	30W	1.5W/DC 24V
开路漏电流		—	1mA/AC 100V 2mA/AC 200V	0.1mA 以下/DC 30V
响应时间	OFF 到 ON	约 10ms	1ms 以下	0.2ms 以下
	ON 到 OFF	约 10ms	最大 10ms	0.2ms 以下
电路隔离		继电器隔离	光敏晶闸管隔离	光耦合器隔离
动作显示		继电器通电时，LED 灯亮	光敏晶闸管驱动时，LED 灯亮	光耦合器隔离驱动时，LED 灯亮

1.2.2　三菱 FX_{2N} 系列 PLC 的外部接线

在 PLC 控制系统的设计中，虽然接线工作量的比重减小，但它是编程设计工作的基础。只有在正确无误地完成接线的前提下，才能确保编程设计工作的顺利进行。

1. 端子排列

FX_{2N}-32MR PLC 的接线端子排列如图 1-5 所示。L、N 端是电源的输入端，一般直接使用工频交流电 AC（100～250）V，L 端为交流电源相线，N 端为交流电源的中性线。机内自带直流 24V 内部电源，为输入器件和扩展单元供电。X0～X17 为输入端子，COM 为输入端子的公共端。Y0～Y17 为输出端子，COM1～COM4 为输出端子的公共端。FX$_{2N}$-32MR PLC 的输入端子只有一个公共端子 COM，而输出端子的公共端共有 4 个（COM1～COM4），其中 Y0、Y1、Y2、Y3 的公共端子为 COM1，Y4、Y5、Y6、Y7 的公共端子为 COM2，中间用颜色较深的分隔线分开，其他公共端同理。其他型号的接线端子排列与此类似，可参考相关资料进一步确定。

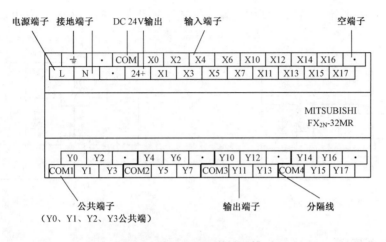

图 1-5 FX$_{2N}$-32MR 的端子排列

2. 漏型输入和源型输入

漏型输入和源型输入是针对直流输入而言的，对于 FX$_{2N}$ 系列 PLC 来说，DC 电流从 PLC 公共端（COM 端）流入，而从输入端流出，称为漏型输入。而源型输入电路的电流从 PLC 的输入端流入，从公共端流出。三菱公司在中国销售的 FX$_{2N}$ 系列 PLC 只有漏型输入的型号。当输入是无电压触点输入时，接线如图 1-6 所示，电流经 24+端子输出，经内部电路、X 输入端子和外部的触点，从 COM 端子流回 24V 电源的负极。当输入是 2 线式接近传感器时，接线如图 1-7 所示，2 线式接近传感器为 NPN 型。当输入是 3 线式接近传感器时，接线如图 1-8 所示，3 线式接近传感器也是 NPN 型。

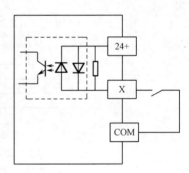

图 1-6 无电压触点输入接线图

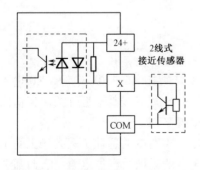

图 1-7 2 线式接近传感器输入接线图

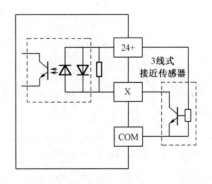

图 1-8 3 线式接近传感器输入接线图

3. 漏型输出和源型输出

FX₂ₙ 系列的 PLC 输出有漏型输出和源型输出两种类型，漏型输出是指负载电流流入输出端子，而从公共端子流出。源型输出是指负载电流从输出端子流出，而从公共端子流入。漏型输出如图 1-9 所示，当输出继电器 Y 为 ON 时，电流从 Y 端流入，从公共端 COM 流出。源型输出如图 1-10 所示，当梯形图中的输出继电器 Y 为 ON 时，电流从公共端 COM 流入，从 Y 端流出。

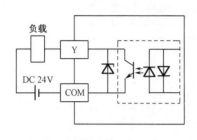

图 1-9　漏型输出接线图

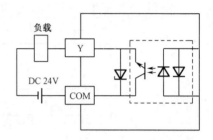

图 1-10　源型输出接线图

4. 外部接线实例

以 FX₂ₙ-32MR 型 PLC 为例，在 PLC 的输入端接入一个按钮、一个限位开关，还有一个接近开关；输出为一个 220V 的交流接触器和一个电磁阀。外部接线图如图 1-11 所示。

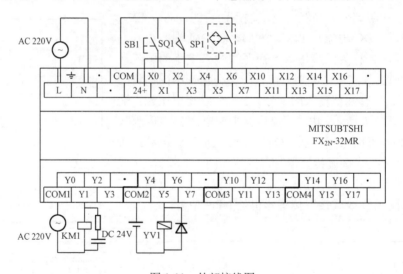

图 1-11　外部接线图

图中，FX₂ₙ-32MR 型 PLC 为 AC 电源，DC 输入。L、N 端接 AC 220V 电源，X0 输入点接 SB1 按钮，X2 输入点接 SQ1 限位开关，X6 输入点接 NPN 型三线制接近开关。在输出点中，Y1 接一个 220V 的交流接触器 KM1，Y5 接一个电磁阀 YV1。

KM1 和 YV1 属于感性负载，感性负载具有储能作用，电路中的感性负载会产生高于电源电压数倍甚至数十倍的反电动势，触点闭合时，会因触点的抖动而产生电弧，它们都会对系统产生干扰。为此，在图 1-11 中的直流电路中，在感性负载两端并联续流二极管；对于交流电路，在感性负载的两端并联阻容电路，以抑制电路断开时产生的电弧对 PLC 的影响。

1.2.3　三菱 FX$_{2N}$ 系列 PLC 的编程元件与寻址方式

PLC 的编程语言有 5 种，分别是梯形图、顺序功能图、功能块图、指令表和结构文本，其中应用最多的是梯形图，PLC 的梯形图如图 1-12 所示。实际上，PLC 的梯形图编程沿用了继电器控制系统的一些思想，最为突出的是 PLC 的某些编程单元沿用了继电器这一名称，如输入继电器、输出继电器、内部辅助继电器等，但它们不是真实的物理继电器（即硬继电器），而是在软件中使用的编程单元，每一个编程单元与 PLC 的一个存储单元相对应，也称为软继电器。这些软继电器就是 PLC 的编程元件，这些编程元件在 PLC 内部有唯一的地址。

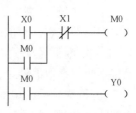

图 1-12　PLC 的梯形图

1.　三菱 FX$_{2N}$ 系列 PLC 的编程元件

（1）输入继电器（X）

输入继电器一般都有一个 PLC 的输入端子与之对应，它是 PLC 用来接收用户设备输入信号的接口。当接在输入端子的开关元件闭合时，输入继电器的线圈得电，程序中的常开触点闭合，常闭触点断开，这些触点可以在编程时任意使用，使用次数不受限制。编程时应注意的是，输入继电器的线圈只能由外部信号来驱动，不能在程序内用指令来驱动，因此在用于编制的梯形图中只能出现输入继电器的触点，而不应出现输入继电器的线圈，其触点也不能直接输出带动负载。

FX$_{2N}$ 系列 PLC 的输入继电器采用八进制地址编号，如表 1-6 所示。如 FX$_{2N}$-32M 这个基本单元，X0～X17 表示从 X0～X7 和 X10～X17 共 16 个点，最多可以扩展到 X0～X267（共184 个点）。

表 1-6　FX$_{2N}$ 系列 PLC 的输入/输出继电器元件号

型　号	FX$_{2N}$-16M	FX$_{2N}$-32M	FX$_{2N}$-48M	FX$_{2N}$-64M	FX$_{2N}$-80M	FX$_{2N}$-128M	扩　展　时
输　入	X0～X7 8 点	X0～X17 16 点	X0～X27 24 点	X0～X37 32 点	X0～X47 40 点	X0～X77 64 点	X0～X267 184 点
输　出	Y0～Y7 8 点	Y0～Y17 16 点	Y0～Y27 24 点	Y0～Y37 32 点	Y0～Y47 40 点	Y0～Y77 64 点	Y0～Y267 184 点

（2）输出继电器（Y）

输出继电器一般也都有一个 PLC 的输出端子与之对应，它是用来将输出信号传送到负载的接口，用于驱动负载。当输出继电器的线圈得电时，对应的输出端子接通，负载电路开始工作。每一个输出继电器线圈有无数对常开触点和常闭触点供编程时使用。编程时需要注意的是，外部信号无法直接驱动输出继电器，它只能在程序内部驱动。

输出继电器的地址编号也是八进制，对于 FX$_{2N}$ 系列 PLC 来说，除了输入/输出继电器是以八进制表示外，其他继电器都用十进制表示。如表 1-6 所示，FX$_{2N}$-32M 这个基本单元，Y0～Y17 表示从 Y0～Y7 和 Y10～Y17 共 16 个点，最多可以扩展到 Y0～Y267（共 184 个点）。

（3）辅助继电器（M）

FX$_{2N}$ 系列 PLC 内部有很多辅助继电器，和输出继电器一样，只能由程序驱动，每个辅助继电器也有无数对常开、常闭触点供编程使用。辅助继电器的触点在 PLC 内部编程时可以任意使用，但它不能直接驱动负载，外部负载必须由输出继电器的输出触点来驱动。

在逻辑运算中经常需要一些辅助继电器作为辅助运算用，这些器件往往用做状态暂存、移位等运算。另外一些辅助继电器还有一些特殊功能。以下是几种常用的辅助继电器。

① 一般辅助继电器的作用和继电器控制系统中的中间继电器相同，用来保存控制继电器的中间操作状态，存取的地址范围是 M0～M499，共 500 个点。

② 电池后备/锁存辅助继电器具有断电保护功能，断电后辅助继电器所存储的信息锁存保持不变，存取的地址范围是 M500～M3071，共 2572 个点。

③ 特殊辅助继电器是用来存储系统的状态变量、有关的控制参数和信息的具有特殊功能的辅助继电器。特殊辅助继电器存取的地址范围是 M8000～M8255，共 256 个点。常用的特殊辅助继电器元件如表 1-7 所示。

通常可以将特殊辅助继电器分为两大类：一类是触点利用型，由 PLC 的系统程序来驱动触点利用型特殊辅助继电器的线圈，在用户程序中直接使用其触点，但是不能出现它们的线圈，如表 1-7 中的 M8000、M8002、M8011、M8012、M8013、M8014、M8020、M8021、M8022；另一类是线圈驱动型，由用户程序驱动其线圈，用户并不使用它们的触点，如表 1-7 中的 M8039。

表 1-7　FX$_{2N}$ 系列 PLC 的常用特殊辅助继电器元件

编　号	功　能　描　述
M8000	RUN 监控，PLC 为 RUN 时为 ON
M8002	初始脉冲，RUN 后 1 个扫描周期为 ON
M8011	10ms 时钟脉冲
M8012	100ms 时钟脉冲
M8013	1s 时钟脉冲
M8014	1min 时钟脉冲
M8020	加运算结果为零时置位
M8021	减运算结果小于最小负数值时置位
M8022	加运算在进位或结果溢出时置位
M8039	M8039 接通后，PLC 以定时扫描的方式运行

（4）状态继电器（S）

状态继电器也称顺序控制继电器，常用于顺序控制或步进控制中，并与其指令一起使用实现顺序或步进控制功能流程图的编程。通常状态继电器可以分为下面 5 个类型。

① 初始状态继电器：地址范围是 S0～S9，共 10 个点。

② 回零状态继电器：地址范围是 S10～S19，共 10 个点。

③ 通用状态继电器：地址范围是 S20～S499，共 480 个点。

④ 断电保持状态继电器：地址范围是 S500～S899，共 400 个点。

⑤ 报警用状态继电器：地址范围是 S900～S999，共 100 个点。

状态继电器的常开和常闭触点在 PLC 内可以自由使用，且使用次数不限。不用步进梯形图指令时，状态继电器 S 可作为辅助继电器 M 在程序中使用。

（5）定时器（T）

PLC 提供的定时器相当于继电器控制系统中的时间继电器，是累计时间增量的编程元件，定时值由程序设置。定时器有个 16 位的当前值寄存器，当定时器的输入条件满足时开始计时，当前值从 0 开始按一定的时间单位增加，当定时器的当前值等于程序中的设定值时，定时时间到，定时器的触点动作。每个定时器提供的常开触点和常闭触点有无数个。

定时器的定时精度分别为 1ms、10ms 和 100ms 三种，定时器的地址范围是 T0～T255，它们的定时精度和定时范围并不相同，用户可以根据所要定时的时间来选择定时器。

（6）计数器（C）

计数器用于累计计数输入端接收到的由断开到接通的脉冲个数，其设定计数值由程序设置。计数器的当前值是 16 位有符号整数，用于存储累计的脉冲个数，当计数器的当前值等于设定值时，计数器的触点动作。每个计数器提供的常开触点和常闭触点有无数个。计数器的地址范围是 C0～C234。

（7）高速计数器（HSC）

高速计数器的工作原理和普通计数器基本相同。不同的是普通计数器的计数频率受扫描周期的影响，因此计数的频率不能太高；而高速计数器用来累计比 CPU 扫描速率更高的高速脉冲。高速计数器的地址范围是 C235～C255。

（8）数据寄存器（D）

在进行输入/输出处理、模拟量控制、位置控制时，需要许多变量或数据。这些变量或数据由数据寄存器来存储。数据寄存器是 16 位的寄存器，可存放 16 位二进制数，最高位为符号位；也可以用两个数据寄存器合并起来存放 32 位数据，最高位仍为符号位。数据寄存器可分为以下 5 个类型。

① 通用数据寄存器：地址范围是 D0～D199，共 200 个点。

② 电池后备/锁存数据寄存器：地址范围是 D200～D7999，共 7800 个点，具有断电保护功能。

③ 特殊寄存器：地址范围是 D8000～D8255，用来控制和监视 PLC 内部的各种工作方式和元件。对于未定义的特殊数据寄存器，用户不能使用。

④ 文件寄存器：地址范围是 D1000～D7999，共 7000 个点。文件寄存器以 500 个点为一个单位，用于外部设备的存取。文件寄存器实际上是被设置为 PLC 的参数区。

⑤ 变址寄存器：FX$_{2N}$ 系列 PLC 有 16 个变址寄存器，地址范围分别是 V0～V7、Z0～Z7，变址寄存器除了和通用的数据寄存器具有相同的使用方法外，还可以用来改变编程元件的元件号。当进行 32 位操作时，将 V、Z 合并使用，指定 Z 为低位，V 为高位。

（9）指针（P/I）

指针（P/I）包括分支和子程序用的指针（P）及中断用的指针（I）。分支和子程序用的指针从 P0～P127，共 128 个点。中断用的指针从 I0□□～I8□□，共 9 个点。

（10）常数（K/H）

常数也可作为编程元件对待，它在存储器中占有一定的空间，十进制数用 K 表示，十六进制数用 H 表示。

2. 三菱 FX$_{2N}$ 系列 PLC 的寻址方式

FX$_{2N}$ 系列 PLC 将数据存于不同的存储单元（软继电器）中，每个存储单元都有自己唯一的地址，这就是寻址方式。PLC 有两种寻址方式，分别是直接寻址和间接寻址。直接寻址方式是指直接找到元件的名称进行存储，而间接寻址则不直接通过元件名称来存储。取代继电器控制的数字控制系统，一般只用直接寻址。

（1）直接寻址

① 位寻址格式：对于 X、Y、M、S、T、C 按位寻址格式，就是直接指出存储器的类型和编号。如 X10 中的字母表示存储器类型，数字为存储器编号。

② 字寻址和双字寻址：字寻址在字元件（数据存储器 D）存储时使用。如 D1000 中的字母表示存储器类型，数字表示存储器编号。在双字寻址指令中，操作数地址的编号（低位）一般用偶数表示，地址加 1 编号（高位）的存储单元同时被占用。双字寻址时存储单元为 32 位，如（D11，D10）表示 32 位存储单元，D11 为高 16 位，D10 为低 16 位。

③ 位组合寻址：为了使位元件（X、Y、M、S）联合起来存储数字，PLC 提供了位组合寻址方式，4 位为一组，用 KnP 来表示。P 为位元件的首地址，n 为组数（1～8）。如 K2Y0 表示由 Y0～Y7 组成的 2 组 8 位存储单元。

（2）间接寻址

FX$_{2N}$ 系列 PLC 利用变址寄存器 V0～V7 和 Z0～Z7 来进行间接寻址。例如，传送指令 MOV　D5V　D10Z，当 V=5，Z=6 时，其意义是将存储单元 D10 中的数据传送到 D16 中去。

3. 三菱 FX$_{2N}$ 系列 PLC 的数据格式

在 PLC 中，数据以二进制补码的形式存储与运算，二进制补码的最高位为符号位，正数的符号位为 0，负数的符号位为 1。如十进制数 1045，在 PLC 内部的存储形式为二进制数 0000 0100 0001 0101；十进制数-1047，在 PLC 内部的存储形式为二进制数 1111 1011 1110 1011。二进制数表达过于复杂，因此在 PLC 中数据可以用十六进制数、BCD 码、科学计数法及浮点数这些格式来表示。

（1）十六进制数

在 PLC 中，只有二进制数是可以被直接处理的，但是二进制数表达过于繁杂，所以可以用十六进制数来表示二进制数。十六进制数有 16 个数字符号，即 0～9 和 A～F，A～F 分别对应十进制数 10～15，十六进制数采用"逢 16 进 1"的运算规则。4 位二进制数转换成 1 位十六进制数，如二进制数 0001 1100 0001 0101 可以转换成十六进制数 1C15。

（2）BCD 码

BCD 码是按二进制编码的十进制数。每位十进制数用 4 位二进制数来表示，0～9 对应的二进制数为 0000～1001，如十进制数 1234 对应的 BCD 码为 0001 0010 0011 0100。16 位 BCD 码对应 4 位十进制数，范围是 0000～9999。从 PLC 外部的数字拨码开关输入的数据一般都是 BCD 码，PLC 送给外部的 7 段显示器的数据一般也是 BCD 码，因此 PLC 在处理时必须将 BCD 码转换成二进制数。

（3）科学计数法

科学计数法可以用来表示整数和小数，在科学计数法中，数据占用相邻的两个数据寄存器（如 D10 和 D11），D11 为高 16 位，D10 为低 16 位，数据格式为尾数×10^{指数}。D10 中存放的是尾数，D11 中存放的是指数，其尾数是 4 位 BCD 整数，范围是 0、1000～9999 和-9999～-1000，指数的范围为-41～+35。如小数 1.234 用科学计数法表示为 1234×10^{-3}。科学计数法格式只能用于数据的显示，不能直接参与运算。

（4）浮点数格式

浮点数也可以用来表示整数和小数，浮点数占用相邻两个数据寄存器（如 D11 和 D10），D11 为高 16 位，D10 为低 16 位，数据格式为尾数×2^{指数}。在 32 位中，尾数占低 23 位（即 b0～b22 位，b0 为最低位），指数占 8 位（b23～b30 位），最高位（b31 位）为符号位。与科学计数法相比，浮点数的精度更高，并且可以直接参与运算。

 思考与练习

1．说明 FX$_{2N}$-64MT 型号中 64、M、T 的意义，并说出它的输入/输出点数。

2．FX$_{2N}$-48MR 型 PLC 的输入端接入一个按钮、一个限位开关，还有一个接近开关；输出为一个 220V 的交流接触器和一个电磁阀，请画出它的外部接线图。

3．FX$_{2N}$ 系列 PLC 有几种基本编程元件？输入继电器和输出继电器各有什么特点？

4．什么是位软元件？什么是字软元件？有什么区别？位元件组 K4Y0 表示由哪些软元件组成？

5．FX$_{2N}$ 系列 PLC 有哪几种寻址方式？各有什么特点？

1.3 FX 系列编程软件及使用

1.3.1 编程软件 FXGP/WIN–C 的使用

1．FXGP/WIN-C 软件的认识

三菱 FX 系列 PLC 的编程软件（SWOPC-FXGP/WIN-C）能对 FX$_{2N}$ 等多种机型进行梯形图、指令表和 SFC 编程，并能自由地进行切换。该软件还可以对程序进行编辑、改错及核对，并可将计算机屏幕上的程序写入到 PLC 中，或从 PLC 中读取程序。该软件还可对运行中的程序进行监控及在线修改等。

该软件的启动通常采用两种方式。一是双击桌面上的 FXGP/WIN-C 编程软件的快捷图标；二是单击桌面"开始"→"程序"→"MELSEC-F FX Applications"→"FXGP/WIN-C"，打开 FXGP/WIN-C 编程软件的编程界面，如图 1-13 所示。

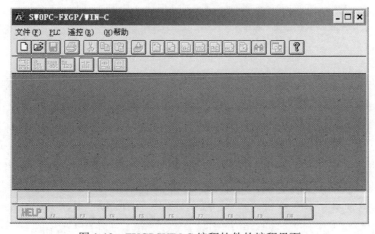

图 1-13　FXGP/WIN-C 编程软件的编程界面

（1）PLC 程序上传

第一步：单击菜单栏中的"PLC"→"端口设置"，弹出"端口设置"对话框，如图 1-14 所示。选择正确的串行口后，单击"确认"按钮。

第二步：单击菜单栏中的"PLC"→"读入程序"，弹出"PLC 类型设置"对话框，如图 1-15 所示。选择正确的 PLC 型号，单击"确认"按钮后，等待几分钟，PLC 的程序即上传到编程软件的程序界面中并通过"文件"→"保存"存入相应的文件夹中。

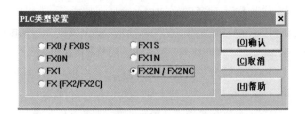

图 1-14 "端口设置"对话框   图 1-15 "PLC 类型设置"对话框

（2）程序编辑菜单

单击菜单栏中的"文件"→"新文件"，弹出"PLC 类型设置"窗口，选择好型号后单击"确认"按钮，出现如图 1-16 所示的梯形图编程界面，界面显示左右母线、编程区、光标位置、菜单栏、工具栏、功能图栏、功能键、状态栏及标题栏等。

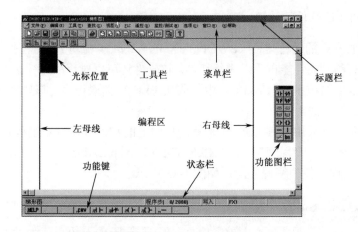

图 1-16 梯形图编程界面

菜单栏中的菜单有文件、编程、工具、查找、视图、PLC、遥控、监控/测试、选项、窗口和帮助共 11 项。基本操作与 Windows 操作系统中其他应用软件类似，这里不再赘述。

2. 程序的生成与下载

程序文件的来源有三个：新建一个程序文件；打开已有的程序文件；从 PLC 上传运行的程序文件。现以新建程序文件为例，简单介绍程序的生成和下载。

（1）新建程序文件

单击"文件"→"新建"，选择 PLC 型号 FX_{2N}，单击"确认"按钮。

（2）输入元件

将光标（深蓝色矩形框）放置在预置元件的位置上，然后单击"工具"→"触点（或线圈）"，或单击功能图栏中图标 **┤├**（触点）或 **{}**（线圈），弹出"输入元件"对话框，输入元件号，如"X1"、"Y2"。定时器 T 和计数器 C 的元件号和设定值用空格符隔开，如图 1-17 所示。也可以直接输入应用指令，指令助记符和各操作数之间用空格符隔开，如图 1-18 所示。

图 1-17　"输入元件"对话框

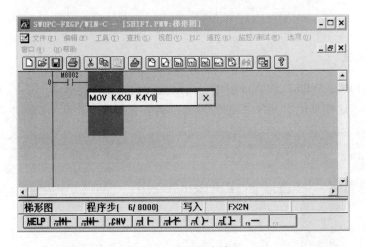

图 1-18　应用指令输入

（3）连线与删除

连线方向有两个：一个是水平方向连线，另一个是垂直方向连线。

① 水平方向连线和删除。

水平方向连线：将光标放置在预放置水平方向连线的地方，然后单击"工具"→"连线"→"—"（或单击功能图栏中的图标 **—**）。

删除水平方向连线：将光标选中准备删除的水平方向连线，然后单击鼠标右键，在下拉菜单中单击"剪切"（或直接按键盘上的"Delete"键）。

② 垂直方向连线和删除。

垂直方向连线：将光标放置在预放置垂直方向连线的右上方，然后单击"工具"→"连线"→"|"（或单击功能图栏中的图标 **|**）。

删除垂直方向连线：将光标选中准备删除的垂直方向连线的右上方，然后单击"工具"→"连线"→"删除"（或单击功能图栏中的图标 **IDEL**）。

（4）程序的转换

在编写程序的过程中，单击"工具"→"转换"（或单击工具栏中的图标 **⊜**），可以对已编写的梯形图进行语法检查，如果没有错误，就将梯形图转换成指令格式并存入计算机中，同时梯形图编程界面由灰色变成白色。如果出错，将提示"梯形图错误"。

（5）程序的下载

首先，将 PLC 主机的 RUN/STOP 开关拨到"STOP"位置，或者单击"PLC"→"遥控运行/停止"→"停止"→"确认"。

接着，单击"PLC"→"传送"→"写出"，弹出"PC 程序写入"窗口，如图 1-19 所示。选择"范围设置"，使写入范围比实际程序步数略大，从而减少写入时间。

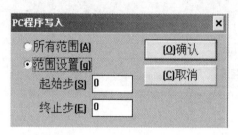

图 1-19　"PLC 程序写入"窗口

3. 监控与调试

在 SWOPC-FXGP/WIN-C 编程环境中，可以监控各软元件的状态，还可通过强制执行改变软元件的状态，这些功能主要在"监控/测试"菜单中完成，其界面如图 1-20 所示。

图 1-20　"监控/测试"菜单界面

将编辑好的程序下载到 PLC 后，将 PLC 主机的 RUN/STOP 开关拨到"RUN"位置，或者单击编程界面"PLC"→"遥控运行/停止"→"运行"→"确认"，PLC 开始运行程序。如单击"PLC"→"遥控运行/停止"→"停止"→"确认"，PLC 被强制停止。

（1）编程元件监控

编程元件的状态、数据可以通过编程环境进行在线监控。单击"监控/测试"→"开始监控"，如图 1-21 所示，X0 元件工作在 ON 状态，则在监控环境下以绿色高亮矩形框闪烁显示；X1 工作在 OFF 状态，则无任何显示；定时器 T0 的当前值变化也可在监控环境中表示出来。

如要监控指定元件，可以单击"监控/测试"→"进入元件监控"，选择所要监控的编程元件，弹出如图 1-22 所示元件监控界面。例如，执行移位指令，可以直观看到数据寄存器 D

的数值变化。

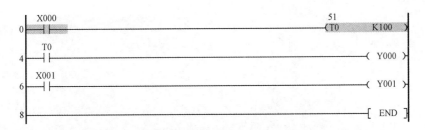

图 1-21　编程元件的状态监控

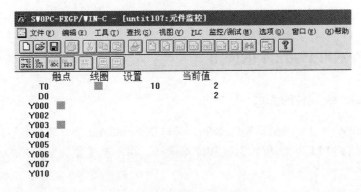

图 1-22　元件监控界面

（2）程序调试

① 输出元件 Y 的强制执行。

单击"监控/测试"→"强制 Y 输出"，弹出对话框。输入 Y 元件号，选择工作状态 ON 或 OFF，单击"确认"按钮，在左下角方框中显示其状态，同时对应的 PLC 主机 Y 元件指示灯将根据选择状态亮或灭。

② 其他元件的强制执行。

单击"监控/测试"→"强制 ON/OFF"，弹出对话框。输入编程元件类型和元件号（如 X30），选择工作状态"设置"或"重新设置"。如输入 X30，选择"设置"，单击"确认"按钮，对应的 PLC 主机 X 元件指示灯亮。

③ 改变元件当前值。

单击"监控/测试"→"改变当前值"，弹出如图 1-23 所示的对话框，输入元件号和新的当前值，单击"确认"按钮后新的数值送入 PLC。

④ 改变定时器或计数器的设定值。

在监控梯形图时，将光标选中定时器或计数器的线圈，单击"监控/调试"→"改变设置值"，弹出如图 1-24 所示对话框，图中显示出定时器或计数器的元件号和原有的设定值，输入新的设定值，单击"确认"按钮，新的数值送入 PLC。可以用相同的方法改变 D、V 或 Z 的当前值。

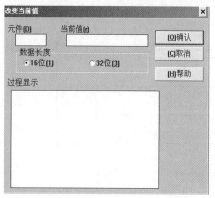

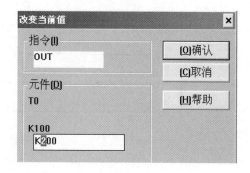

图 1-23 "改变当前值" 对话框   图 1-24 改变定时器的设定值

1.3.2 编程软件 GPPW–LLT 的使用

1. GX Developer 软件的使用

编程软件 GPPW－LLT 包括 GX Developer 和 GX Simulator 两个软件，可用于三菱 FX 系列、A 系列和 Q 系列 PLC 的编程、调试和模拟运行。本小节主要介绍 GX Developer 软件的基本用法。

（1）软件的启动和关闭

① 软件的启动。

双击桌面图标，或打开"开始"下的"程序"项，选择 MELSOFT 应用程序中的 GX Developer，出现如图 1-25 所示编辑界面。

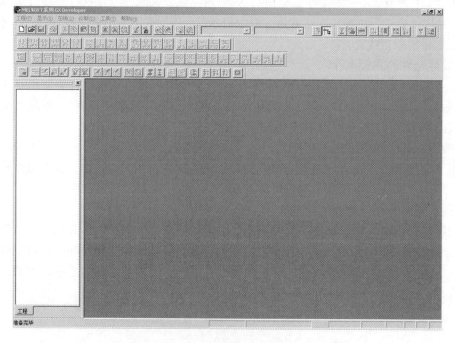

图 1-25 GPPW 编辑界面

② 软件的关闭。

要关闭 GPPW，可单击"工程"→"GX Developer 关闭"。

（2）PLC 程序的编写

① 进入 FX 系列 PLC 编辑界面。

单击 GPPW 编辑界面中工具栏的"工程生成"按钮□，弹出"创建新工程"对话框，如图 1-26 所示。选择"PLC 系列"FXCPU 和"PLC 类型"FX2N(C)，单击"确定"按钮，则出现 FX 系列 PLC 编辑界面，如图 1-27 所示。在程序编写区可以编写 FX 系列 PLC 程序。

图 1-26 "创建新工程"对话框

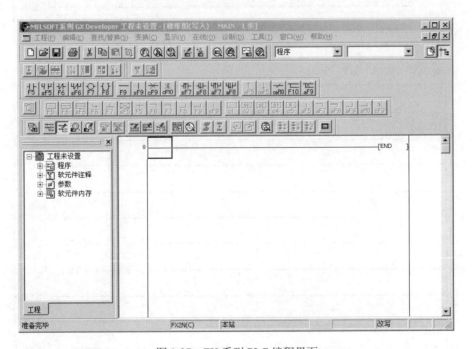

图 1-27 FX 系列 PLC 编程界面

② PLC 程序的编写。

在 GPPW 编辑界面上编写 FX 系列 PLC 程序时，最好在梯形图编辑界面上采用指令方式输入，其方法与使用 FXGP 软件的方法基本相同。

a. 横线和竖线的输入。如要输入一条竖线，单击工具栏中的按钮 $_{F9}$，则弹出"竖线输入"对话框，如图 1-28 所示，单击"确定"按钮，即在光标的左下方出现一条竖线，但光标没有下移一行。输入横线的方法与此相似，单击 $_{F9}$ 按钮即可，如图 1-29 所示。如果要删除一条竖线，将光标放在该竖线的右上方，单击 $_{cF10}$ 按钮，则删除该竖线。

图 1-28 "竖线输入"对话框   图 1-29 "横线输入"对话框

b. 步进梯形图的输入。对步进梯形图的输入，FXGP 软件与 GPPW 软件有很大的不同。图 1-30（a）所示为用 FXGP 软件编写的步进梯形图，而图 1-30（b）所示为用 GPPW 软件编写的步进梯形图，但两者的指令表相同。

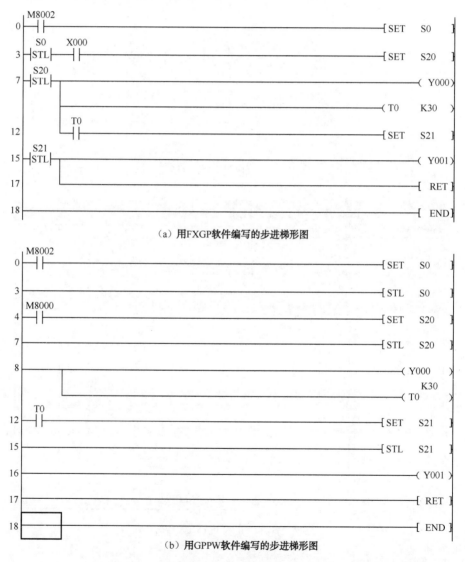

（a）用 FXGP 软件编写的步进梯形图

（b）用 GPPW 软件编写的步进梯形图

图 1-30　分别用 FXGP、GPPW 编写的步进梯形图

由图 1-30（b）可见，用 GPPW 编写的步进梯形图中，STL 指令表示线圈，STL 驱动的

软元件直接与左母线相接。也就是说，用 FXGP 编写的步进梯形图中 STL 后的子母线，在用 GPPW 编写的步进梯形图中却与母线重合。

c. GPPW 编辑界面工具栏中的触点、线圈的用法与 FXGP 的功能图相同。

d. 程序编写完成后的转换可通过单击工具栏的 按钮实现。

e. 梯形图与指令表的相互切换可通过单击工具栏的 按钮实现。

③ 保存文件。

如要保存程序，单击工具栏中的 按钮，或单击"工程"→"保存工程"，则弹出"另存工程为"对话框，如图 1-31 所示。之后，选择工程的驱动器（即磁盘号）/路径，填上工程名，单击"保存"按钮。最后弹出确认对话框，单击"是"按钮。

④ 打开文件。

如要打开程序，单击工具栏中 按钮，或单击"工程"→"打开工程"，则弹出"打开工程"对话框，如图 1-32 所示。之后，选择工程的驱动器（即磁盘号）/路径，单击滚动条，选择所需的程序名，再单击"打开"按钮，即弹出确认对话框，在"是否保存工程"中，单击"否"按钮，则打开该工程。

图 1-31 "另存工程为"对话框

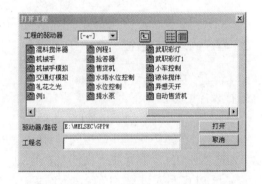
图 1-32 "打开工程"对话框

⑤ 软元件的注释。

软元件的注释的方法如下。

a. 单击"显示"→"注释显示"，则梯形图软元件下方的行间隔拉开。单击工程一览表"软元件注释"前的田，再双击"COMMENT"，弹出软元件注释表，如图 1-33 所示。在"软元件名"文本框中输入软元件名，单击"显示"按钮，然后在所列软元件行填入注释字符。如要改变软元件名，如 Y0，则可以对另一系列软元件进行注释。

图 1-33 软元件注释表

b. 注释完各软元件后，单击工程一览表"程序"前的田，再双击"MAIN"，则显示已注释的梯形图，如图 1-34 所示。

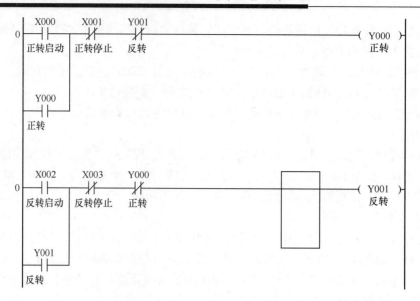

图 1-34　已注释的梯形图

2. 程序的运行与监控

（1）程序的运行

运行程序的方法如下。

① 编写程序，将计算机与 PLC 连接。

② 单击"在线"→"PLC 写入"，弹出"PLC 写入"对话框，如图 1-35 所示。选择程序参数，勾选"MAIN"，再单击"执行"按钮，则弹出"是否执行 PLC 写入"对话框，单击"是"按钮，显示 PLC 写入过程。PLC 写入结束，单击"确定"按钮。最后，单击"PLC 写入"对话框的"关闭"按钮。

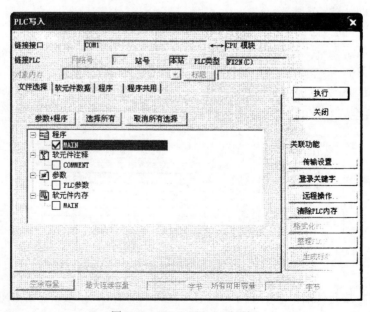

图 1-35　"PLC 写入"对话框

③ 将 PLC 的 ON/OFF 开关置 ON，或选择"在线"→"远程操作"，单击程序的"启动"按钮，则程序开始运行。

（2）程序的在线监控

单击"在线"→"监视"→"监视开始（全画面）"，如图 1-36 所示，则运行中程序的接通触点呈现蓝色，计数器、定时器显示其运行的数字，如图 1-37 所示。

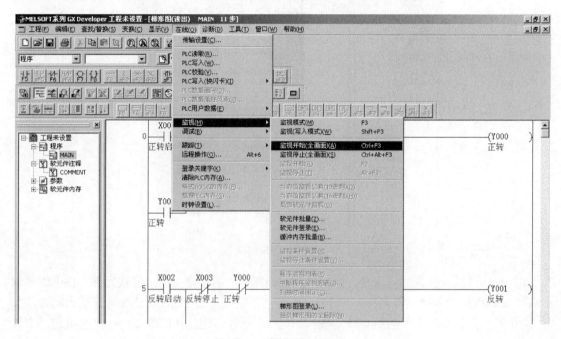

图 1-36 在线监控的操作

图 1-37 在线监控的梯形图

3. 程序的逻辑测试

GPPW-LLT 软件提供了一个离线逻辑测试 PLC 运行的方法，它能处理 FX 系列、A 系列、Q 系列的大部分指令。如 FX 系列，除了应用指令的 FNC03、FNC04、FNC05、FNC07、FNC50～FNC59、FNC70～FNC75、FNC77、FNC80、FNC81、FNC84～FNC88 等不能处理外，其他都能处理。但是必须指出，逻辑测试的方法只作为一种辅助手段，它不能替代在 PLC 上的调试和运行。

（1）进入逻辑测试

① 程序编写完毕，可进行逻辑测试。单击工具栏的"梯形图形式逻辑测试启动/结束"按钮，弹出"LADDER LOGIC TEST TOOL"对话框，PLC 开始写入。写入结束，梯形图

从写入模式变为监视模式，光标由蓝色方框变为蓝色方块。闭合的触点变为蓝色，字元件显示其初值。

② 将光标移到某个元件上，单击鼠标右键，弹出逻辑测试命令表，如图 1-38 所示。

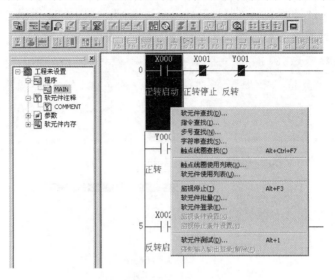

图 1-38 逻辑测试

③ 单击"软元件测试"命令，弹出"软元件测试"对话框，在"位软元件"栏中的"软元件"文本框内输入位元件名称，如 X0，单击"强制 ON"按钮，则 X0 常开触点闭合，如图 1-39 所示。如果单击"强制 OFF"按钮，则 X0 断开，程序开始模拟运行。也可在"字软元件/缓冲存储区"栏中的"软元件"文本框内输入字元件名称并选择设置值，则可以测试程序在输入字软元件后的运行状况。

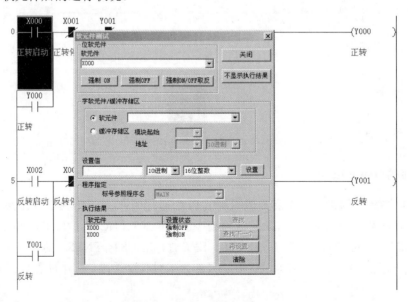

图 1-39 "软元件测试"对话框

④ 如再单击工具栏的"梯形图形式逻辑测试启动/结束"按钮，逻辑测试结束。

（2）软元件登录

软元件登录的逻辑测试是一种将元件列表，并考察元件通断或数值的方法。当进入逻辑测试到图 1-38 所示步骤时，单击"软元件登录"命令，弹出"软元件登录"对话框，如图 1-40 所示。在"软元件"栏的文本框内输入元件名，如 X0，单击"登录"按钮，则在"软元件登录监视"窗口列表中就会出现 X0。重复软元件登录操作，则形成一元件列表。如运行程序，单击"软元件测试"命令，如图 1-39 所示，列表中的元件就显示出状态或数值的变化。

图 1-40 软元件登录

（3）软元件批量

软元件批量的逻辑测试是一种将元件批量列表，并考察一系列元件的状态或数值变化的方法。它特别适用于字软元件的逻辑测试。当进入逻辑测试到图 1-38 所示步骤时，单击"软元件批量"命令，弹出"软元件批量监视"窗口，在"软元件"文本框内输入元件名，单击"监视开始"命令，弹出软元件批量列表，如图 1-41 所示。单击"软元件测试"命令，弹出"软元件测试"对话框，如图 1-39 所示，强制元件 ON/OFF，则可看到元件批量列表中元件的状态和数值的变化。

图 1-41 软元件批量列表

4. FXGP（WIN）程序与 GPPW 程序的相互变换

有时要将用 FXGP 编写的程序变换为 GPPW 程序，以便能进行模拟测试；有时又需要将 GPPW 已调试好的程序变换成 FXGP（WIN）程序，因此，有必要了解 FXGP（WIN）程序与 GPPW 程序的相互变换方法。变换前，FXGP（WIN）程序或 GPPW 程序都必须以确定的文件名保存在确定的磁盘中。

（1）FXGP（WIN）程序变换为 GPPW 程序

将 FXGP 程序变换为 GPPW 程序的方法如下。

① 单击"工程"→"读取其他格式文件"→"读取 FXGP（WIN）格式文件"，弹出"读取 FXGP（WIN）格式文件"对话框，如图 1-42 所示。

② 选择驱动器/路径。单击"浏览"按钮，弹出"打开系统名，机器名"对话框，如图 1-43 所示。选择系统名，如 FXGPWIN，单击"确认"按钮。

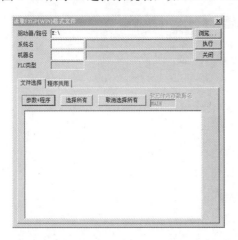

图 1-42 "读取 FXGP（WIN）格式文件"对话框

图 1-43 "打开系统名，机器名"对话框（1）

③ 回到"读取 FXGP（WIN）格式文件"对话框，单击"浏览"按钮，再次弹出"打开系统名，机器名"对话框，如图 1-44 所示。选中程序名，单击"确认"按钮，又回到"读取 FXGP（WIN）格式文件"对话框，单击"选择所有"按钮，再单击"执行"按钮。之后，出现一对话框，询问"程序（MAIN）已经存在，要替换吗"，单击"是"按钮，弹出"已完成"对话框，单击"确定"按钮。最后，再单击"读取 FXGP（WIN）格式文件"对话框的"关闭"按钮，则完成将 FXGP（WIN）程序变换为 GPPW 程序的过程。

（2）GPPW 格式的程序变换为 FXGP（WIN）格式的程序

将 GPPW 编辑界面的程序变换为 FXGP（WIN）程序的方法如下。

① 假设 GPPW 程序已经进入程序界面中。单击"工程"→"写入其他格式文件"→"写入 FXGP（WIN）格式文件"，弹出"写入 FXGP（WIN）格式文件"对话框，如图 1-45 所示。

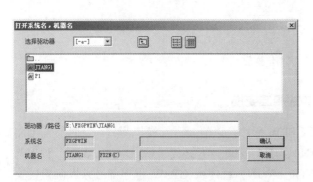

图 1-44 "打开系统名，机器名"对话框（2）

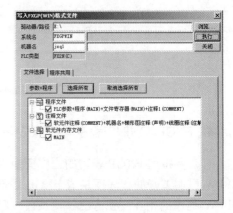

图 1-45 "写入 FXGP（WIN）格式文件"对话框

② 选择"驱动器/路径",即选择文件将要写入的驱动器/路径,如"E:\"。输入系统名,如 FXGPWIN。输入机器名,即文件的程序名,如 jxq1。

③ 单击"参数+程序"或"选择所有"按钮,然后单击"执行"按钮,则自动显示写入的过程。写入结束,弹出一个对话框,显示"已完成",单击"关闭"按钮。

 **思考与练习**

1. 简述 FXGP/WIN-C 编程软件的功能与基本操作。

2. 按图 1-46 输入程序,根据控制要求运行程序,观察输出指示灯的变化情况。

3. 用 FXGP/WIN-C 编程软件输入、下载、运行并监控程序,如图 1-46 所示。

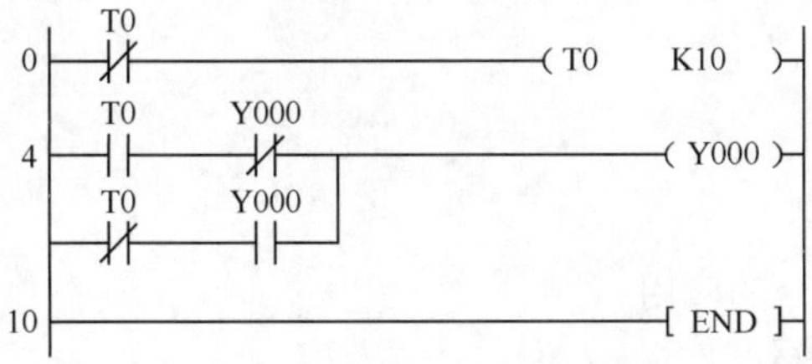

0	LDI	T0	
1	OUT	T0	K10
4	LD	T0	
5	ANI	Y000	
6	LDI	T0	
7	AND	Y000	
8	ORB		
9	OUT	Y000	
10	END		

图 1-46 指令表编程练习

4. 用 GPPW 编程软件输入、下载、运行并监控程序,如图 1-47 所示。

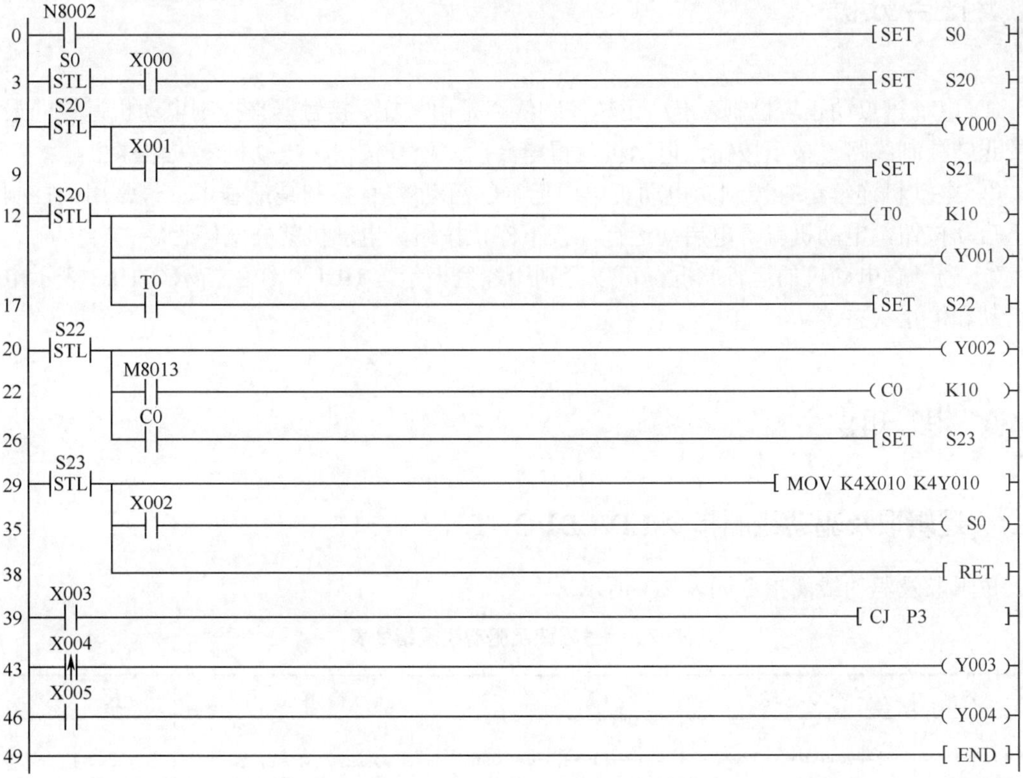

图 1-47 FXGP/WIN-C 编程软件练习

项目2　基本逻辑指令及应用

基本逻辑指令是 PLC 中应用最频繁的指令，是程序设计的基础。本项目主要介绍三菱 FX$_{2N}$ 系列 PLC 的基本逻辑指令及其编程使用。

2.1　三相异步电动机的点动、连续运行控制

任务目标

① 学习并初步掌握常用基本逻辑指令的应用。
② 学习并熟悉 FX$_{2N}$ 型 PLC 的 I/O 接线。
③ 掌握 FXGP/WIN-C 和 GPPW 编程软件的使用。

任务分析

① 电动机点动正转控制。点动正转控制线路是用按钮、接触器来控制电动机运转的最简单的正转控制线路。按下按钮，电动机就得电启动；松开按钮，电动机就失电停止。
② 电动机连续运行控制。电动机单向运行的启动/停止控制是最基本、最常用的控制。按下启动按钮，电动机就得电启动运行，按下停止按钮，电动机就失电停止。
③ 为了解电动机的运行状况，可以分别用绿色指示灯 HL1 和红色指示灯 HL2 表示电动机启动和停止状态。

相关知识

2.1.1　逻辑取及驱动线圈指令 LD/LDI/OUT

逻辑取及驱动线圈指令如表 2-1 所示。

表 2-1　逻辑取及驱动线圈指令表

符号、名称	功　能	电路表示	操作元件	程　序　步
LD 取	常开触点逻辑运算起始	⊣├─(Y001)	X, Y, M, T, C, S	1
LDI 取反	常闭触点逻辑运算起始	⊣╱├─(Y001)	X, Y, M, T, C, S	1

符号、名称	功　能	电 路 表 示	操 作 元 件	程 序 步
OUT 输出	线圈驱动	┤├┤├─(Y001)	Y，M，T，C，S	Y、M：1，特 M：2，T：3，C：3～5

1. 用法示例

逻辑取及驱动线圈指令的应用如图 2-1 所示。

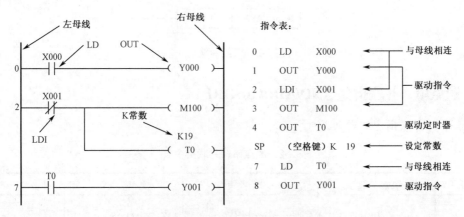

图 2-1　逻辑取及驱动线圈指令的用法

2. 使用注意事项

① LD 是电路开始的常开触点，连接到母线上，可以用于 X、Y、M、T、C 和 S。

② LDI 是电路开始的常闭触点，连接到母线上，可以用于 X、Y、M、T、C 和 S。

③ OUT 是驱动线圈的输出指令，可以用于 Y、M、T、C 和 S。

④ LD 与 LDI 指令对应的触点一般与左侧母线相连，若与后述的 ANB、ORB 指令组合，则可用于串、并联电路块的起始触点。

⑤ 线圈驱动指令可并行多次输出（即并行输出），如图 2-1 梯形图中的 OUT　M100、OUT T0 K19。

⑥ 输入继电器 X 不能使用 OUT 指令。

⑦ 对于定时器的定时线圈或计数器的计数线圈，必须在 OUT 指令后设定常数。

3. 双线圈输出

线圈一般不能重复使用（也称双线圈输出），如图 2-2 所示为同一线圈 Y3 多次使用的情况。设 X1=ON，X2=OFF，最初因 X1=ON，Y3 的映像寄存器为 ON，输出 Y4 也为 ON，然后紧接着又因 X2=OFF，Y3 的映像寄存器改写为 OFF，因此，最终的外部输出 Y3 为 OFF，Y4 为 ON。所以，若输出线圈重复使用，则后面线圈的动作状态对外输出有效。

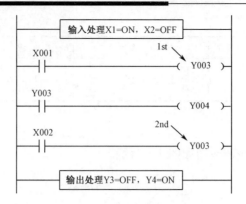

图 2-2　双线圈输出

2.1.2　触点串、并联指令 AND/ADI/OR/ORI

触点串、并联指令如表 2-2 所示。

表 2-2　触点串、并联指令表

符号、名称	功　能	电路表示	操作元件	程　序　步
AND 与	常开触点串联连接	├─┤├─┤├─(Y005)	X，Y，M，S，T，C	1
ANI 与非	常闭触点串联连接	├─┤├─┤/├─(Y005)	X，Y，M，S，T，C	1
OR 或	常开触点并联连接	┤├─(Y005)	X，Y，M，S，T，C	1
ORI 或非	常闭触点并联连接	┤├─(Y005)	X，Y，M，S，T，C	1

1. 用法示例

触点串、并联指令的应用如图 2-3 所示。

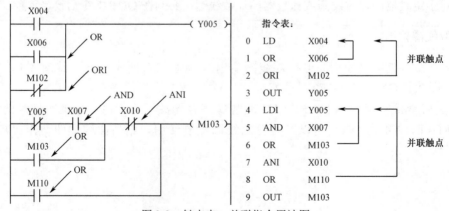

图 2-3　触点串、并联指令用法图

2. 使用注意事项

① AND 是常开触点串联连接指令，ANI 是常闭触点串联连接指令，OR 是常开触点并联连接指令，ORI 是常闭触点并联连接指令。这 4 条指令后面必须有被操作的元件名称及元件号，都可以用于 X、Y、M、T、C 和 S。

② 单个触点与左边的电路串联，使用 AND 和 ANI 指令时，串联触点的个数没有限制，但是因为图形编程器和打印机的功能有限制，所以建议尽量做到一行不超过 10 个触点和 1 个线圈。

③ OR 和 ORI 指令是从该指令的当前步开始，对前面的 LD、LDI 指令并联连接，并联连接的次数无限制，但是因为图形编程器和打印机的功能有限制，所以并联连接的次数不超过 24 次。

④ OR 和 ORI 用于单个触点与前面电路的并联，并联触点的左端接到该指令所在的电路块的起始点（LD）上，右端与前一条指令对应的触点的右端相连，即单个触点并联到它前面已经连接好的电路的两端（两个以上触点串联连接的电路块的并联连接时，要用后续的 ORB 指令）。以图 2-3 中的 M110 的常开触点为例，它前面的 4 条指令已经将 4 个触点串、并联为一个整体，因此 OR M110 指令对应的常开触点并联到该电路的两端。

3. 连续输出

如图 2-4（a）所示，OUT M1 指令之后通过 X1 的触点去驱动 Y4，称为连续输出。串联和并联指令用来描述单个触点与别的触点或触点（而不是线圈）组成的电路的连接关系。虽然 X1 的触点和 Y4 的线圈组成的串联电路与 M1 的线圈是并联关系，但是 X1 的常开触点与左边的电路是串联关系，所以对 X1 的触点应使用串联指令。只要按正确的顺序设计电路，就可以多次使用连续输出，但是因为图形编程器和打印机的功能有限制，所以连续输出的次数不超过 24 次。

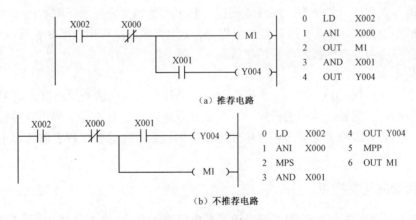

图 2-4 　连续输出电路

应该指出，如果将图 2-4（a）中的 M1 和 Y4 线圈所在的并联支路改为如图 2-4（b）所示的电路（不推荐），就必须使用后面要讲到的 MPS（进栈）和 MPP（出栈）指令。

2.1.3 　PLC 编程语言的国际标准

PLC 编程语言标准（IEC 61131－3）中有 5 种编程语言，即顺序功能图（Sequential Function chart）、梯形图（Ladder diagram）、功能块图（Function block diagram）、指令表（Instruction list）和结构文本（Structured text）。其中顺序功能图（SFC）、梯形图（LD）、功能块图（FBD）是图形编程语言，指令表（IL）、结构文本（ST）是文字语言。

（1）顺序功能图（SFC）

顺序功能图用来描述开关量控制系统的功能，是一种位于其他编程语言之上的图形语言，用于编制顺序控制程序。顺序功能图提供了一种组织程序的图形方法，根据它可以很容易地画出顺序控制梯形图程序，本书将在项目 3 中做详细介绍。

（2）梯形图（LD）

梯形图是一种以图形符号及其在图中的相互关系来表示控制关系的编程语言，是从继电器电路图演变过来的，是使用最多的 PLC 图形编程语言。梯形图与继电器控制系统的电路图很相似，直观易懂，很容易被熟悉继电器控制的电气人员掌握，特别适用于开关量逻辑控制。梯形图由触点、线圈和应用指令等组成，触点代表逻辑输入条件，如外部的开关、按钮和内部条件等；线圈通常代表逻辑输出结果，用来控制外部的指示灯、交流接触器等。

梯形图通常有左右两条母线（有的时候只画左母线），两母线之间是内部继电器常开、常闭的触点及继电器线圈组成的一条条平行的逻辑行（或称梯级），每个逻辑行必须以触点与左母线连接开始，以线圈与右母线连接结束。

（3）功能块图（FBD）

这是一种类似于数字逻辑门电路的编程语言，有数字电路基础的人很容易掌握。该编程语言用类似与门、或门的方框来表示逻辑运算关系，方框的左侧为逻辑运算的输入变量，右侧为输出变量，输入、输出端的小圆圈表示"非"运算，方框被"导线"连接在一起，信号自左向右流动。国内很少使用功能块图语言。

（4）指令表（IL）

PLC 的指令是一种与微型计算机的汇编语言中的指令相似的助记符表达式，由指令组成的程序叫做指令表程序。指令表程序较难阅读，其中的逻辑关系很难一眼看出，所以在设计时一般使用梯形图语言。如果使用手持式编程器，必须将梯形图转换成指令表后再写入 PLC。在用户程序存储器中，指令按步序号顺序排列。

（5）结构文本（ST）

结构文本（ST）是为 IEC 61131—3 标准创建的一种专用的高级编程语言。与梯形图相比，它能实现复杂的数学运算，编写的程序非常简捷和紧凑。IEC 标准除了提供几种编程语言供用户选择外，还允许编程者在同一程序中使用多种编程语言，这使编程者能选择不同的语言来适应特殊的工作。

2.1.4　梯形图的主要特点

（1）PLC 梯形图中的某些编程元件沿用了继电器这一名称，如输入继电器、输出继电器、内部辅助继电器等，它们不是真实的物理继电器（即硬件继电器），而是在梯形图中使用的编程元件（即软元件）。每一软元件与 PLC 存储器中元件映像寄存器的一个存储单元相对应。以辅助继电器为例，如果该存储单元为 0 状态，则梯形图中对应的软元件的线圈"断电"，其常开触点断开，常闭触点闭合，称该软元件为 0 状态，或称该软元件为 OFF（断开）。如果该存储单元为 1 状态，则对应软元件的线圈"有电"，其常开触点接通，常闭触点断开，称该软元件为 1 状态，或称该软元件为 ON（接通）。

（2）根据梯形图中各触点的状态和逻辑关系，求出图中各线圈对应的软元件的 ON/OFF 状态，称为梯形图的逻辑运算。逻辑运算是按梯形图从上到下、从左至右的顺序进行的，运算的结果可以马上被后面的逻辑运算所利用。逻辑运算是根据元件映像寄存器中的状态，而不是根据运算瞬时外部输入触点的状态来进行的。

（3）梯形图中各软元件的常开触点和常闭触点均可以无限多次地被使用。

（4）输入继电器的状态唯一取决于对应的外部输入电路的通断状态，因此在梯形图中不能出现输入继电器的线圈。

（5）辅助继电器相当于继电控制系统中的中间继电器，用来保存运算的中间结果，不对外驱动负载，负载只能由输出继电器来驱动。

2.1.5 任务实现：用 PLC 实现三相异步电动机的点动、连续运行控制

采用 PLC 进行电动机的控制，主电路与传统继电接触器控制的主电路一样，不同的是控制电路。由于 PLC 的加入，用户只需将输入设备（如启动按钮 SB1、停止按钮 SB2、点动按钮 SB3、热继电器触点 FR）接到 PLC 的输入端口，输出设备（如接触器线圈 KM、运行指示灯 HL1 和 HL2）接到 PLC 的输出端口，再接上电源、输入软件程序就可以了。具体线如何接，程序如何编写，编写好的程序如何输入及调试，下面将详细介绍。

1. I/O 分配

在进行接线与编程前，首先要确定输入/输出设备与 PLC 的 I/O 口的对应关系问题，即要进行 I/O 分配工作。只有 I/O 分配工作结束后，才能绘制 PLC 接线图，也才能具体进行程序的编写工作。因此 I/O 分配是选择确定了输入/输出设备后首先要做的工作。

如何进行 I/O 分配呢？这是一项十分简单的工作。具体来说，就是将每一个输入设备对应一个 PLC 的输入点，将每一个输出设备对应一个 PLC 的输出点。

为了绘制 PLC 接线图及运用 PLC 编程，I/O 分配后应形成一张 I/O 分配表，明确表示出输入/输出设备有哪些，它们各起什么作用，对应的是 PLC 的哪些点，这就是 PLC 的 I/O 分配。下面进行三相异步电动机的点动、连续运行 PLC 控制的 I/O 分配。

根据前面控制要求可知，点动、连续运行控制的输入设备应是 4 个，输出设备应是 3 个，应选择与此输入/输出点数适应的 PLC。三菱 FX$_{2N}$-16MR 有 8 个输入和 8 个输出点，能满足此要求。点动、连续运行控制的 I/O 地址分配如表 2-3 所示。

表 2-3 点动、连续运行控制输入/输出地址分配

输　　入			输　　出		
输入继电器	电路元件	作用	输出继电器	电路元件	作用
X000	SB1	启动按钮	Y000	KM	电动机接触器
X001	SB2	停止按钮	Y001	HL1	启动绿色指示灯
X002	SB3	点动按钮	Y002	HL2	停止红色指示灯
X003	FR	过载保护	—	—	—

2. 硬件接线

输入设备接入 PLC 的方法十分简单，即将两端输入设备的一个端点接到指定 PLC 的输

入端口上，另一个端点接到 PLC 的公共端上。输出设备的接线略复杂一些，主要应根据输出设备的工作特性（工作电压的类型及数值）做好分组工作，同时还应将电源接入电路。点动、连续运行控制的接线图如图 2-5 所示。

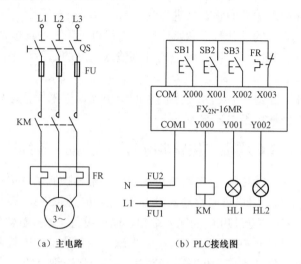

（a）主电路　　　　　　　　（b）PLC接线图

图 2-5　点动、连续运行控制的接线图

3. 编程

　　PLC 程序主要解决的是如何根据输入设备的信息（通、断信号）按照控制要求形成驱动输出设备的信号，使输出满足控制要求。PLC 的程序形式有多种，最常用的是梯形图，其次是指令形式，两者之间是可以互相转换的。程序的形式可以不同，但描述的内容是相同的，程序的实质是描述控制的逻辑关系。对于初学者来说，最关键是如何编写 PLC 程序。

　　编写 PLC 程序，最基本的方法是经验法。经验法要求编程者具有控制系统的设计经验，而作为初学者在控制系统设计方面的主要经验只有继电接触器控制系统的初步设计经验，因此，对于继电接触器控制系统中常用基本控制电路的理解及设计经验是十分宝贵的，它将给我们带来许多有关电动机控制程序设计的灵感，特别是继电接触器控制中的启—保—停控制电路、正反转控制电路，这些将是编程的基本依据。下面将根据这些经验来初步构思并理解编写的程序。

　　点动实际上是利用输入的触点来控制输出的线圈，而连续控制则是典型的启—保—停控制电路，这两种基本控制电路控制的对象实际上是同一个线圈。如何使两者控制不发生冲突，最好的办法就是利用辅助继电器。将点动控制的对象改为一个辅助继电器，再将连续控制的对象改为另一个辅助继电器，最后再利用两个辅助继电器的触点来控制输出继电器。这就是采用 PLC 实现点动、连续运行控制的基本思路，然后再加入指示灯的控制程序，就形成了 PLC 的控制程序。梯形图程序如图 2-6 所示，指令表程序如表 2-4 所示。

4. 调试

① 在断电状态下连接好电缆。
② 将 PLC 运行模式选择开关拨到 STOP 位置。
③ 使用编程软件进行编程并下载。

图 2-6　点动、连续运行控制的梯形图程序

表 2-4　点动、连续运行控制的指令程序

指 令 程 序	指 令 程 序	指 令 程 序	指 令 程 序
0　LD　X000	4　LD　X002	8　AND　X003	12　OUT　Y002
1　OR　M0	5　OUT　M1	9　OUT　Y000	13　END
2　ANI　X001	6　LD　M0	10　OUT　Y001	
3　OUT　M0	7　OR　M1	11　LDI　Y000	

④ 将 PLC 运行模式选择开关拨到 RUN 位置或采用编程软件中的遥控运行。

⑤ 观察 PLC 中 Y2 的 LED 是否点亮，如果处于点亮状态，表明电动机处于停止状态。

⑥ 按下点动按钮 SB3，观察电动机是否可以运行。松开点动按钮 SB3，观察电动机是否能够停车。如果均可完成，则说明点动控制程序正确。同时观察在电动机运行时 Y1 是否点亮，若指示正常则程序正确。

⑦ 按下启动按钮 SB1 并松开后，如果系统能够启动一直运行，并能在按下停止按钮 SB2 后停车，则程序调试结束。

⑧ 如果出现故障，学生应独立检查，直至排除故障，使系统能够正常工作。

 知识链接

1. 置位与复位指令 SET/RST

置位与复位指令如表 2-5 所示。

表 2-5　置位与复位指令表

符号、名称	功　　能	电 路 表 示	操作元件	程　序　步
SET 置位	令元件自保持 ON	┤├──┤├──[SET Y000]	Y, M, S	Y, M: 1 S, 特 M: 2

续表

符号、名称	功 能	电 路 表 示	操 作 元 件	程 序 步
RST 复位	令元件自保持 OFF 或清除数据寄存器的内容	——┤├—————[RST Y000]—	Y, M, S, C, D, V, Z, 积 T	Y, M: 1 S, 特 M, C, 积 T: 2; D, V, Z: 3

（1）指令用法示例

指令用法示例如图 2-7 所示。

（2）使用注意事项

① 图 2-7 中的 X0 一旦接通，即使变成断开，Y0 也保持接通。X1 接通后，即使变成断开，Y0 也保持断开，对于 M、S 也是如此。

② 对同一元件可以多次使用 SET、RST 指令，顺序可任意，但对于外部输出，则只有最后执行的一条指令才有效。

③ 要使数据寄存器 D、计数器 C、积算定时器 T、变址寄存器 V、Z 的内容清零，也可用 RST 指令。

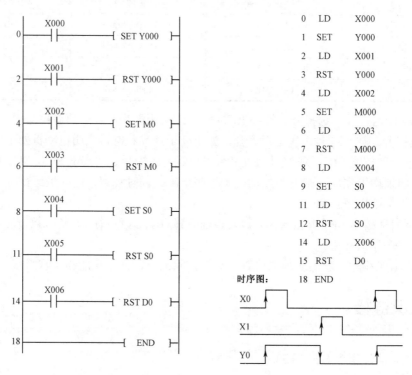

图 2-7　SET、RST 的使用示例

2. 常闭触点的输入信号处理

PLC 输入端口可以与输入设备不同类型的触点连接，但不同的触点类型设计出的梯形图程序不一样。

① PLC 外部的输入触点既可以接常开触点，也可以接常闭触点。当外部接常闭触点时，梯形图中的触点状态与继电接触器控制图中的状态是相反的。

② 教学中 PLC 的输入触点经常使用常开触点，便于进行原理分析。但在实际控制中，停止按钮、限位开关及热继电器等要使用常闭触点，以提高安全保障。

③ 为了节省成本，应尽量少占用 PLC 的 I/O 点，因此有时也将 FR 常闭触点串接在其他常闭输入或负载输出回路中。

能力测试

设计一个能在两地启停控制的 PLC 控制系统。控制要求：甲地按下启动按钮 SB1，则电动机启动运行，按下停止按钮 SB2，则电动机停止。乙地按下启动按钮 SB3，则电动机启动运行，按下停止按钮 SB4，则电动机停止运行；任何时间若热继电器动作，则电动机停止运行。

1. 设计梯形图（40 分）

自行设计程序的梯形图。

2. 设计系统接线图（20 分）

① 设计 PLC 接线图（10 分）。
② 设计电动机的主电路图（10 分）。

3. 系统调试（40 分）

① 程序输入（5 分）。
② 不接负载调试（15 分）。
③ 带负载调试（10 分）。
④ 其他测试（10 分）。

研讨与练习

启—保—停电路可以用普通输入、输出触点与线圈完成（如图 2-8（a）所示），也可用 SET、RST 指令实现。若用 SET、RST 指令编程，启—保—停电路包含了梯形图程序的两个要素：一个是使线圈置位并保持的条件，本例为启动按钮 X0 为 ON；另一个是使线圈复位并保持的条件，本例为停止按钮 X1 为 ON。因此，其梯形图为启动按钮 X0、停止按钮 X1 分别驱动 SET、RST 指令。当要启动时，按启动按钮 X0，使输出线圈置位并保持；当要停止时，按停止按钮 X1，使输出线圈复位并保持，如图 2-8（b）所示。

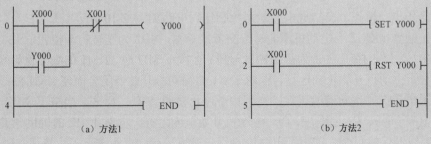

图 2-8　电动机的启—保—停梯形图（停止优先）

比较以上电路可知，方法 2 的设计思路更简单明了，是最佳设计方案。

注意：

① 在方法 1 的梯形图中，用 X1 的动断点；而在方法 2 中，用 X1 的动合点，但它们的外部输入接线却完全相同。

② 上述的两个梯形图都为停止优先，即如果启动按钮 X0 和停止按钮 X1 同时被按下，则电动机停止；若要改为启动优先，则梯形图如图 2-9 所示。

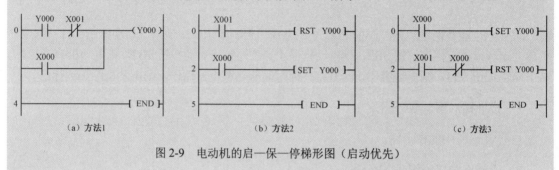

图 2-9　电动机的启—保—停梯形图（启动优先）

 **思考与练习**

请读者分析以上梯形图，并体会其设计思路，然后将梯形图改写成对应的指令表程序。

2.2　三相异步电动机的正、反转控制

 任务目标

① 能利用"启—保—停"电路中的基本逻辑指令、置位/复位指令及堆栈指令分别实现电动机正、反转运行。

② 能将已学指令应用于灯光控制电路等。

③ 进一步熟悉 PLC 的内部结构和外部接线方法。

 **任务分析**

三相异步电动机正、反转继电接触器控制运行电路如图 2-10 所示，KM1 为电动机正向运行交流接触器，KM2 为电动机反向运行交流接触器，SB2 为正转启动按钮，SB3 为反转启动按钮，SB1 为停止按钮，FR 为热保护继电器。当按下 SB2 时，KM1 的线圈保持吸合，KM1 主触点闭合，电动机开始正向运行，同时 KM1 的辅助常开触点闭合而使 KM1 的线圈保持吸合，实现了电动机的正向连续运行，直到按下停止按钮 SB1；反之，当按下 SB3 时，KM2 的线圈通电吸合，KM2 主触点闭合，电动机开始反向运行，同时 KM2 的辅助常开触点闭合而使 KM2 线圈保持吸合，实现了电动机的反向连续运行，直到按下停止按钮 SB1；KM1、KM2 线圈互锁确保不同时通电。本任务研究用 PLC 实现三相异步电动机的正、反转控制。

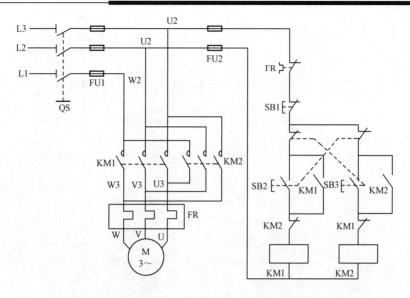

图 2-10 三相异步电动机正、反转继电接触器控制运行电路

 相关知识

2.2.1 电路块连接指令 ORB/ANB

电路块连接指令如表 2-6 所示。

表 2-6 电路块连接指令表

符号、名称	功　能	电 路 表 示	操 作 元 件	程 序 步
ORB 电路块或	串联电路的并联连接	──┤├──┤├──(Y005)	无	1
ANB 电路块与	并联电路的串联连接	──┤├──┤├──(Y005)	无	1

1. 用法示例

电路块连接指令的应用如图 2-11 和图 2-12 所示。

2. 使用注意事项

① ORB 是串联电路块的并联连接指令，ANB 是并联电路块的串联连接指令。它们都没有操作元件，可以多次重复使用。

② ORB 指令将串联电路块与前面的电路并联，相当于电路块间右侧的一段垂直连线。并联的电路块的起始触点使用 LD 或 LDI 指令，完成了电路块的内部连接后，用 ORB 指令将它与前面的电路并联。

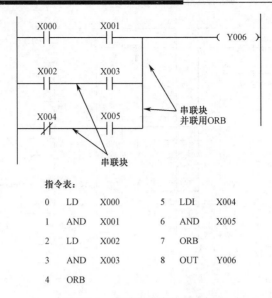

指令表：

0	LD	X000		5	LDI	X004
1	AND	X001		6	AND	X005
2	LD	X002		7	ORB	
3	AND	X003		8	OUT	Y006
4	ORB					

图 2-11　串联电路块并联示例

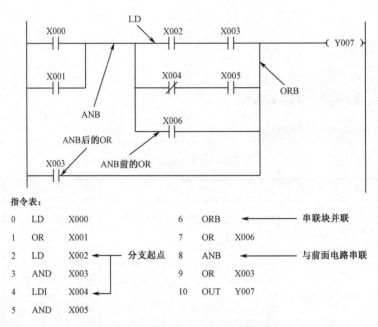

指令表：

0	LD	X000		6	ORB	← 串联块并联
1	OR	X001		7	OR	X006
2	LD	X002	← 分支起点	8	ANB	← 与前面电路串联
3	AND	X003		9	OR	X003
4	LDI	X004		10	OUT	Y007
5	AND	X005				

图 2-12　并联电路块串联示例

③ ANB 指令将并联电路块与前面的电路串联，相当于两个电路之间的串联连线。串联的电路块的起始触点使用 LD 或 LDI 指令，完成了电路块的内部连接后，用 ANB 指令将它与前面的电路串联。

④ ORB、ANB 指令可以多次重复使用，但是连续使用时应限制在 8 次以下，所以最好按图 2-11 和图 2-12 所示的方法写指令。

2.2.2　多重输出电路指令 MPS/MRD/MPP

多重输出电路指令如表 2-7 所示。

表 2-7　多重输出电路指令表

符号、名称	功 能	电 路 表 示	操 作 元 件	程 序 步
MPS 进栈	进栈	MPS ——||——(Y004)	无	1
MRD 读栈	读栈	MRD ——||——(Y005)	无	1
MPP 出栈	出栈	MPP ——||——(Y006)	无	1

1. 用法示例

多重输出电路指令的应用如图 2-13 和图 2-14 所示。

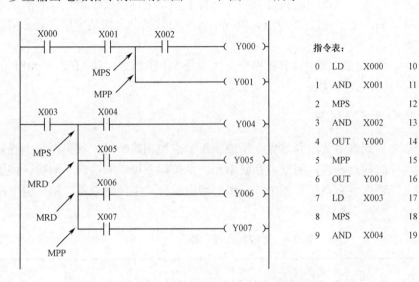

指令表:

0	LD	X000	10	OUT Y004
1	AND	X001	11	MRD
2	MPS		12	AND X005
3	AND	X002	13	OUT Y005
4	OUT	Y000	14	MRD
5	MPP		15	AND X006
6	OUT	Y001	16	OUT Y006
7	LD	X003	17	MPP
8	MPS		18	AND X007
9	AND	X004	19	OUT Y007

图 2-13　简单 1 层栈示例

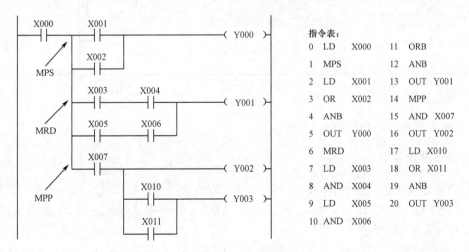

指令表:

0	LD X000	11	ORB
1	MPS	12	ANB
2	LD X001	13	OUT Y001
3	OR X002	14	MPP
4	ANB	15	AND X007
5	OUT Y000	16	OUT Y002
6	MRD	17	LD X010
7	LD X003	18	OR X011
8	AND X004	19	ANB
9	LD X005	20	OUT Y003
10	AND X006		

图 2-14　复杂 1 层栈示例

2. 使用注意事项

① MPS 指令可将多重电路的公共触点或电路块先存储起来，以便后面的多重输出支路使用。多重电路的第一个支路前使用 MPS 进栈指令，多重电路的中间支路前使用 MRD 读栈指令，多重电路的最后一个支路前使用 MPP 出栈指令。该组指令没有操作元件。

② FX 系列 PLC 有 11 个存储中间运算结果的堆栈存储器，堆栈采用先进后出的数据存取方式。每使用一次 MPS 指令，当时的逻辑运算结果压入堆栈的第一层，堆栈中原来的数据依次向下一层推移。

③ MRD 指令读取存储在堆栈最上层（即电路分支处）的运算结果，将下一个触点强制性地连接到该点。读栈后堆栈内的数据不会上移或下移。

④ MPP 指令弹出堆栈存储器的运算结果，首先将下一个触点连接到该点，然后从堆栈中去掉分支点的运算结果。使用 MPP 指令时，堆栈中各层的数据向上移动一层，最上层的数据在弹出后从栈内消失。

⑤ 处理最后一条支路时必须使用 MPP 指令，而不是 MRD 指令，且 MPS 和 MPP 的使用必须少于 11 次，并且要成对出现。

2.2.3 主控触点指令 MC/MCR

在编程时，经常会遇到许多线圈同时受一个或一组触点控制的情况，如果在每个线圈的控制电路中都串入同样的触点，将占用很多存储单元，主控指令可以解决这一问题。使用主控指令的触点称为主控触点，它在梯形图中与一般的触点垂直，主控触点是控制一组电路的总开关。主控触点指令如表 2-8 所示。

表 2-8 主控触点指令表

符号、名称	功 能	电路表示及操作元件	程 序 步
MC 主控	主控电路块起点	┤├———————[MC N0 Y或M]	3
MCR 主控复位	主控电路块终点	N0 — Y或M不允许使用特M ———————[MCR N0]	2

1. 用法示例

主控触点指令的应用如图 2-15 所示。

2. 使用注意事项

（1）MC 是主控起点，操作数 N（0～7 层）为嵌套层数，操作元件为 M、Y，特殊辅助继电器不能用做 MC 的操作元件。MCR 是主控结束，主控电路块的终点，操作数为 N（0～7）。MC 与 MCR 必须成对使用。

（2）与主控触点相连的触点必须用 LD 或 LDI 指令，即执行 MC 指令后，母线移到主控触点的后面，MCR 使母线回到原来的位置。

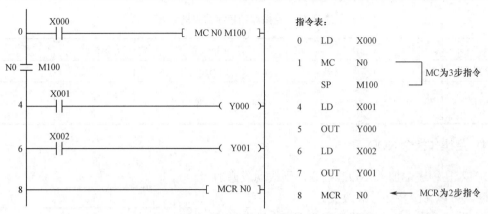

图 2-15　主控触点指令的应用示例

（3）图 2-15 中 X0 的常开触点接通时，执行从 MC 到 MCR 之间的指令；MC 指令的输入电路（X0）断开时，不执行上述区间的指令。其中的积算定时器、计数器、用复位/置位指令驱动的软元件保持其当时的状态，其余的元件被复位，如非积算定时器和用 OUT 指令驱动的元件变为 OFF。

（4）在 MC 指令内再使用 MC 指令时，称为嵌套，嵌套层数 N 的编号依次增大；主控返回时用 MCR 指令，嵌套层数 N 的编号依次减小。

2.2.4　逻辑运算结果取反指令 INV

逻辑运算结果取反指令如表 2-9 所示。

表 2-9　逻辑运算结果取反指令 INV

符号、名称	功　能	电　路　表　示	操作元件	程　序　步
INV 取反	逻辑运算结果取反	X000 ── / ──（ Y000 ）	无	1

INV 指令在梯形图中用一条 45° 的短斜线来表示，它将使无该指令时的运算结果取反，如运算结果为 0 则将它变为 1，如运算结果为 1 则将它变为 0。如图 2-16 所示，如果 X0 为 ON，则 Y0 为 OFF；反之，Y0 为 ON。

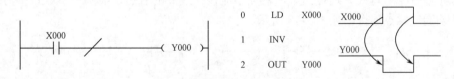

图 2-16　逻辑运算结果取反指令示例

2.2.5　空操作和程序结束指令 NOP/END

空操作和程序结束指令如表 2-10 所示。

表 2-10　空操作和程序结束指令表

符号、名称	功　　能	电路表示	操作元件	程序步
NOP 空操作	无动作	无	无	1
END 结束	输入/输出处理，程序回到第 0 步	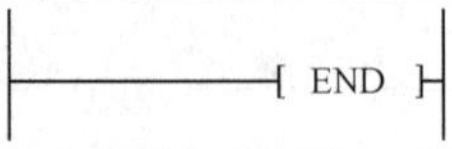 —END—	无	1

1. 空操作指令 NOP

① 若在程序中加入 NOP 指令，则改动或追加程序时，可以减少步序号的改变。

② 若将 LD、LDI、ANB、ORB 等指令换成 NOP 指令，电路构成将有较大幅度的变化，如图 2-17 所示。

③ 执行程序全清除操作后，全部指令都变成 NOP。

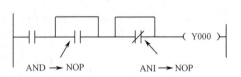

图 2-17　用 NOP 指令短路触点

2. 程序结束指令 END

PLC 按照循环扫描的工作方式，首先进行输入处理，然后进行程序处理，当处理到 END 指令时，即进行输出处理。所以，若在程序中写入 END 指令，则 END 指令以后的程序就不再执行，直接进行输出处理；若不写入 END 指令，则从用户程序存储器的第一步执行到最后一步。因此，若将 END 指令放在程序结束处，则只执行第一步至 END 之间的程序，可以缩短扫描周期。在调试程序时，可以将 END 指令插在各段程序之后，从第一段开始分段调试，调试好以后必须删除程序中间的 END 指令，这种方法对程序的查错也很有用处，而且，执行 END 指令时，也刷新警戒时钟。

2.2.6　梯形图的基本规则

梯形图作为 PLC 程序设计中最常用的编程语言，被广泛应用于工程现场的系统设计，为更好地使用梯形图语言，下面介绍梯形图的一些基本规则。

1. 线圈右边无触点

梯形图中每一逻辑行从左到右排列，以触点与左母线连接开始，以线圈、功能指令与右母线（可允许省略右母线）连接结束。触点不能接在线圈的右边，线圈也不能直接与左母线连接，必须通过触点连接，如图 2-18 所示。

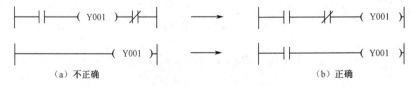

（a）不正确　　　　　　　　　　　　　　　　　　（b）正确

图 2-18　线圈右边无触点的梯形图

2. 触点可串可并无限制

触点可以用于串行电路，也可以用于并行电路，且使用次数不受限制，所有输出继电器也都可以作为辅助继电器使用。

3. 线圈不能重复使用

在同一个梯形图中，如果同一元件的线圈被使用两次或多次，这时前面的输出线圈对外输出无效，只有最后一次的输出线圈有效，所以，程序中一般不出现双线圈输出，如图 2-19（a）所示的梯形图必须改为如图 2-19（b）所示的梯形图。

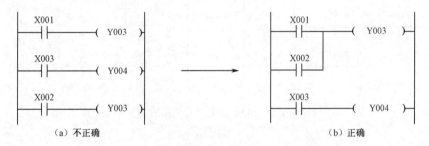

图 2-19　线圈不能重复使用的梯形图

4. 触点水平不垂直

触点应画在水平线上，不能画在垂直线上。如图 2-20（a）所示的 X3 触点被画在垂直线上，所以很难正确识别它与其他触点的逻辑关系，因此，应根据其逻辑关系改为如图 2-20（b）或图 2-20（c）所示的梯形图。

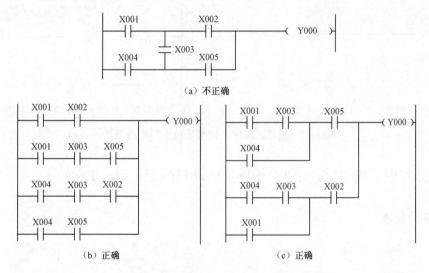

图 2-20　触点水平不垂直的梯形图

5. 触点多上并左

如果有串联电路块并联，应将串联触点多的电路块放在最上面；如果有并联电路块串联，应将并联触点多的电路块移近左母线，这样可以使编制的程序简洁，指令语句少，如图 2-21 所示。

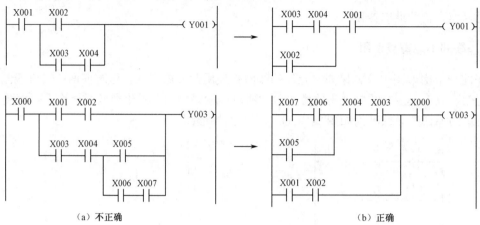

图 2-21　触点多上并左的梯形图

6. 顺序不同结果不同

PLC 的运行是按照从左而右、从上而下的顺序执行的，即串行工作；而继电器控制电路是并行工作的，电源一接通，并联支路都有相同电压。因此，在 PLC 的编程中应注意程序的顺序不同，其执行结果也不同，如图 2-22 所示。

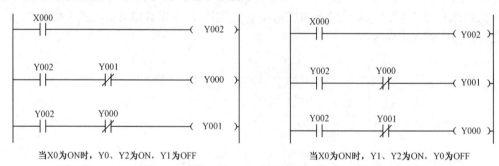

图 2-22　程序的顺序不同结果也不同的梯形图

2.2.7　任务实现：用 PLC 实现三相异步电动机的正、反转控制

1. I/O 分配表

由上述控制要求可确定 PLC 需要 3 个输入点，2 个输出点，其 I/O 分配表如表 2-11 所示。

表 2-11　电动机正、反转 I/O 分配表

输　　入			输　　出		
输入元件	作用	输入继电器	输出元件	作用	输出继电器
SB1	停止按钮	X000	KM1	正转接触器	Y000
SB2	正转启动按钮	X001	KM2	反转接触器	Y001
SB3	反转启动按钮	X002			

2. 硬件接线

PLC 的外部硬件接线图如图 2-23 所示。

由图 2-23 可知，外部硬件输出电路中使用 KM1、KM2 的常闭触点进行了互锁。这是因为 PLC 内部软继电器互锁只相差一个扫描周期，来不及响应。例如，Y000 虽然断开，可能 KM1 的触点还未断开，在没有外部硬件互锁的情况下，KM2 的触点可能接通，引起主电路短路。因此不仅要在梯形图中加入软继电器的互锁触点，而且还要在外部硬件输出电路中进行互锁，这就是常说的"软硬件双重互锁"。采用双重互锁，同时也避免了因接触器 KM1 和 KM2 的主触点熔焊而引起的电动机主电路短路。

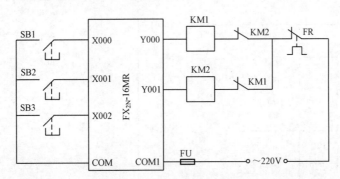

图 2-23　PLC 的外部硬件接线图

3. 编程

（1）方案一：直接用"启—保—停"基本电路实现

梯形图及指令表如图 2-24 所示。

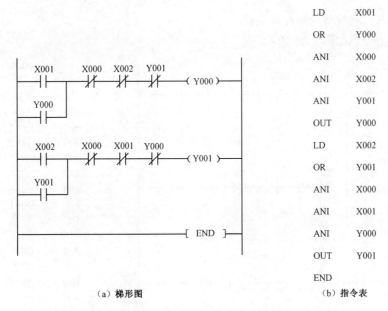

（a）梯形图　　　　　（b）指令表

图 2-24　PLC 控制三相异步电动机正、反转运行电路方案（一）

此方案通过在正转运行支路中串入 X002 常闭触点和 Y001 的常闭触点，在反转运行支路中串入 X001 常闭触点和 Y000 的常闭触点来实现按钮及接触器的互锁。

　　（2）方案二：利用"置位/复位"基本电路实现

　　梯形图及指令表如图 2-25 所示。

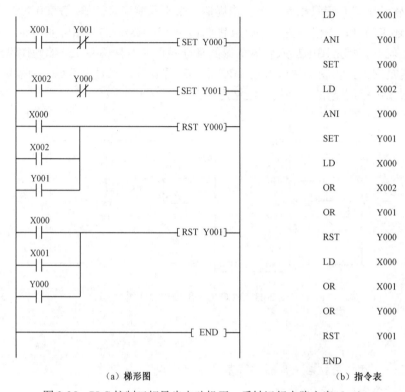

（a）梯形图　　　　　　　　　　　　　　　（b）指令表

图 2-25　PLC 控制三相异步电动机正、反转运行电路方案（二）

　　（3）方案三：利用栈操作指令实现

　　梯形图及指令表如图 2-26 所示。

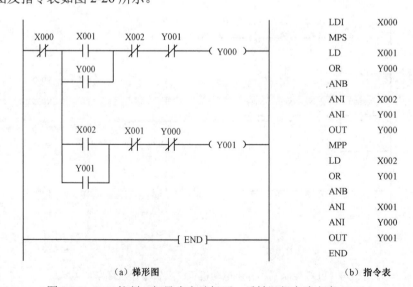

（a）梯形图　　　　　　　　　　　　　　　（b）指令表

图 2-26　PLC 控制三相异步电动机正、反转运行电路方案（三）

4．调试

① 输入程序。按照前面介绍的程序输入方法，用计算机输入程序。

② 静态调试。按图 2-23 所示的 PLC 的 I/O 接线图正确连接好输入设备，进行 PLC 的模拟静态调试（按下正转启动按钮 SB2 时，Y0 亮，按下停止按钮 SB1 时，Y0 灭；按下反转启动按钮 SB3 时，Y1 亮，按下停止按钮 SB1 时，Y1 灭；按下正转启动按钮 SB2 时，Y0 亮，按下反转启动按钮 SB3 时，Y0 灭，同时 Y1 亮，按下停止按钮 SB1 时，Y1 灭），并通过计算机监视，观察其是否与指示一致，否则，检查并修改程序，直至输出指示正确。

③ 动态调试。按图 2-23 所示的 PLC 的 I/O 接线图正确连接好输出设备，进行系统的空载调试，观察交流接触器能否按控制要求动作（按下正转启动按钮 SB2 时，KM1 闭合，按下反转启动按钮 SB3 时，KM1 断开，同时 KM2 闭合；按下停止按钮 SB1 时，KM2 断开），并通过计算机进行监视，观察其是否与动作一致，否则，检查电路接线或修改程序，直至交流接触器能按控制要求动作；然后按图 2-10 所示的主电路接好电动机，进行带载动态调试。

④ 完成一个方案的调试后，再完成另外两个方案的调试工作。

知识链接

1．脉冲输出指令 PLS/PLF

脉冲输出指令如表 2-12 所示。

表 2-12　脉冲输出指令表

符号、名称	功　　能	电路表示	操作元件	程　序　步
PLS 上升沿脉冲	上升沿微分输出	X000　　　　［PLS　M0］	Y，M	2
PLF 下降沿脉冲	下降沿微分输出	X001　　　　［PLF　M1］	Y，M	2

（1）用法示例

脉冲输出指令的应用如图 2-27 所示。

（2）使用注意事项

① PLS 是脉冲上升沿微分输出指令，PLF 是脉冲下降沿微分输出指令。PLS 和 PLF 指令只能用于输出继电器 Y 和辅助继电器 M（不包括特殊辅助继电器）。

② 图 2-27 中的 M0 仅在 X0 的常开触点由断开变为接通（即 X0 的上升沿）时的一个扫描周期内为 ON；M1 仅在 X1 的常开触点由接通变为断开（即 X1 的下降沿）时的一个扫描周期内为 ON。

③ 图 2-27 中，在输入继电器 X0 接通的情况下，PLC 由停机→运行时，PLS M0 指令将输出一个脉冲。然而，如果用电池后备（锁存）的辅助继电器代替 M0，其 PLS 指令在这种情况下不会输出脉冲。

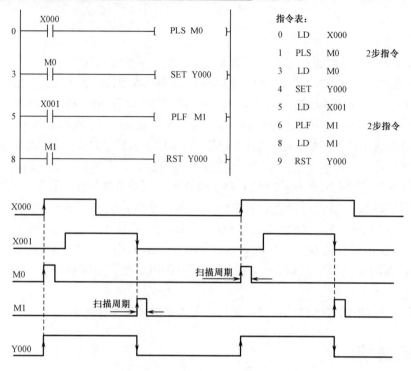

图 2-27　脉冲输出指令的应用示例

2. 脉冲式触点指令 LDP/LDF/ANDP/ANDF/ORP/ORF

脉冲式触点指令如表 2-13 所示。

表 2-13　脉冲式触点指令表

符号、名称	功　能	电 路 表 示	操 作 元 件	程 序 步
LDP 取上升沿脉冲	上升沿脉冲逻辑运算开始		X, Y, M, S, T, C	2
LDF 取下降沿脉冲	下降沿脉冲逻辑运算开始		X, Y, M, S, T, C	2
ANDP 与上升沿脉冲	上升沿脉冲串联连接		X, Y, M, S, T, C	2
ANDF 与下降沿脉冲	下降沿脉冲串联连接		X, Y, M, S, T, C	2
ORP 或上升沿脉冲	上升沿脉冲并联连接		X, Y, M, S, T, C	2
ORF 或下降沿脉冲	下降沿脉冲并联连接		X, Y, M, S, T, C	2

（1）用法示例

脉冲式触点指令的应用如图 2-28 所示。

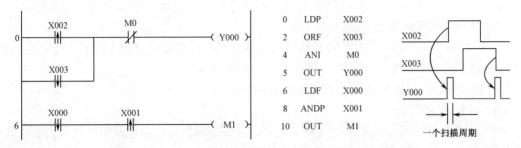

图 2-28　脉冲式触点指令的应用示例

（2）使用注意事项

① LDP、ANDP 和 ORP 指令是用来做上升沿检测的触点指令，触点的中间有一个向上的箭头，对应的触点仅在指定位元件的上升沿（由 OFF 变为 ON）时接通一个扫描周期。

② LDF、ANDF 和 ORF 指令是用来做下降沿检测的触点指令，触点的中间有一个向下的箭头，对应的触点仅在指定位元件的下降沿（由 ON 变为 OFF）时接通一个扫描周期。

③ 脉冲式触点指令可以用于 X，Y，M，T，C 和 S。在图 2-28 中 X2 的上升沿或 X3 的下降沿出现时，Y0 仅在一个扫描周期为 ON（前提是 M0 常闭触点没有断开）。

3. 转换设计法

转换设计法就是将继电器电路图转换成与原有功能相同的 PLC 内部的梯形图。这种等效转换是一种简便快捷的编程方法，转换法的优点颇多，其一，原继电器控制系统经过长期使用和考验，已经被证明能完成系统要求的控制功能；其二，继电器电路图与 PLC 的梯形图在表示方法和分析方法上有很多相似之处，因此根据继电器电路图来设计梯形图简便快捷；其三，这种设计方法一般不需要改动控制面板，保持了原有系统的外部特性，操作人员不用改变长期形成的操作习惯。

（1）基本方法

根据继电接触器电路图来设计 PLC 的梯形图时，关键是要抓住它们的一一对应关系，即控制功能的对应、逻辑功能的对应，以及继电器硬件元件和 PLC 软元件的对应。

（2）转换设计的步骤

① 了解和熟悉被控设备的工艺过程和机械的动作情况，根据继电器电路图分析和掌握控制系统的工作原理，这样才能在设计和调试系统时心中有数。

② 确定 PLC 的输入信号和输出信号，画出 PLC 的外部接线图。

继电器电路图中的交流接触器和电磁阀等执行机构用 PLC 的输出继电器来替代，它们的硬件线圈接在 PLC 的输出端。按钮开关、限位开关、接近开关及控制开关等用 PLC 的输入继电器替代，用来给 PLC 提供控制命令和反馈信号，它们的触点接在 PLC 的输入端。在确定了 PLC 的各输入信号和输出信号对应的输入继电器和输出继电器的元件号后，画出 PLC 的外部接线图。

③ 确定 PLC 梯形图中的辅助继电器（M）和定时器（T）的元件号。

继电器电路图中的中间继电器和时间继电器的功能用 PLC 内部的辅助继电器和定时器来

替代，并确定其对应关系。

④ 根据上述对应关系画出 PLC 的梯形图。

第②步和第③步建立了继电器电路图中的硬件元件和梯形图中的软元件之间的对应关系，将继电器电路图转换成对应的梯形图。

⑤ 根据被控设备的工艺过程和机械的动作情况及梯形图编程的基本规则，优化梯形图，使梯形图既符合控制要求，又具有合理性、条理性和可靠性。

⑥ 根据梯形图写出其对应的指令表程序。

（3）转换法的应用

例 1 如图 2-29 所示为三相异步电动机正、反转控制的继电器电路图，试将该继电器电路图转换为功能相同的 PLC 外部接线图和梯形图。

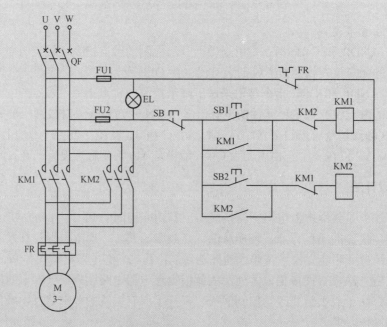

图 2-29　三相异步电动机正、反转控制的继电器电路图

解：

① 分析动作原理。

如图 2-29 所示为三相异步电动机正、反转控制的继电器电路图。其中，KM1 是正转接触器，KM2 是反转接触器；SB1 是正转按钮，SB2 是反转按钮，SB 是停止按钮。按 SB1，KM1 得电并自锁，电动机正转，按 SB 或 FR 动作，KM1 失电，电动机停止；按 SB2，KM2 得电并自锁，电动机反转，按 SB 或 FR 动作，KM2 失电，电动机停止；电动机正转运行时，按反转启动按钮 SB2 不起作用；电动机反转运行时，按正转启动按钮 SB1 不起作用。

② 确定输入/输出信号。

根据上述分析，输入信号有 SB、SB1、SB2、FR，输出信号有 KM1、KM2。并且，可设其对应关系：SB（常开触点）用 PLC 中的输入继电器 X0 来代替，SB1 用 PLC 中的输入继电器 X1 来代替，SB2 用 PLC 中的输入继电器 X2 来代替，FR（常开触点）用 PLC 中的输入继电器 X3 来代替。正转接触器 KM1 用 PLC 中的输出继电器 Y1 来代替，反转接触器 KM2 用 PLC 中的输出继电器 Y2 来代替。

③ 画出 PLC 的外部接线图。

根据 I/O 信号，同时考虑 KM1 或 KM2 外部故障（KM1 或 KM2 主触点可能被断电时产生的电弧粘合而断不开）时，造成主电路短路，故在 PLC 输出的外部电路 KM1、KM2 的线圈前增加其常闭触点做硬件互锁，其 I/O 外部接线如图 2-30（a）所示（主电路图与原来电路相同）。

④ 画对应的梯形图。

根据上述对应关系，可以画出图 2-29 所对应的梯形图，如图 2-30（b）所示。

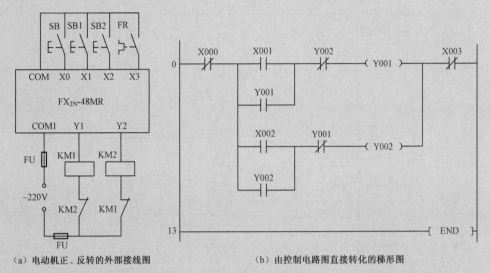

（a）电动机正、反转的外部接线图　　　（b）由控制电路图直接转化的梯形图

图 2-30　电动机正、反转的外部接线图及所对应的梯形图

⑤ 画优化梯形图。

根据电动机正、反转的动作情况及梯形图编程的基本规则（线圈右边无触点，触点多上并左），对图 2-30 进行优化，其优化梯形图如图 2-31 所示。

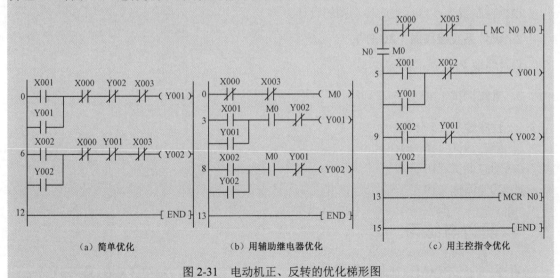

（a）简单优化　　　　　　（b）用辅助继电器优化　　　　　　（c）用主控指令优化

图 2-31　电动机正、反转的优化梯形图

 能力测试

将如图 2-32 所示行程开关控制的自动往返行程控制电路图改为用 PLC 控制，并完成其设计、安装及调试。图 2-32 中行程开关 SQ1、SQ2 作为往复控制用，而行程开关 SQ3、SQ4 作为极限保护用，其梯形图设计采用经验法完成。

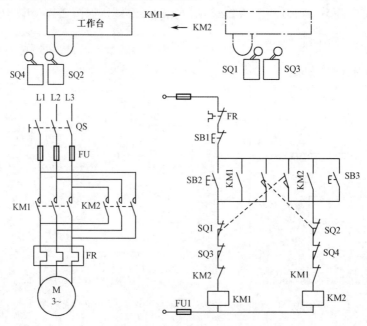

图 2-32　自动往返行程控制电路

1. 设计梯形图（40 分）

根据控制要求，自行完成梯形图的设计。

2. 设计系统接线图（20 分）

设计系统 PLC 接线图。

3. 系统调试（40 分）

① 程序输入（5 分）。
② 静态调试（15 分）。
③ 动态调试（10 分）。
④ 其他测试（10 分）。

 研讨与练习

例 2　设计用单按钮控制台灯两挡发光亮度的程序。要求：按钮（X20）第一次合上，Y0 接通；按钮第二次合上，Y0 和 Y1 都接通；按钮第三次合上，Y0、Y1 都断开。

说明：梯形图控制程序如图 2-33（a）所示，波形图如图 2-33（b）所示，指令表如图 2-33

（c）所示。当 X20 第一次合上时，M0 接通一个扫描周期。由于此时 Y0 还是初始状态没有接通，因此 CPU 从上往下扫描程序时 M1 和 Y1 都不能接通，只有 Y0 接通，台灯低亮度发光。在第二个扫描周期里，虽然 Y0 的常开触点闭合，但 M0 却又断开了，因此 M1 和 Y1 仍不能接通。直到 X20 第二次合上时，M0 又接通一个扫描周期。此时 Y0 已经接通，故其常开触点闭合使 Y1 接通，台灯高亮度发光（Y0、Y1 均接通）。X20 第三次合上时，M0 接通，因 Y1 常开触点闭合使 M1 接通，切断 Y0 和 Y1，台灯熄灭。

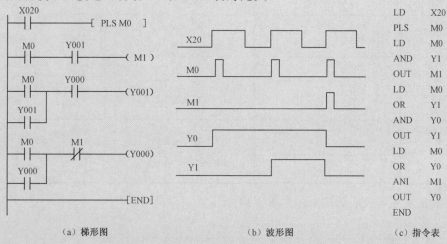

（a）梯形图   （b）波形图   （c）指令表

图 2-33 单按钮控制台灯两挡发光亮度的程序

参考以上例题，完成一个用单按钮启动 5 台电动机控制电路的程序。启动过程：每按一次按钮启动一台电动机，按下 5 次后全部电动机都启动，再按一次按钮，全部电动机都停止运行。

例 3 某系统中有 3 台通风机，设计一个监视系统，监视通风机的运转。要求如下：3 台通风机中有 2 台及以上开机时，绿灯常亮；只有一台开机时，绿灯以 1Hz 的频率闪烁；3 台全部停机时，红灯常亮。

说明：根据控制要求进行 I/O 分配：通风机 1～3 对应 X1、X2、X3，绿灯对应 Y1，红灯对应 Y2。

根据控制要求列出真值表，如表 2-14 所示。

表 2-14 通风机监视系统真值表

X1（通风机 1）	X2（通风机 2）	X3（通风机 3）	Y1（绿灯常亮）	Y1′（绿灯闪烁）	Y2（红灯亮）
0	0	0	0	0	1
0	0	1	0	1	0
0	1	0	0	1	0
1	0	0	0	1	0
0	1	1	1	0	0
1	0	1	1	0	0
1	1	0	1	0	0
1	1	1	1	0	0

注：变量或函数值为"1"表示通风机运行或灯亮，变量或函数值为"0"表示通风机停止或灯灭。

由真值表可得到函数表达式如下：

$Y1 = \overline{X1}X2X3 + X1\overline{X2}X3 + X1X2\overline{X3} + X1X2X3$

$Y1' = \overline{X1X2X3} + \overline{X1}X2X3 + X1X2X3$

$Y2 = \overline{X1X2X3}$

由逻辑函数表达式转换成梯形图可按表 2-15 的对应关系进行。

表 2-15　逻辑函数表达式与梯形图的对应关系

逻辑函数表达式	梯形图	逻辑函数表达式	梯形图
逻辑"与" $M0 = X1 \cdot X2$	X001 X002 ─┤├──┤├──(M0)	"与"运算式 $M0 = X1 \cdot X2 \cdots X_n$	X001 X002 Xn ─┤├──┤├──┤├──(M0)
逻辑"或" $M0 = X1 + X2$	X001 ─┤├──(M0) X002 ─┤├──	"或/与"运算式 $M0 = (X1 + M0) \cdot X2 \cdot \overline{X3}$	X001 X002 X003 ─┤├──┤├──┤/├──(M0) M0 ─┤├──
逻辑"非" $M0 = \overline{X1}$	X001 ─┤/├──(M0)	"与/或"运算式 $M0 = (X1 \cdot X2) + (X3 \cdot X4)$	X001 X002 ─┤├──┤├──(M0) X003 X004 ─┤├──┤├──

按照对应关系转换后的梯形图如图 2-34 所示。

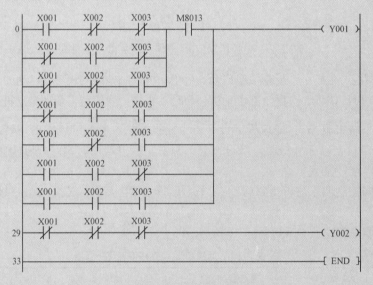

图 2-34　监视系统梯形图

参考以上例题，设计一个 4 台电动机运行监视系统，监视电动机的运转。要求如下：4 台电动机中有 3 台及以上开机时，绿灯常亮；只有 2 台开机时，绿灯以 1Hz 的频率闪烁；只有一台开机时，红灯以 1Hz 的频率闪烁；4 台全部停机时，红灯常亮。

 思考与练习

1．梯形图的基本规则有哪些？

2．转换法中要抓住哪几个对应关系？

3．转换设计法的步骤是什么？

4. 写出如图 2-35 所示梯形图的指令表程序。

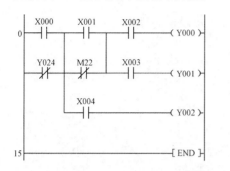
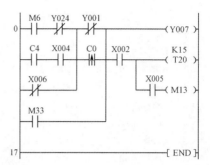

图 2-35 题 4 的图

5. 写出如图 2-36 所示梯形图的指令表程序。

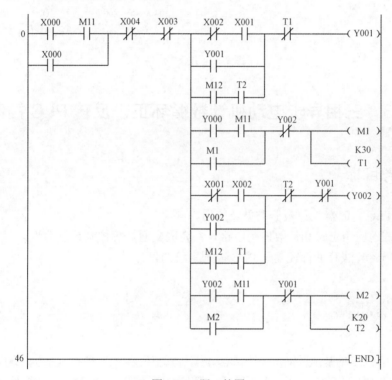

图 2-36 题 5 的图

6. 写出如图 2-37 所示梯形图的指令表程序。

7. 画出如图 2-38 所示 M0 的波形图，交换上下两行电路的位置，M0 的波形有什么变化？为什么？

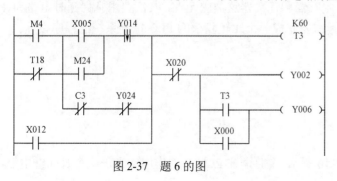

图 2-37 题 6 的图

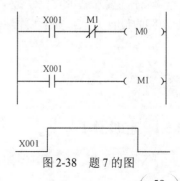

图 2-38 题 7 的图

8. 画出如图 2-39 所示指令表对应的梯形图。

指令表：

0	LD	X000	10	OUT	Y004
1	AND	X001	11	MRD	
2	MPS		12	AND	X005
3	AND	X002	13	OUT	Y005
4	OUT	Y000	14	MRD	
5	MPP		15	AND	X006
6	OUT	Y001	16	OUT	Y006
7	LD	X003	17	MPP	
8	MPS		18	AND	X007
9	AND	X004	19	OUT	Y007

（a）

指令表：

0	LD	X000	11	ORB	
1	MPS		12	ANB	
2	LD	X001	13	OUT	Y001
3	OR	X002	14	MPP	
4	ANB		15	AND	X007
5	OUT	Y000	16	OUT	Y002
6	MRD		17	LD	X010
7	LD	X003	18	OR	X011
8	AND	X004	19	ANB	
9	LD	X005	20	ANI	X012
10	AND	X006	21	OUT	Y003

（b）

图 2-39　题 8 的图

2.3　三相异步电动机计数循环正、反转 PLC 控制

 任务目标

① 掌握 PLC 定时器、计数器类型及应用。
② 能熟练地应用延时和计数控制电路，并完成交通灯等控制系统的设计。
③ 能采用经验法等进行较复杂 PLC 控制系统的设计。

 任务分析

设计一个用 PLC 的基本逻辑指令控制电动机计数循环正、反转的控制系统，其控制要求如下：
① 按下启动按钮 SB1，电动机正转 3s，停 2s，反转 3s，停 2s，如此循环 5 个周期，然后自动停止。
② 运行中，可按停止按钮 SB2 使系统停止，热继电器 FR 动作也可使系统停止。
本任务要求读者首先掌握 PLC 定时器和计数器这类软元件，其次要求掌握延时电路和计数电路的设计方法，最后要根据实际需要完成一个比较复杂的 PLC 控制系统的程序设计。

 相关知识

2.3.1　定时器 T

FX$_{2N}$ 系列 PLC 的定时器如表 2-16 所示。定时器在 PLC 中的作用相当于一个时间继电器，

它有一个设定值寄存器（一个字长），一个当前值寄存器（一个字长）及无数个触点（一个位）。对于每一个定时器，这 3 个量使用同一名称，但使用场合不一样，其所指也不一样。

表 2-16　FX₂ₙ 系列 PLC 的定时器

PLC		FX₂ₙ
通用型	100ms 定时器	200（T0～T199）（T192～T199 中断用）
	10ms 定时器	46（T200～T245）
积算型	1ms 定时器	4（T246～T249）
	100ms 定时器	6（T250～T255）

在 PLC 内定时器是根据时钟脉冲累积计时的，时钟脉冲有 1ms、10 ms、100 ms 三挡，当所计时间到达设定值时，输出触点动作。定时器可以用常数 K 作为设定值，也可以用数据寄存器 D 的内容作为设定值，这里使用的数据寄存器应有断电保持功能。

1. 通用型定时器

100ms 定时器的设定值范围为 0.1～3276.7s；10ms 定时器的设定值范围为 0.01～327.67s；1ms 定时器的设定值范围为 0.001～32.767s。如图 2-40 所示为通用型定时器的工作原理图，当驱动输入 X0 接通时，地址编号为 T200 的当前值计数器对 10ms 时钟脉冲进行计数，当该值与设定值 K123 相等时，定时器的常开触点接通，其常闭触点断开，即输出触点是在驱动线圈后的 123×0.01s=1.23s 时动作。驱动输入 X0 断开或发生断电时，当前值计数器复位，输出触点也复位。

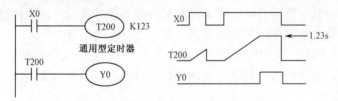

图 2-40　通用型定时器的工作原理

2. 积算型定时器

如图 2-41 所示为积算型定时器工作原理图，当定时器线圈 T250 的驱动输入 X0 接通时，T250 的当前值计数器开始累积 100ms 的时钟脉冲的个数，当该值与设定值 K123 相等时，定时器的常开触点接通，其常闭触点就断开。当计数中间驱动输入 X0 断开或停电时，当前值可保持，输入 X0 再接通或复电时，计数继续进行。当累积时间为 0.1s×123=12.3s 时，输出触点动作。当复位输入 X1 接通时，定时器复位，输出触点也复位。

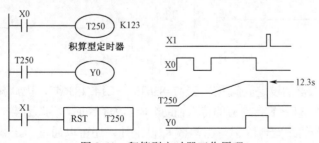

图 2-41　积算型定时器工作原理

2.3.2 计数器 C

FX$_{2N}$ 系列的计数器如表 2-17 所示，它分内部信号计数器（简称内部计数器）和外部高速计数器（简称高速计数器）。

表 2-17　FX$_{2N}$ 系列的计数器

计数器类型	计数器数量及编号
16 位通用计数器	100（C0～C99）
16 位电池后备/锁存计数器	100（C100～C199）
32 位通用双向计数器	20（C200～C219）
32 位电池后备/锁存双向计数器	15（C220～C234）
高速计数器	21（C235～C255）

1. 内部计数器

内部计数器用来对 PLC 的内部元件（X、Y、M、S、T 和 C）提供的信号进行计数。计数脉冲为 ON 或 OFF 的持续时间，应大于 PLC 的扫描周期，其响应速度通常小于数十赫兹。内部计数器按位数可分为 16 位加计数器、32 位双向计数器，按功能可分为通用型和电池后备/锁存型。

① 16 位加计数器的设定值范围为 1～32767。如图 2-42 所示给出了加计数器的工作过程，图中 X10 的常开触点接通后，C0 被复位，它对应的位存储单元被置 0，它的常开触点断开，常闭触点接通，同时其计数当前值被置 0。X11 用来提供计数输入信号，当计数器的复位输入电路断开，计数输入电路由断开变为接通（即计数脉冲的上升沿）时，计数器的当前值加 1，在 5 个计数脉冲之后，C0 的当前值等于设定值 5，它对应的位存储单元的内容被置 1，其常开触点接通，常闭触点断开。再来计数脉冲时当前值不变，直到复位输入电路接通，计数器的当前值被置 0。

具有电池后备/锁存功能的计数器在电源断电时可保持其状态信息，重新送电后能立即按断电时的状态恢复工作。

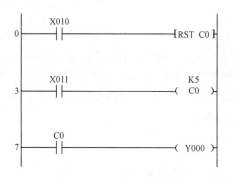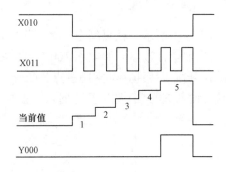

图 2-42　16 位加计数器的工作过程

② 32 位双向计数器的设定值范围为 -2147483648～+2147483647，其加/减计数方式由特殊辅助继电器 M8200～M8234 设定，对应的特殊辅助继电器为 ON 时，为减计数，反之为加计数。

32 位双向计数器的设定值除了可由常数 K 设定外，还可以通过指定数据寄存器来设定，32 位设定值存放在元件号相连的两个数据寄存器中。如果指定的是 D0，则设定值存放在 D1

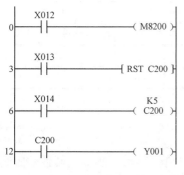

图 2-43　加/减计数器

和 D0 中。图 2-43 中 C200 的设定值为 5，当 X12 断开时，M8200 为 OFF，此时 C200 为加计数，若计数器的当前值由 4 到 5，计数器的输出触点为 ON，当前值为 5 时，输出触点仍为 ON；当 X12 接通时，M8200 为 ON，此时 C200 为减计数，若计数器的当前值由 5 到 4 时，输出触点为 OFF，当前值为 4 时，输出触点仍为 OFF。

计数器的当前值在最大值 2147483647 加 1 时，将变为最小值 -2147483648，类似地，当前值为最小值 -2147483648 减 1 时，将变为最大值 2147483647，这种计数器称为"环形计数器"。图 2-43 中复位输入 X013 的常开触点接通时，C200 被复位，其常开触点断开，常闭触点接通，当前值被置为 0。

如果使用电池后备/锁存计数器，在电源中断时，计数器停止计数，并保持计数当前值不变，电源再次接通后，在当前值的基础上继续计数，因此电池后备/锁存计数器可累计计数。

2. 高速计数器

高速计数器均为 32 位加/减计数器。它适用于高速记录 PLC 输入端的外部输入信号。但 PLC 只有 6 个输入端子 X0～X5，如果这 6 个输入端子中的一个已被某个高速计数器占用，它就不能再用于其他高速计数器（或其他用途）。也就是说，由于只有 6 个高速计数输入端，最多只能有 6 个高速计数器同时工作。高速计数器的选择并不是任意的，它取决于所需计数器的类型及高速输入端子，高速计数器的类型如下：

单相无启动/复位端子高速计数器 C235～C240；
单相带启动/复位端子高速计数器 C241～C245；
单相双输入（双向）高速计数器 C246～C250；
双相输入（A－B 相型）高速计数器 C251～C255。

不同类型的高速计数器可以同时使用，但是它们的高速计数器输入点不能冲突。高速计数器的运行建立在中断的基础上，这意味着事件的触发与扫描时间无关。在对外部高速脉冲计数时，梯形图中高速计数器的线圈应一直通电，以表示与它有关的输入点已被使用，其他高速计数器的处理不能与它冲突。全部高速计数器如表 2-18 所示。

表 2-18　高速计数器

	一相一计数输入						一相二计数输入					一相二计数输入					A－B 相计数输入				
	C235	C236	C237	C238	C239	C240	C241	C242	C243	C244	C245	C246	C247	C248	C249	C250	C251	C252	C253	C254	C255
X0	U/D						U/D		U/D			U	U		U		A	A		A	
X1		U/D					R		R			D	D		D		B	B		B	
X2			U/D					U/D		U/D		R		R			R		R	
X3				U/D				R		R			U		U			A		A
X4					U/D			U/D		U/D			D		D			B		B
X5						U/D			R		R			R		R			R		R
X6							S		S				S					S		

续表

	一相一计数输入											一相二计数输入					A—B 相计数输入				
	C235	C236	C237	C238	C239	C240	C241	C242	C243	C244	C245	C246	C247	C248	C249	C250	C251	C252	C253	C254	C255
X7											S					S					S
	1 型						2 型				3 型	1 型	2 型			3 型	1 型	2 型			3 型

注：U 表示加计数输入，D 表示减计数输入，R 表示复位输入，S 表示启动输入，A 表示 A 相输入，B 表示 B 相输入。

3. 计数频率

计数器最高计数频率受两个因素限制。一是各个输入端的响应速度，主要受硬件的限制；二是全部高速计数器的处理时间，这是高速计数器计数频率受限制的主要因素。因为高速计数器操作采用中断方式，故计数器用得越少，则可计数频率就越高。如果某些计数器用比较低的频率计数，则其他计数器可用较高的频率计数。

如图 2-44 所示为一相一计数输入高速计数器。图 2-44（a）中的 C235 只有一个计数输入 X0，当 X10 闭合时 M8235 得电，C235 为减计数方式，反之为加计数方式。当 X12 闭合时，C235 对计数输入 X0 的脉冲进行计数，和 32 位内部计数器一样，在加计数方式下，当计数值大于等于设定值时，C235 触点动作。当 X11 闭合时，C235 复位。图 2-44（b）中 C245 计数器与 C235 不同的是有规定的复位、启动输入。

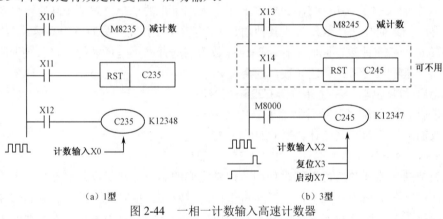

（a）1型 （b）3型

图 2-44　一相一计数输入高速计数器

2.3.3　定时器的应用

1. 得电延时合（如图 2-45 所示）

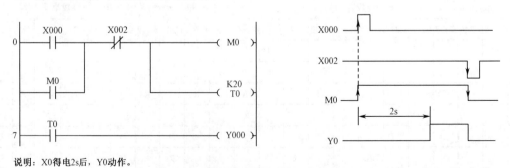

说明：X0得电2s后，Y0动作。

图 2-45　得电延时合梯形图及时序图

2. 失电延时断（如图 2-46 所示）

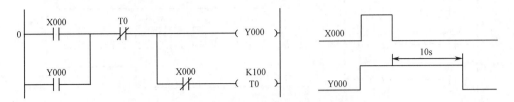

图 2-46　失电延时断梯形图及时序图

说明：当 X0 为 ON 时，其常开触点闭合，Y0 接通并自保；当 X0 断开时，定时器开始得电延时，当 X0 断开的时间达到定时器的设定时间时，Y0 才由 ON 变为 OFF，实现失电延时断开。

3. 3 台电动机顺序启动

（1）控制要求。电动机 M1 启动 5s 后电动机 M2 启动，电动机 M2 启动 5s 后电动机 M3 启动；按下停止按钮时，3 台电动机无条件全部停止运行。

（2）输入/输出分配。X1：启动按钮，X0：停止按钮，Y1：电动机 M1，Y2：电动机 M2，Y3：电动机 M3。

（3）梯形图方案设计。该题涉及时间，所以可以采用分段延时和累计延时的方法，3 台电动机顺序启动的梯形图如图 2-47 所示。

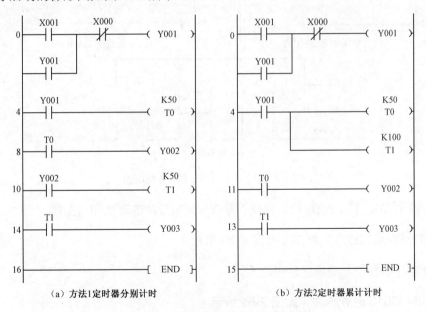

（a）方法1定时器分别计时　　　　　　（b）方法2定时器累计计时

图 2-47　3 台电动机顺序启动梯形图

2.3.4　计数器 C 的应用

计数器 C 的应用示例如图 2-48 所示。

X3 使计数器 C0 复位，C0 对 X4 输入的脉冲计数，输入的脉冲达到 6 个时，计数器 C0

的常开触点闭合，Y0 得电动作。X3 动作时，C0 复位，Y0 失电。

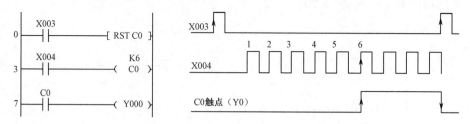

图 2-48　计数器 C 的应用梯形图及时序图

2.3.5　振荡电路及应用

振荡电路可以产生特定的通断时序脉冲，它应用在脉冲信号源或闪光报警电路中。

1. 定时器组成的振荡电路一（如图 2-49 所示）

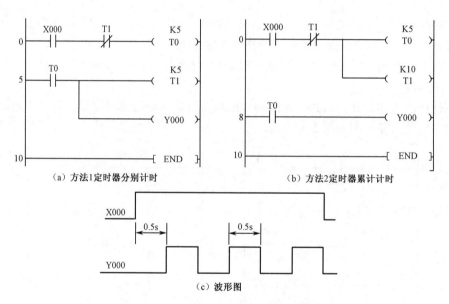

（a）方法1定时器分别计时　　　　　（b）方法2定时器累计计时

（c）波形图

图 2-49　振荡电路一的梯形图及输出波形图

说明：改变 T0、T1 的设定值，可以调整 Y0 输出脉冲的宽度和占空比。

2. 定时器组成的振荡电路二（如图 2-50 所示）

此振荡电路的相位与前面振荡电路不同。

3. 应用 M8013 时钟脉冲（如图 2-51 所示）

M8013 为 1s 的时钟脉冲，所以 Y0 输出脉冲宽度是 0.5s。

4. 振荡电路的应用

（1）控制要求

两台电动机交替顺序控制。电动机 M1 工作 10s 停下来，紧接着电动机 M2 工作 5s 停下来，然后再交替工作；按下停止按钮，电动机 M1、M2 全部停止运行。

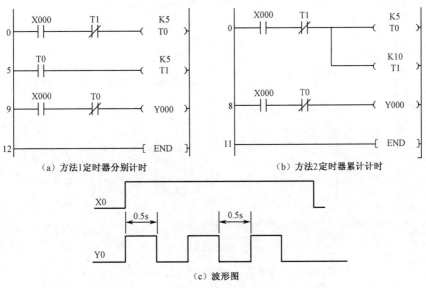

（a）方法1定时器分别计时　　　　　　　　（b）方法2定时器累计计时

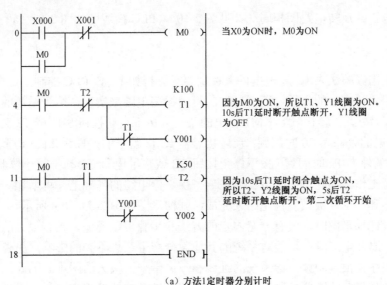

（c）波形图

图 2-50　振荡电路二的梯形图及输出波形图

图 2-51　M8013 振荡电路梯形图

（2）输入/输出分配

启动按钮：X0，停止按钮：X1；电动机 M1：Y1，电动机 M2：Y2。

（3）梯形图方案设计

该梯形图可采用经验法进行设计，首先考虑启—保—停，然后考虑时序问题及自动交替，设计方案如图 2-52 所示。

当X0为ON时，M0为ON

因为M0为ON，所以T1、Y1线圈为ON。10s后T1延时断开触点断开，Y1线圈为OFF

因为10s后T1延时闭合触点为ON，所以T2、Y2线圈为ON，5s后T2延时断开触点断开，第二次循环开始

（a）方法1定时器分别计时

图 2-52　两台电动机交替顺序工作梯形图

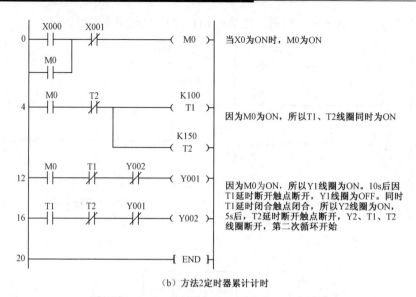

（b）方法2定时器累计计时

图 2-52 两台电动机交替顺序工作梯形图（续）

2.3.6 任务实现：用 PLC 的基本逻辑指令控制电动机计数循环正、反转

1. I/O 分配

根据以上电动机计数循环正、反转的控制要求可知：PLC 的输入信号有停止按钮 SB（X0）、启动按钮 SB1（X1）、热继电器常开触点 FR（X2）。PLC 的输出信号有正转接触器 KM1（Y1）、反转接触器 KM2（Y2）。定时用到定时器 T0（正转 3s）、T1（停 2s）、T2（反转 3s）、T3（停 2s）。其 I/O 分配如图 2-53 所示。

2. 硬件接线

主电路图与正、反转电路图相同（参见图 2-10），PLC 接线图如图 2-53（a）所示。

3. 编程

本程序可采用经验法来编程。根据以上控制要求分析如下：该 PLC 控制是一个顺序控制，控制的时间可用累计定时的方法，而循环控制可用振荡电路来实现，至于循环的次数，可用计数器来完成。另外，正转接触器 KM1 得电的条件为按下启动按钮 SB1 或 T3 时间到，正转接触器 KM1 失电的条件为 T0 时间到；反转接触器 KM2 得电的条件为 T1 延时到，反转接触器 KM2 失电的条件为 T2 时间到；按下停止按钮 SB 或热继电器 FR 动作或计数器 C1 次数到则整个系统停止工作。因此，整个设计可在启—保—停电路的基础上，再增加一个类似如图 2-52 的振荡电路和一个计数及复位电路来完成，其梯形图如图 2-53（b）所示。

用经验法设计梯形图时，没有一套固定的方法和步骤可以遵循，具有很大的试探性和随意性。修改某一局部电路时，可能对系统的其他部分产生意想不到的影响，另外，用经验法设计出的梯形图往往很难阅读，给系统的维修和改进带来了很大的困难。因此，对于复杂的控制系统，特别是复杂的顺序控制系统，一般采用步进顺控的编程方法。步进顺控设计法是一种先进的设计方法，很容易被初学者接受，对于有经验的工程师，也会提高设计的效率，并且程序的调试、修改和阅读也很方便。有关步进顺控的编程方法将在项目 3 中进行讲解。

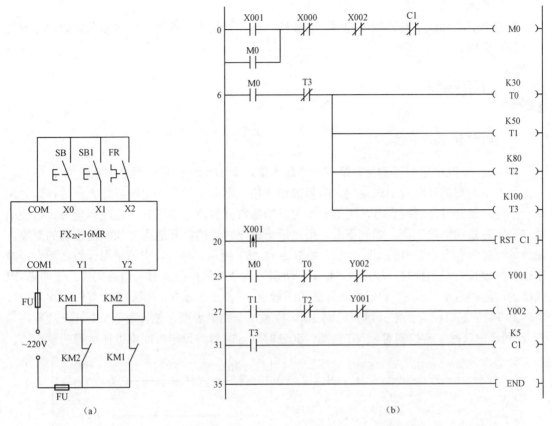

图 2-53　电动机的计数循环正、反转控制的 I/O 接线图及梯形图

4. 调试

（1）输入程序

按照前面介绍的程序输入方法，用计算机输入程序。

（2）静态调试

按图 2-53（a）所示的 PLC 的 I/O 接线图正确连接好输入设备，进行 PLC 的模拟静态调试（按下启动按钮 SB1 时，Y1 亮，3s 后，Y1 灭，2s 后，Y2 亮，再过 3s，Y2 灭，等待 2s 后，重新开始循环，完成 5 次循环后，自动停止；运行过程中，随时按下停止按钮 SB 时，整个过程停止；任何时间使 FR 动作，整个过程也立即停止），并通过计算机监视，观察其是否与指示一致，否则检查并修改程序，直至输出指示正确。

（3）动态调试

按图 2-53（a）所示的 PLC 的 I/O 接线图正确连接好输出设备，进行系统的空载调试，观察交流接触器能否按控制要求动作（按下启动按钮 SB1 时，KM1 闭合，3s 后，KM1 断开，2s 后，KM2 闭合，再过 3s，KM2 断开，等待 2s 后，重新开始循环，完成 5 次循环后，自动停止；运行过程中，随时按下停止按钮 SB 时，整个过程停止；任何时间使 FR 动作，整个过程也立即停止），并通过计算机进行监视，观察其是否与动作一致，否则，检查电路接线或修改程序，直至交流接触器能按控制要求动作；然后按图 2-10 所示的主电路接好电动机，进行带载动态调试。

（4）其他测试

动态调试正确后，测试指令的读出、删除、插入、修改、监视、定时器及计数器设定值的修改等操作。

知识链接

1. 定时器的延时扩展

FX$_{2N}$ 系列 PLC 定时器的延时都有一个最大值，如 100ms 的定时器最大延时为 3276.7s。若工程中所需要的延时大于选定的定时器的最大值，则可采用多个定时器接力延时，即先启动一个定时器计时，延时到时，用第一个定时器的常开触点启动第二个定时器延时，再使用第二个定时器启动第三个，如此下去，用最后一个定时器的常开触点去控制被控制的对象，最终的延时为各个定时器的延时之和，如图 2-54（a）所示。另外，也可采用计数器配合定时器以获得较长时间的延时，如图 2-54（b）所示。当 X1 保持接通时，电路工作，定时器 T1 线圈的前面接有定时器 T1 的延时断开的常闭触点，它使定时器 T1 每隔 100s 复位一次，同时，定时器 T1 的延时闭合的常开触点每隔 100s 接通一个扫描周期，使计数器 C1 计一次数，当 C1 计到设定值时，将控制对象 Y0 接通，其延时为定时器的设定时间乘以计数器的设定值。

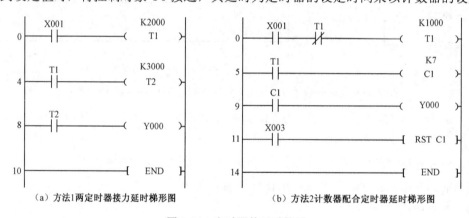

（a）方法1两定时器接力延时梯形图　　　　（b）方法2计数器配合定时器延时梯形图

图 2-54　定时器的延时扩展

2. 两计数器接力计数

FX$_{2N}$ 系列 PLC 的 16 位计数器的最大值计数次数为 32767。若工程中所需要的计数次数大于计数器的最大值，则可以采用 32 位计数器，也可采用多个计数器接力计数，即先用计数脉冲启动一个计数器计数，计数次数到时，用第一个计数器的常开触点和计数脉冲串连启动第二个计数器计数，再使用第二个计数器启动第三个，如此下去，用最后一个计数器的常开触点去控制被控制的对象，最终的计数次数为各个计数器的设定值之和，如图 2-55（a）所示。另外，也可采用两个计数器的设定值相乘来获得较大的计数次数，如图 2-55（b）所示。计数器 C1 对 X2 的脉冲进行计数，计数器 C2 对计数器 C1 的脉冲进行计数，当 C1 计到设定值时，计数器 C1 的常开触点又复位计数器 C1 的线圈，计数器 C1 又开始计数，最后用计数器 C2 的常开触点去驱动控制对象 Y2 接通。

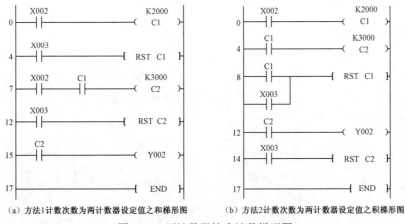

（a）方法1计数次数为两计数器设定值之和梯形图　　　（b）方法2计数次数为两计数器设定值之积梯形图

图 2-55　两计数器接力计数梯形图

 能力测试

1. 设计题目控制要求

（1）设计一个能实现电动机正、反转启动并能实现停止时能耗制动的 PLC 控制系统。其控制要求如下：

① 按 SB1，KM1 合，电动机正转；

② 按 SB2，KM2 合，电动机反转；

③ 按 SB，KM1 或 KM2 断开，KM3 合，能耗制动（制动时间为 T 秒）；

④ FR 动作，KM1 或 KM2 释放，电动机自由停车。

（2）设计一个能实现电动机 Y/△启动的 PLC 控制系统。其控制要求如下：按下启动按钮 SB1，KM2（星形接触器）先闭合，KM1（主接触器）再闭合，5s 后 KM2 断开，KM3（三角形接触器）闭合，启动期间要有闪光信号，闪光周期为 1s；还应具有过载保护和停止功能。

（3）设计一个数码管从 0、1、2、……、9 依次循环显示的 PLC 控制系统。其控制要求如下：按下启动按钮后，先显示 0，延时 1s，显示 1，延时 1s，显示 2、……、显示 9，延时 1s，再显示 0，如此循环；按停止按钮时，程序无条件停止运行（数码管为共阴极）。

2. 根据控制要求完成设计与调试

① I/O 分配。

② 梯形图程序设计。

③ 系统接线图设计。

④ 系统调试。

3. 自我评价与评价标准

① 设计梯形图（30 分）。

② 设计系统接线图（20 分）。

③ 系统调试（30 分）。

④ 总结基本指令及应用的规律并进行交流（20 分）。

研讨与练习

研讨 1 有时输入点十分宝贵，这时要求使用一个按钮能实现启动、停止控制。如何利用单按钮实现启动、停止控制呢？如图 2-56 所示就是单按钮实现启动、停止控制的梯形图及波形图，程序具体说明如下。

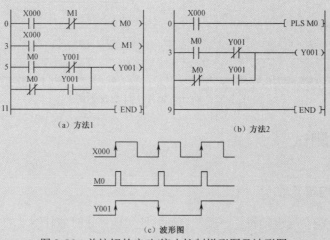

（a）方法1　　　　　（b）方法2

（c）波形图

图 2-56　单按钮的启动/停止控制梯形图及波形图

说明： X0 第一次闭合，Y1 立即接通，X0 第二次闭合，Y1 断开，M0 只在一个扫描周期内接通，即脉冲输出，M1 的线圈在 M0 之后是关键。

研讨 2 设计一个十字路口交通灯的 PLC 控制系统。其控制要求如下：自动运行时，按一下启动按钮，信号灯系统按如图 2-57 所示要求开始工作（绿灯闪烁的周期为 1s）；按一下停止按钮，所有信号灯都熄灭；手动运行时，两方向的黄灯同时闪动，周期也是 1s。

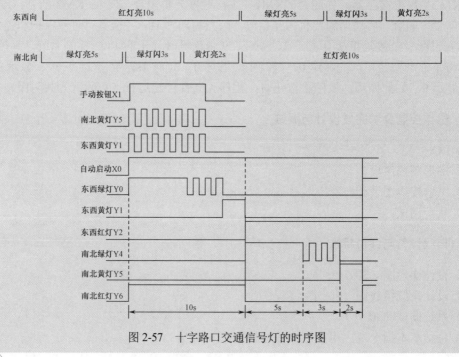

图 2-57　十字路口交通信号灯的时序图

利用基本逻辑指令编程，根据上述的控制时序图，用 8 个定时器分别累计各信号转换的时间；用特殊辅助继电器 M8013 产生的脉冲（周期为 1s）来控制闪烁信号，其梯形图如图 2-58 所示。

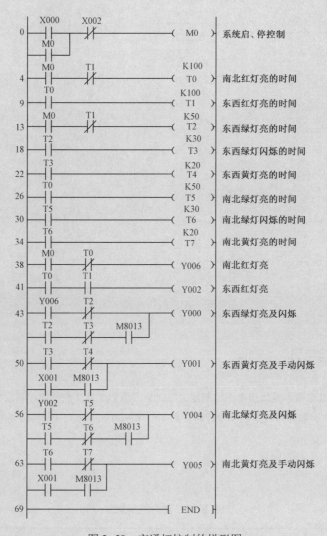

图 2-58　交通灯控制的梯形图

研讨 3　某宾馆洗手间内控制水阀的控制要求：有人进去时，光电开关使 X0 接通，3s 后 Y0 接通，使控制水阀打开，开始冲水，时间为 2s；使用者离开后，再次冲水，时间为 3s。其控制要求可以用输入 X0 与输出 Y0 的时序图来表示，如图 2-59 所示。

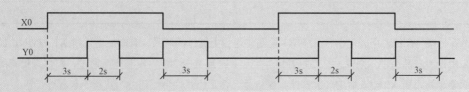

图 2-59　洗手间冲水控制的输入/输出时序图

从时序图上可以看出，有人进去一次（X0 每接通一次）则输出 Y0 要接通 2 次。X0 接通后延时 3s 将 Y0 第一次接通，这用定时器就可以实现。然后是当人离开（X0 的下降沿到来）时 Y0 第二次接通，且前后两次接通的时间长短不一样，分别是 2s 和 3s。这需要使用 PLC 的微分指令 PLS/PLF。其控制程序如图 2-60 所示。

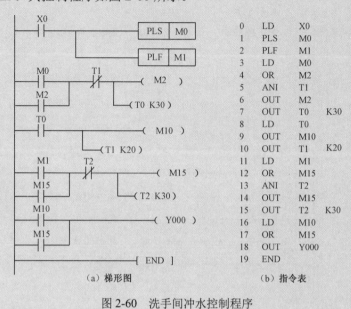

（a）梯形图　　　　　　（b）指令表

图 2-60　洗手间冲水控制程序

 思考与练习

1. 设计一个用 PLC 基本逻辑指令来控制红、绿、黄三组彩灯循环点亮的控制系统。其控制要求如下：

① 按下启动按钮，彩灯按规定组别进行循环点亮：①→②→③→④→⑤再回到①，循环次数 n 及点亮时间 T 由教师现场规定。

② 组别的规定如表 2-19 所示。

③ 具有急停功能。

表 2-19　彩灯组别规定

组　　别	红	绿	黄
1	灭	灭	亮
2	亮	亮	灭
3	灭	亮	灭
4	灭	亮	亮
5	灭	灭	灭

2. 有一条生产线，用光电感应开关 X1 检测传送带上通过的产品，有产品通过时 X1 为 ON，如果在连续的 10s 内没有产品通过，则发出灯光报警信号，如果在连续的 20s 内没有产品通过，则灯光报警的同时发出声音报警信号，用 X0 输入端的开关解除报警信号，请画出其梯形图，并写出指令表程序。

3. 要求在 X0 从 OFF 变为 ON 的上升沿时，Y0 输出一个 2s 的脉冲后自动 OFF，如图 2-61 所示。X0 为 ON 的时间可能大于 2s，也可能小于 2s，请设计其梯形图程序。

4. 要求在 X0 从 ON 变为 OFF 的下降沿时，Y1 输出一个 1s 的脉冲后自动 OFF，如图 2-61 所示。X0 为 ON 或 OFF 的时间不限，请设计其梯形图程序。

5. 用经验设计法设计如图 2-62 要求的输入/输出关系的梯形图。

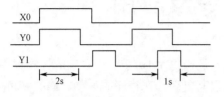

图 2-61 题 3、4 的图

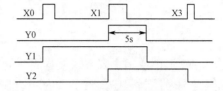

图 2-62 题 5 的图

项目3　步进指令及应用

用梯形图或指令表方式编程固然为广大电气技术人员接受,但对于一些复杂的控制程序,尤其是顺序控制程序,由于其内部的联锁、互动关系极其复杂,在程序的编制、修改和可读性等方面都存在许多缺陷。因此,近年来,许多新生产的PLC在梯形图语言之外增加了符合IEC 61131标准的顺序功能图语言。顺序功能图(Sequential Function Chart,SFC)是描述控制系统的控制过程、功能和特性的一种图形语言,专门用于编制顺序控制程序。

所谓顺序控制,就是按照生产工艺的流程顺序,在各个输入信号及内部软元件的作用下,使各个执行机构自动有序地运行。使用顺序功能图设计程序时,首先应根据系统的工艺流程,画出顺序功能图,然后根据顺序功能图画出梯形图或写出指令表。下面通过三个任务介绍顺序功能图设计的相关概念及设计方法。

3.1　全自动洗衣机的控制

任务目标

① 掌握PLC的状态软元件及应用。
② 掌握PLC的状态转移图和步进顺序控制指令的表达形式及对应关系。
③ 掌握单流程状态转移图的编程。

任务分析

设计一个用PLC控制的工业洗衣机的控制系统。其控制要求如下:

波轮式全自动洗衣机的洗衣桶(外桶)和脱水桶(内桶)是以同一中心安装的。外桶固定,作为盛水用,内桶可以旋转,作为脱水(甩干)用。内桶的四周有许多小孔,使内、外桶的水流相通。洗衣机的进水和排水分别由进水电磁阀和排水电磁阀控制。进水时,控制系统使进水电磁阀打开,将水注入外桶;排水时,控制系统使排水电磁阀打开,将水由外桶排到机外。洗涤和脱水由同一台电动机拖动,通过电磁离合器来控制,将动力传递给洗涤波轮或甩干桶(内桶)。电磁离合器失电,电动机带动洗涤波轮实现正、反转,进行洗涤;电磁离合器得电,电动机带动内桶单向旋转,进行甩干(此时波轮不转)。水位高低分别由高低水位开关进行检测。启动按钮用来启动洗衣机工作。启动时,首先进水,到高水位时停止进水,开始洗涤。正转洗涤15s,暂停3s后反转洗涤15s,暂停3s后再正转洗涤,如此反复30次。洗涤结束后,开始排水,当水位下降到低水位时,进行脱水(同时排水),脱水时间为10s。这样完成一次从进水到脱水的大循环过程。经过3次上述大循环后(第2、第3次为漂洗),

完成洗衣进行报警，报警 10s 后结束全过程，自动停机。

相关知识

3.1.1　流程图

首先，还是来分析一下项目 2 中任务 3 的电动机计数循环正、反转控制，控制要求：电动机正转 3s，暂停 2s，反转 3s，暂停 2s，如此循环 5 个周期，然后自动停止；运行中，可按停止按钮停止，热继电器动作也应停止。从上述的控制要求中可以知道：电动机计数循环正、反转控制实际上是一个顺序控制，整个控制过程可分为如下 6 个工序（也称阶段）：复位、正转、暂停、反转、暂停、计数；每个阶段又分别完成如下的工作（也称动作）：初始复位、停止复位、热保护复位，正转、延时，暂停、延时，反转、延时，暂停、延时，计数；各个阶段之间只要条件成立就可以过渡（称叫转移）到下一阶段。因此，可以很容易地画出电动机计数循环正、反转控制的工作流程图，如图 3-1 所示。

流程图是大家所熟悉的，那么，如何让 PLC 来识别大家所熟悉的流程图呢？下面就来学习如何将流程图转化为状态转移图。

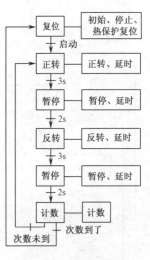

图 3-1　工作流程图

3.1.2　状态转移图

1. 状态转移图的概念

状态转移图又称状态流程图，它是一种用状态继电器来表示的顺序功能图，是 FX_{2N} 系列 PLC 专门用于编制顺序控制程序的一种编程方式。那么，如何将流程图转化为状态转移图呢？其实很简单，只要进行如下的变换：一是将流程图中的每一个工序（或阶段）用 PLC 的一个状态继电器来替代；二是将流程图中的每个阶段要完成的工作（或动作）用 PLC 的线圈指令或功能指令来替代；三是将流程图中各个阶段之间的转移条件用 PLC 的触点或电路块来替代；四是流程图中的箭头方向就是 PLC 状态转移图中的转移方向。

2. 设计状态转移图的方法和步骤

下面仍以电动机计数循环正、反转控制为例（PLC 的 I/O 分配如图 2-53 所示），说明设计 PLC 状态转移图的方法和步骤。

① 将整个控制过程按任务要求分解，其中的每一个工序都对应一个状态（即步），并分配状态继电器。

电动机计数循环正、反转控制的状态继电器的分配如下：

复位→S0，正转→S20，暂停→S21，反转→S22，暂停→S23，计数→S24。

注意： 虽然 S21 和 S23 这两个状态的功能相同，但它们是状态转移图中的不同状态，其状态继电器不同。

② 搞清楚每个状态的功能、作用。

状态的功能是通过 PLC 驱动各种负载来完成的，负载可由状态元件直接驱动，也可由其他软触点的逻辑组合驱动。

电动机计数循环正、反转控制的各状态功能如下。

S0：PLC 初始复位、停止复位及热保护复位等功能；

S20：正转、延时（驱动 Y1、T0 的线圈，使电动机正转 3s）；

S21：暂停、延时（驱动 T1 的线圈，使电动机暂停 2s）；

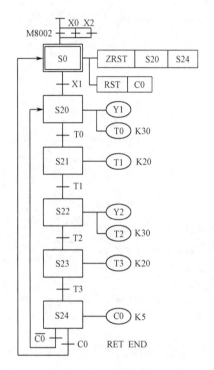

图 3-2　电动机计数循环正、
反转控制的状态转移图

S22：反转、延时（驱动 Y2、T2 的线圈，使电动机反转 3s）；

S23：暂停、延时（驱动 T3 的线圈，使电动机暂停 2s）；

S24：计数（驱动 C0 的线圈，对循环进行计数）。

③ 找出每个状态的转移条件和方向，即在什么条件下将下一个状态"激活"。状态的转移条件可以是单一的触点，也可以是多个触点的串、并联电路的组合。

电动机计数循环正、反转控制的各状态转移条件如下。

S0：初始脉冲 M8002、停止按钮（常开触点）X0、热继电器（常开触点）X2，并且，这 3 个条件是或的关系，另外，还有一个是从 S24 来的计数器的常开触点 C0；

S20：一个是启动按钮 X1，另一个是从 S24 来的计数器的常闭触点 $\overline{C0}$；

S21：定时器的延时闭合触点 T0；

S22：定时器的延时闭合触点 T1；

S23：定时器的延时闭合触点 T2；

S24：定时器的延时闭合触点 T3。

④ 根据控制要求或工艺要求，画出状态转移图。

经过以上 3 步，可画出电动机计数循环正、反转控制的状态转移图，如图 3-2 所示。

3. 状态转移和驱动的过程

在图 3-2 中，S0 为初始状态，用双线框表示，其他状态用单线框表示，垂直线段中间的短横线表示转移的条件。例如，X1 动合触点为 S20 的转移条件，T0 动合触点为 S21 的转移条件。状态方框右侧连接的水平横线及线圈表示该状态驱动的负载。图 3-2 的状态转移和驱动的过程如下。

当 PLC 开始运行时，M8002 产生一初始脉冲使初始状态 S0 置 1，进而使 ZRST（ZRST 是一条区间复位指令，将在项目 4 中学习）和 RST 指令有效，使 S20 至 S24 及 C0 复位。当启动按钮 X1 接通，状态转移到 S20，使 S20 置 1，同时 S0 在下一扫描周期自动复位，S20 马上驱动 Y1、T0（正转、延时）。当转移条件 T0 闭合，状态从 S20 转移到 S21，使 S21 置 1，同时驱动 T1 计时，而 S20 则在下一扫描周期自动复位，Y1、T0 线圈也就断电。后面的状态

S22、S23 与此相似。当 T3 闭合，状态转移到 S24，驱动计数器 C0 计数，若计数次数未到，C0 的常闭触点接通，状态转移到 S20，继续循环（共计 5 次）；若计数次数到了，C0 的常开触点接通，状态转移到 S0，使初始状态 S0 又置位，为下一次启动做准备。在上述过程中，若停止按钮 X0 或热继电器触点 X2 闭合，则随时可以使状态 S20 至 S24 及计数器 C0 复位，同时 Y1、Y2、T0~T3 的线圈也复位，电动机停止。

4. 状态转移图的特点

由上述可知，状态转移图就是由状态和状态转移条件及转移方向构成的流程图。步进顺序控制的编程过程就是设计状态转移图的过程。设计思想：将一个复杂的控制过程分解为若干个工作状态，搞清楚各状态的工作细节（即各状态的功能、转移条件和转移方向），再依据总的控制顺序要求，将这些状态联系起来，就形成了状态转移图。状态转移图和流程图一样，具有如下特点。

① 可以将复杂的控制任务或控制过程分解成若干个状态。无论多么复杂的过程都能分解为若干个状态，有利于程序的结构化设计。

② 相对某一个具体的状态来说，控制任务简单了，给局部程序的编制带来了方便。

③ 整体程序是局部程序的综合，只要搞清楚各状态需要完成的动作、状态转移的条件和转移的方向，就可以进行状态转移图的设计。

④ 这种图形很容易理解，可读性很强，能清楚地反映全部控制的工艺过程。

3.1.3 状态继电器

状态继电器是构成状态转移图的基本元素，是 PLC 的软元件之一。状态继电器除了在状态转移图中使用以外，也可以做一般的辅助继电器用，它们的触点在 PLC 梯形图内可以自由使用，次数不限。FX_{2N} 系列 PLC 的状态继电器的分类、编号、数量及用途如表 3-1 所示。

表 3-1 FX_{2N} 系列 PLC 的状态继电器

类　别	符号、点数	用　途
初始状态	S0~S9，10 点	用于 SFC 的初始状态
返回状态	S10~S19，10 点	用于返回原点状态
一般状态	S20~S499，480 点	用于 SFC 的中间状态
掉电保持状态	S500~S899，400 点	用于保持停电前状态
信号报警状态	S900~S999，100 点	用做报警元件

3.1.4 步进顺控指令

FX_{2N} 系列 PLC 的步进顺控指令有两条：一条是步进触点（也称步进开始）指令 STL（Step Ladder），另一条是步进返回（也称步进结束）指令 RET。利用这两条指令，可以很方便地编制状态转移图的指令表程序。

1. STL 指令

STL 步进触点指令用于"激活"某个状态，其梯形图符号为 ⊣ STL ⊢。在梯形图上体现为从主母线上引出的状态触点，有建立子母线的功能，以使该状态的所有操作都在子母线上进行，状态转移图和状态梯形图的对应关系如图 3-3 所示。

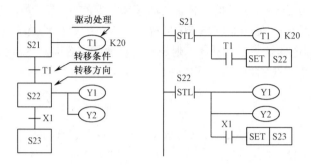

图 3-3 状态转移图和状态梯形图的对应关系

STL 触点一般是与左侧母线相连的常开触点，当某一步被"激活"成为活动步时，对应的 STL 触点接通，它右边的电路被处理，即该步的负载线圈可以被驱动。当该步后面的转移条件满足时，就执行转移，即后续步对应的状态继电器被 SET 或 OUT 指令置位，后续步变为活动步，同时原活动步对应的状态继电器被系统程序自动复位，原活动步对应的 STL 触点断开，其后面的负载线圈复位（SET 指令驱动的除外）。STL 触点驱动的电路块具有 3 个功能，即对负载的驱动处理、指定转移条件和指定转移目标（即方向）。STL 触点驱动的电路块可以使用标准梯形图的绝大多数指令（包括应用指令）和结构。

2. RET 指令

RET 指令用于返回主母线，其梯形图符号为─$\boxed{\text{RET}}$。该指令使步进顺控程序执行完毕时，非状态程序的操作在主母线上完成，防止出现逻辑错误。状态转移程序的结尾必须使用 RET 步进返回指令。

为了更好地理解步进顺控指令 STL、RET，来看这样一个例子。如图 3-4 所示旋转工作台用凸轮和限位开关来实现自动控制。在初始状态时左限位开关 X3 为 ON，按下启动按钮 X0，Y1 变为 ON，电动机驱动工作台沿顺时针正转，转到右限位开关 X4 所在位置时暂停 5s（用 T0 定时），定时时间到时 Y2 变为 ON，工作台反转，回到左限位开关 X3 所在的初始位置时停止转动，系统回到初始状态。

工作台一个周期内的运动由图 3-4 中自上而下的 4 步组成，它们分别对应于 S0、S20、S21 和 S22，其中，S0 是初始步。PLC 进入 RUN 状态时，初始化脉冲 M8002 的常开触点闭合一个扫描周期，梯形图中第一行的 SET S0 指令将初始步 S0 置为活动步。在梯形图的第二行中，S0 的 STL 触点和 X0 的常开触点组成的串联电路代表转移的条件，S0 的 STL 触点闭合，表示 X0 的前级步 S0 是活动步，若 X0 的常开触点闭合，则表示转移条件满足。所以，在初始步为活动步时，按下启动按钮 X0，转移的两个条件得到满足，此时置位指令 SET S20 被执行，后续步 S20 变为活动步，同时系统程序自动地将前级步 S0 复位为不活动步。S20 的 STL 触点闭合后，该步的负载被驱动，Y1 的线圈通电，工作台正转。限位开关 X4 动作时，转移条件得到满足，下一步的状态继电器 S21 被置位，进入暂停步，同时前级步的状态继电器 S20 被自动复位。系统就这样一步一步地工作下去，在最后一步，工作台反转，当返回到左限位开关 X3 所在的位置时，X3 又使初始步对应的 S0 置位并保持，系统返回并停在初始步。在图 3-4 中梯形图的结束处，一定要使用 RET 指令才能使 LD 点回到左侧母线上，否则出现语法错误，系统将不能正常工作。

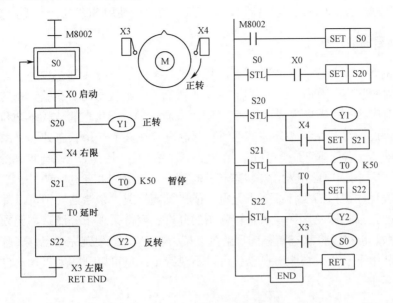

图 3-4　旋转工作台的状态转移图和梯形图

3.1.5　状态转移图的编程方法

对状态转移图进行编程，不仅是使用 STL 指令和 RET 指令的问题，而且还要搞清楚每个状态的特性和要素。

1. 状态的三要素

状态转移图中的状态有驱动负载、指定转移方向和转移条件 3 个要素。其中指定转移方向和转移条件是必不可少的，驱动负载则要视具体情况，也可能不进行实际负载的驱动。如图 3-3 所示，其中 T1 和 Y1、Y2 的线圈分别为状态 S21 和 S22 驱动的负载，T1、X1 触点分别为状态 S21、S22 的转移条件，S22、S23 分别为 S21、S22 的转移方向。

2. 编程方法

状态转移图的编程原则：先进行负载的驱动处理，然后进行状态的转移处理。图 3-3 的指令表程序如下。

STL	S21	使用 STL 指令
OUT	T1　K20	进行负载驱动处理
LD	T1	转移条件
SET	S22	转移方向
STL	S22	使用 STL 指令
OUT	Y001	进行负载驱动处理
OUT	Y002	进行负载驱动处理
LD	X001	转移条件
SET	S23	转移方向

从指令表程序可看到，负载驱动及转移处理必须使用 STL 指令，这样才能保证负载驱动和

状态转移都在子母线上进行。状态的转移使用 SET 指令，但若为向上游转移、向非相连的下游转移或向其他流程转移，称为不连续转移，不连续转移不能使用 SET 指令，要用 OUT 指令。

3. 状态转移图的理解

STL 指令的含义是提供一个步进触点，其对应状态的 3 个要素都在步进触点之后的子母线上进行。若对应状态"有电"或"开启"（即"激活"），则状态的负载驱动和转移处理才有可能执行；若对应状态"无电"或"关闭"（即"未激活"），则状态的负载驱动和转移处理就不可能执行。因此，除初始状态外，其他所有状态只有在其前一个状态处于"激活"且转移条件成立时才能"开启"；同时，一旦下一个状态被"激活"，上一个状态会自动变成"关闭"。从 PLC 程序的循环扫描原理出发，在状态转移程序中，所谓的"有电"或"开启"或"激活"可以理解为该段程序被扫描执行；而"无电"或"关闭"或"未激活"则可以理解为该段程序被跳过，未能扫描执行。这样，状态转移图的分析就变得条理十分清楚，无须考虑状态间繁杂的联锁关系。也可以将状态转移图理解为"接力赛跑"，只要跑完自己这一棒，接力棒传给下一个人，就由下一个人去跑，自己就可以不要跑了；也可以理解为"只干自己需要干的事，无须考虑其他"。

3.1.6 编程注意事项

① 与 STL 步进触点相连的触点应使用 LD 或 LDI 指令，即 LD 点移到 STL 触点的右侧，该点成为子母线，下一条 STL 指令的出现意味着当前 STL 程序区的结束和新的 STL 程序区的开始。RET 指令意味着整个 STL 程序区的结束，LD 点返回左侧母线。每个 STL 触点驱动的电路一般放在一起，最后一个 STL 电路结束时（即步进程序的最后），一定要使用 RET 指令，否则将出现"程序语法错误"信息，PLC 不能执行用户程序。

② 初始状态可由其他状态驱动，但运行开始时，必须用其他方法预先做好驱动，否则状态流程不可能向下进行。一般用控制系统的初始条件，若无初始条件，可用 M8002 或 M8000 进行驱动。

M8002 是一个初始脉冲，它只在 PLC 运行开关由 STOP→RUN 时有一个扫描周期，故初始状态 S0 就只被它"激活"一次，因此，初始状态 S0 就只有初始复位的功能，如要完成停止复位和热保护复位功能，则要按图 3-5 所示设计程序。M8000 是运行监视，它在 PLC 的运行开关由 STOP→RUN 后一直有电，直到 PLC 停电或 PLC 的运行开关由 RUN→STOP，故初始状态 S0 就一直处在被"激活"的状态，因此，要按图 3-6 所示设计程序。有时还用其他触点进行组合来驱动 S0，如按图 3-2 所示设计的程序。

③ STL 触点可以直接驱动或通过别的触点驱动 Y、M、S、T 等元件的线圈和应用指令。驱动负载使用 OUT 指令时，若同一负载需要连续在多个状态下驱动，则可在各个状态下分别输出，也可以使用 SET 指令将负载置位，等到负载不需要驱动时，用 RST 指令将其复位。

④ 由于 CPU 只执行活动步对应的电路块，因此，使用 STL 指令时允许双线圈输出，即不同的 STL 触点可以驱动同一软元件的线圈，但是同一软元件的线圈不能在同时为活动步的 STL 区内出现。在有并行流程的状态转移图中，应特别注意这一问题。另外，状态软元件 S 在状态转移图中不能重复使用，否则会引起程序执行错误。

⑤ 在步的活动状态的转移过程中，相邻两步的状态继电器会同时打开一个扫描周期，可能会引发瞬时的双线圈问题。所以，要特别注意如下两个问题：

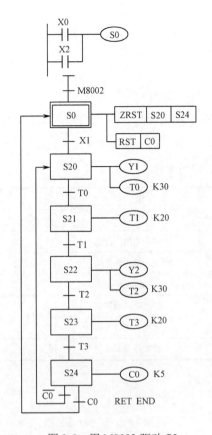

图 3-5 用 M8002 驱动 S0

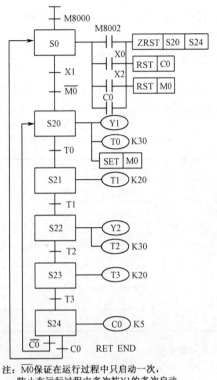

注：$\overline{M0}$保证在运行过程中只启动一次，
防止在运行过程中多次按X1的多次启动。

图 3-6 用 M8000 驱动 S0

一是定时器在下一次运行之前，应将它的线圈"断电"复位后才能开始下一次的运行，否则将导致定时器的非正常运行。所以，同一定时器的线圈可以在不同的步使用，但是同一定时器的线圈不可以在相邻的步使用。若同一定时器的线圈用于相邻的两步，在步的活动状态转移时，该定时器的线圈还没有来得及断开，又被下一活动步启动并开始计时，这样，定时器的当前值不能复位，从而导致定时器的非正常运行。

二是为了避免不能同时接通的两个输出（如控制异步电动机正、反转的交流接触器线圈）同时动作，除了在梯形图中设置软件互锁电路外，还应在 PLC 外部设置由常闭触点组成的硬件互锁电路。

⑥ 并行流程或选择流程中每一分支状态的支路数不能超过 8 条，总的支路数不能超过 16 条。

⑦ 若为顺序不连续转移（即跳转），不能使用 SET 指令进行状态转移，应改用 OUT 指令进行状态转移。

⑧ STL 触点右边不能紧跟着使用入栈（MPS）指令。STL 指令不能与 MC、MCR 指令一起使用。在 FOR、NEXT 结构、子程序和中断程序中，不能有 STL 程序块，但 STL 程序块中可允许使用最多 4 级嵌套的 FOR、NEXT 指令。虽然并不禁止在 STL 触点驱动的电路块中使用 CJ 指令，但是为了不引起附加的和不必要的程序流程混乱，建议不要在 STL 程序中使用跳转指令。

⑨ 需要在停电恢复后继续维持停电前的运行状态时，可使用 S500～S899 停电保持状态

继电器。

3.1.7 任务实现：工业洗衣机的 PLC 控制系统

1. I/O 分配

在洗衣机的 PLC 控制中，有 3 个输入控制元件、6 个输出元件。系统的输入/输出元件的地址分配如表 3-2 所示。

表 3-2 洗衣机 PLC 控制的 I/O 分配表

输　　入			输　　出		
输入元件	作用	输入继电器	输出元件	作用	输出继电器
SB1	启动按钮	X0	KA1	进水电磁阀控制	Y0
SQ1	高水位开关	X1	KM1	电动机正转控制	Y1
SQ2	低水位开关	X2	KM2	电动机反转控制	Y2
—	—	—	KA2	排水电磁阀控制	Y3
—	—	—	KA3	脱水电磁离合器控制	Y4
—	—	—	KA4	报警蜂鸣器控制	Y5

2. 硬件接线

PLC 输入/输出接线如图 3-7 所示。

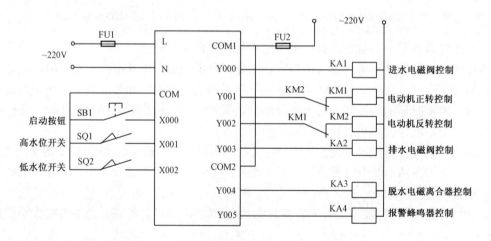

图 3-7 洗衣机的 PLC 控制的输入/输出接线图

3. 编程

参考梯形图程序如下：

① 根据洗衣机的控制要求，采用基本逻辑指令编写的梯形图程序如图 3-8 所示（按启—保—停控制电路的思路编程，读者可自行分析）。

梯形图程序所对应的指令语句如表 3-3 所示。

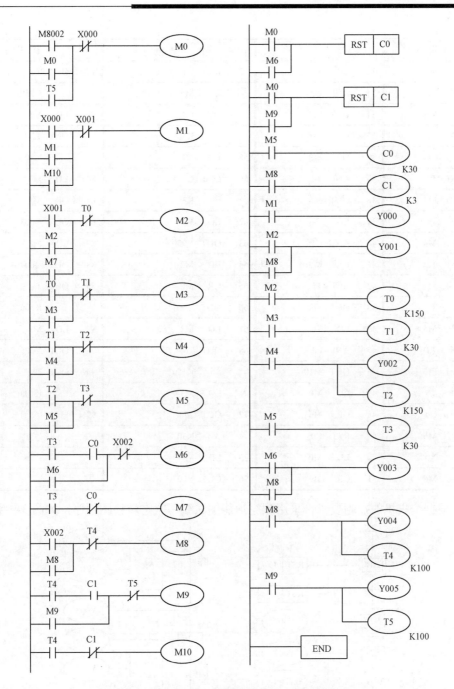

图 3-8 洗衣机 PLC 控制的基本指令梯形图程序

表 3-3 洗衣机 PLC 控制的基本指令语句表

指 令 程 序	指 令 程 序	指 令 程 序	指 令 程 序
0　LD　M8002	3　ANI　X000	6　OR　M1	9　OUT　M1
1　OR　M0	4　OUT　M0	7　OR　M10	10　LD　X001
2　OR　T5	5　LD　X000	8　ANI　X001	11　OR　M2

续表

指 令 程 序	指 令 程 序	指 令 程 序	指 令 程 序
12　OR　M7	32　LD　T3	52　RST　C1	77　OUT　T2
13　ANI　T0	33　ANI　C0	54　LD　M5	K150
14　OUT　M2	34　OUT　M7	55　OUT　C0	80　LD　M5
15　LD　T0	35　LD　X002	K30	81　OUT　T3
16　OR　M3	36　OR　M8	58　LD　M8	K30
17　ANI　T1	37　ANI　T4	59　OUT　C1	84　LD　M6
18　OUT　M3	38　OUT　M8	K3	85　OR　M8
19　LD　T1	39　LD　T4	62　LD　M1	86　OUT　Y003
20　OR　M4	40　AND　C1	63　OUT　Y000	87　LD　M8
21　ANI　T2	41　OR　M9	64　LD　M2	88　OUT　Y004
22　OUT　M4	42　ANI　T5	65　OR　M8	89　OUT　T4
23　LD　T2	43　OUT　M9	66　OUT　Y001	K100
24　OR　M5	44　LD　T4	67　LD　M2	92　LD　M9
25　ANI　T3	45　ANI　C1	68　OUT　T0	93　OUT　Y005
26　OUT　M5	46　OUT　M10	K150	94　OUT　T5
27　LD　T3	47　LD　M0	71　LD　M3	K100
28　AND　C0	48　OR　M6	72　OUT　T1	97　END
29　OR　M6	49　RST　C0	K30	
30　ANI　X002	50　LD　M0	75　LD　M4	
31　OUT　M6	51　OR　M9	76　OUT　Y002	

② 根据洗衣机的控制要求，采用顺序功能图法编写状态转移图程序，如图 3-9 所示。

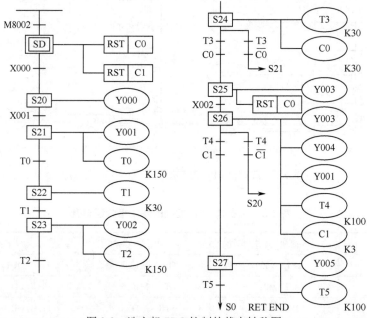

图 3-9　洗衣机 PLC 控制的状态转移图

根据状态转移图，编写步进梯形图程序，如图 3-10 所示。

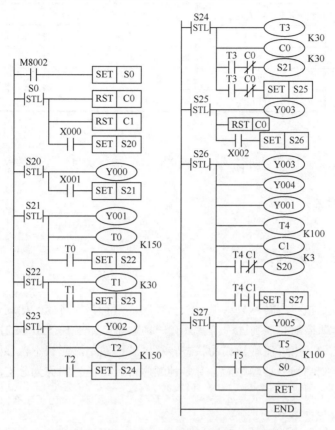

图 3-10　洗衣机 PLC 控制的步进梯形图程序

步进梯形图程序所对应的指令语句如表 3-4 所示。

表 3-4　洗衣机 PLC 控制的步进梯形图对应的指令语句表

指令程序	指令程序	指令程序	指令程序
0　LD　M8002	18　OUT　T0	36　LD　T2	54　STL　S25
1　SET　S0	K150	37　SET　S24	55　OUT　Y003
3　STL　S0	21　LD　T0	39　STL　S24	56　RST　C0
4　RST　C0	22　SET　S22	40　OUT　T3	57　LD　X002
6　RST　C1	24　STL　S22	K30	58　SET　S26
8　LD　X000	25　OUT　T1	43　OUT　C0	59　STL　S26
9　SET　S20	K30	K30	60　OUT　Y003
11　STL　S20	28　LD　T1	46　LD　T3	61　OUT　Y004
12　OUT　Y000	29　SET　S23	47　ANI　C0	62　OUT　Y001
13　LD　X001	31　STL　S23	48　OUT　S21	63　OUT　T4　K100
14　SET　S21	32　OUT　Y002	50　LD　T3	66　OUT　C1
16　STL　S21	33　OUT　T2	51　AND　C0	K3
17　OUT　Y001	K150	52　SET　S25	69　LD　T4

续表

指令程序	指令程序	指令程序	指令程序
70　ANI　C1	75　SET　S27	K100	86　END
71　OUT　S20	77　STL　S27	82　LD　T5	
73　LD　T4	78　OUT　Y005	83　OUT　S0	
74　AND　C1	79　OUT　T5	85　RET	

4. 调试

按照输入/输出接线图接好外部连线，输入程序，运行调试，观察结果。

 知识链接

1. 单流程状态转移图的编程

（1）单流程

所谓单流程就是指状态转移只可能有一种顺序，没有其他可能。如旋转工作台用凸轮和限位开关来实现自动控制的控制过程，就只有一种顺序，即 S0→S20→S21→S22→S0，这就是一个典型的单流程，由单流程构成的状态转移图就称做单流程状态转移图。当然，现实中并非所有的顺序控制都为一种顺序，含有多种顺序（或路径）的称为分支流程，分支流程将在后续任务中详细介绍。

（2）编程方法和步骤

在自动控制中，很多情况是单流程运行的，它的编程比较简单，一般的编程方法和步骤如下：

① 根据控制要求，列出 PLC 的 I/O 分配表，画出 I/O 接线图；

② 将整个工作过程按工作步序进行分解，每个工作步序对应一个状态，将其分为若干个状态；

③ 理解每个状态的功能和作用，即设计驱动程序；

④ 找出每个状态的转移条件和转移方向；

⑤ 根据以上分析，画出控制系统的状态转移图；

⑥ 根据状态转移图写出指令表。

2. 单流程编程实例

例 1　用状态转移图法设计一个彩灯闪烁电路的控制程序。

控制要求：三盏彩灯 HL1、HL2、HL3，按下启动按钮后 HL1 亮，1s 后 HL1 灭 HL2 亮，1s 后 HL2 灭 HL3 亮，1s 后 HL3 灭，1s 后 HL1、HL2、HL3 全亮，1s 后 HL1、HL2、HL3 全灭，1s 后 HL1、HL2、HL3 全亮，1s 后 HL1、HL2、HL3 全灭，1s 后，HL1 亮，……，如此循环；随时按停止按钮停止系统运行。

解：

（1）I/O 分配

根据控制要求，其 I/O 分配如图 3-11 所示。

（2）设计状态转移图

根据上述控制要求，可将整个工作过程分为 9 个状态，每个状态的功能分别为 S0（初始复位及停止复位）、S20（HL1 亮）、S21（HL2 亮）、S22（HL3 亮）、S23（全灭）、S24（HL1、HL2、HL3 全亮）、S25（全灭）、S26（HL1、HL2、HL3 全亮）、S27（全灭）；状态的转移条件分别为初始脉冲 M8002、启动按钮 X1 及 T0～T7 的延时闭合触点。其状态转移图如图 3-12 所示，其指令表程序如表 3-5 所示。

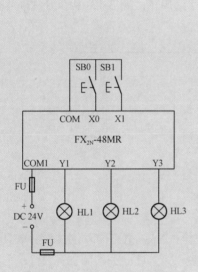

图 3-11 彩灯闪烁的 I/O 分配

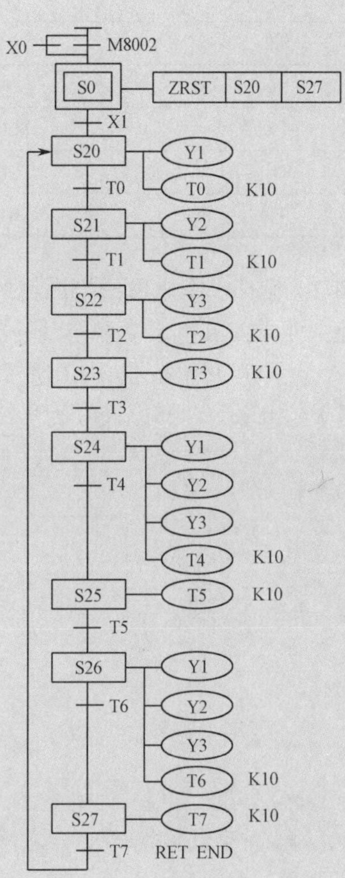

图 3-12 彩灯闪烁的状态转移图

（3）指令表（见表 3-5）

表 3-5 彩灯闪烁的指令表

LD	X000	STL	S22	OUT	T5 K10
OR	M8002	OUT	Y003	LD	T5
SET	S0	OUT	T2 K10	SET	S26
STL	S0	LD	T2	STL	S26
ZRST	S20 S27	SET	S23	OUT	Y001
LD	X001	STL	S23	OUT	Y002
SET	S20	OUT	T3 K10	OUT	Y003

续表

STL	S20	LD	T3	OUT	T6 K10
OUT	Y001	SET	S24	LD	T6
OUT	T0 K10	STL	S24	SET	S27
LD	T0	OUT	Y001	STL	S27
SET	S21	OUT	Y002	OUT	T7 K10
STL	S21	OUT	Y003	LD	T7
OUT	Y002	OUT	T4 K10	OUT	S20
OUT	T1 K10	LD	T4	RET	
LD	Tl	SET	S25	END	
SET	S22	STL	S25		

例2 设计一个电镀槽生产线的控制程序。

控制要求：具有手动和自动控制功能。手动时，各动作能分别操作；自动时，按下启动按钮后，从原点开始按图 3-13 所示的流程运行一周期回到原点；图 3-13 中 SQ1～SQ4 为行车进退限位开关，SQ5、SQ6 为吊钩上、下限位开关。

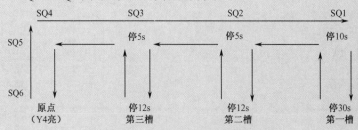

图 3-13 电镀槽生产线的控制流程

解：

（1）I/O 分配

X0：自动/手动转换；X1：右限位；X2：第二槽限位；X3：第三槽限位；X4：左限位；X5：上限位；X6：下限位；X7：停止；X10：自动位启动；X11：手动向上；X12：手动向下；X13：手动向右；X14：手动向左；Y0：吊钩上；Y1：吊钩下；Y2：行车右行；Y3：行车左行；Y4：原点指示。

（2）PLC 的外部接线图

PLC 的外部接线图如图 3-14 所示。

（3）电镀槽控制系统程序设计

说明：系统要求具有手动和自动控制功能，所以，采用如图 3-15 所示的系统控制程序，图 3-15（a）所示梯形图的第一、第二、第三行为手动和自动程序的公共部分，分别完成急停、原点（左下角）显示及手动和自动选择的功能。接下来的四行是手动程序，分别完成手动上升、手动下降、手动右移、手动左移。CJ P0 是一条跳转指令，若 X0 接通，则 CJ P0 跳转指令有效，程序跳至标号为 P0 的地方（即自动程序）；若 X0 未接通，则 CJ P0 跳转指令无效，程序顺序执行，即执行手动程序，但执行到 FEND（主程序结束）时，不再继续往下执行，而是返回程序的开始位置，这样就有效地解决了手动和自动程序中双线圈的问题（有关功能指令 CJ 和 FEND 将在项目 4 中学习）。如图 3-15（b）所示的状态转移图即为自动程序，完成自动控制功能。

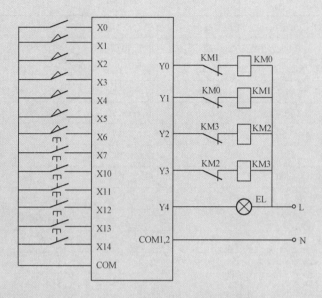

图 3-14　电镀槽生产线的外部接线图

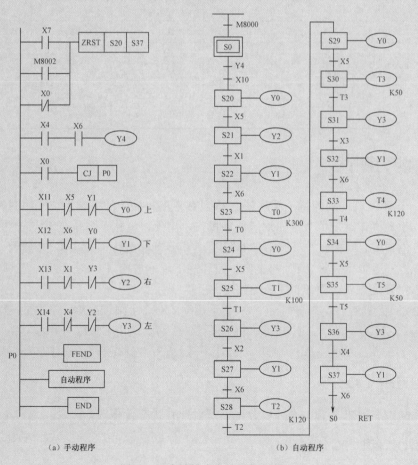

（a）手动程序　　　　　　　　　　　（b）自动程序

图 3-15　电镀槽生产线的控制程序

（4）指令表程序（见表 3-6）

表 3-6　电镀槽生产线的指令表

LD　X007	OUT　Y002	SET　S22	SET　S27	SET　S32	SET　S37
OR　M8002	LD　X014	STL　S22	STL　S27	STL　S32	STL　S37
ORI　X000	ANI　X004	OUT　Y001	OUT　Y001	OUT　Y001	OUT　Y001
ZRST S20 S37	ANI　Y002	LD　X006	LD　X006	LD　X006	LD　X006
LD　X004	OUT　Y003	SET　S23	SET　S28	SET　S33	OUT　S0
AND　X006	FEND	STL　S23	STL　S28	STL　S33	RET
OUT　Y004	P0	OUT　T0 K300	OUT　T2 K120	OUT　T4 K120	END
LD　X000	LD　M8000	LD　T0	LD　T2	LD　T4	
CJ　P0	SET　S0	SET　S24	SET　S29	SET　S34	
LD　X011	STL　S0	STL　S24	STL　S29	STL　S34	
ANI　X005	LD　Y004	OUT　Y000	OUT　Y000	OUT　Y000	
ANI　Y001	AND　X010	LD　X005	LD　X005	LD　X005	
OUT　Y000	SET　S20	SET　S25	SET　S30	SET　S35	
LD　X012	STL　S20	STL　S25	STL　S30	STL　S35	
ANI　X006	OUT　Y000	OUT　T1 K100	OUT　T3 K50	OUT　T5 K50	
ANI　Y000	LD　X005	LD　T1	LD　T3	LD　T5	
OUT　Y001	SET　S21	SET　S26	SET　S31	SET　S36	
LD　X013	STL　S21	STL　S26	STL　S31	STL　S36	
ANI　X001	OUT　Y002	OUT　Y003	OUT　Y003	OUT　Y003	
ANI　Y003	LD　X001	LD　X002	LD　X003	LD　X004	

 能力测试

设计一个用 PLC 控制的将工件从 A 点移到 B 点的机械手的控制系统（如图 3-16 所示）。控制要求：手动操作时，每个动作均能单独操作，用于将机械手复位至原点位置；连续运行时，在原点位置按启动按钮，机械手按如图 3-16 所示动作过程连续工作一周期。一周期的工作过程：原点→下降→夹紧（T）→上升→右移→下降→放松（T）→上升→左移回到原点，时间 T 由教师现场规定。系统 I/O 分配如下：

X0：自动/手动转换；X1：停止；X2：自动启动；X3：上限位；X4：下限位；X5：左限位；X6：右限位；X7：手动向上；X10：手动向下；X11：手动左移；X12：手动向右；X13：手动夹紧/放松；Y0：夹紧/放松；Y1：上升；Y2：下降；Y3：左移；Y4：右移；Y5：原点指示。

1. 设计程序（40 分）

根据系统控制要求及 PLC 的 I/O 分配，试设计其状态转移图。

2. 设计接线图（20 分）

根据系统控制要求，设计其系统接线图。

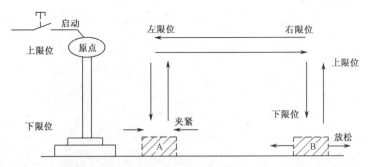

说明：1. 机械手的工作是从A点将工件移到B点；
　　　2. 原点位机械夹钳处于夹紧位，机械手处于左上角位；
　　　3. 机械夹钳为有电放松，无电夹紧。

图 3-16　机械手动作示意图

3. 系统调试（40分）

① 输入程序。按前面介绍的程序输入方法，用计算机正确输入程序。（10分）

② 静态调试。按设计的系统接线图正确连接好输入设备，进行 PLC 的模拟静态调试，观察 PLC 的输出指示灯是否按要求指示，否则，检查并修改程序，直至指示正确。（10分）

③ 动态调试。按设计的系统接线图正确连接好输出设备，进行系统的动态调试，观察机械手能否按控制要求动作，否则，检查线路或修改程序，直至机械手按控制要求动作。（10分）

④ 其他测试。任务完成过程表现、生产安全、相关提问及小组讨论表现等。（10分）

 **研讨与练习**

配料小车的 PLC 控制

启动按钮 SB1 用来开启运料小车，停止按钮 SB2 用来手动停止运料小车。按 SB1 小车从原点启动，KM1 接触器吸合使小车向前运行直到碰 SQ2 开关停，KM2 接触器吸合使甲料斗装料 5s，然后小车继续向前运行直到碰 SQ3 开关停，此时 KM3 接触器吸合使乙料斗装料 3s，随后 KM4 接触器吸合，小车返回原点直到碰 SQ1 开关停止，KM5 接触器吸合使小车卸料 5s 后完成一次循环。

PLC 控制运料小车示意图如图 3-17 所示。

其输入/输出端口配置如下。

SB1：X0；SB2：X1；SQ1：X2；SQ2：X3；SQ3：X4；选择开关 SB7：X5；KM1：Y0；KM2：Y1；KM3：Y2；KM4：Y3；KM5：Y4。

① 要求小车连续循环与单次循环可按 SB7 自锁按钮进行选择，当 SB7 为 "0" 时小车连续循环，当 SB7 为 "1" 时小车单次循环；根据要求画其状态转移图。配料小车（1）的状态转移图如图 3-18 所示。

② 小车连续循环，按停止按钮 SB2 小车完成当前运行环节后，立即返回原点，直到碰到 SQ1 开关停止；再按启动按钮 SB1 小车重新运行；根据要求画其状态转移图。配料小车（2）的状态转移图如图 3-19 所示。

③ 要求连续做 3 次循环后自动停止，中途按停止按钮 SB2 则小车完成一次循环后才能

停止；根据要求画出其状态转移图。配料小车（3）的状态转移图如图 3-20 所示。

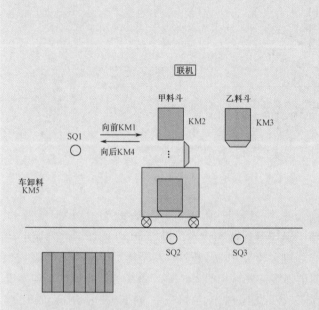

图 3-17　PLC 控制运料小车示意图

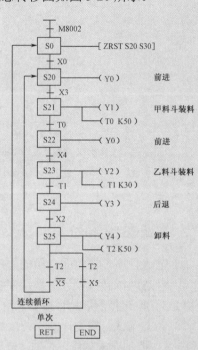

图 3-18　配料小车（1）状态转移图

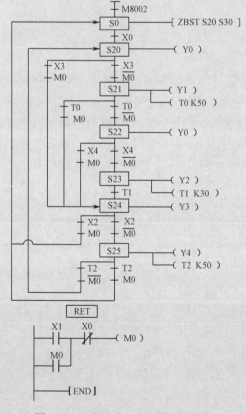

图 3-19　配料小车（2）状态转移图

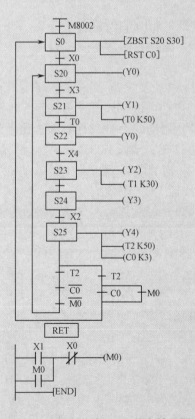

图 3-20　配料小车（3）状态转移图

④ 启动按钮 SB1 用来开启运料小车，停止按钮 SB2 用来手动停止运料小车。按 SB1 小车从原点启动，KM1 接触器吸合使小车向前运行直到碰 SQ2 开关停，KM2 接触器吸合使甲料斗装料 5s，随后 KM4 接触器吸合，小车返回原点碰 SQ1 开关停，KM5 接触器吸合使小车卸料 5s，然后小车再次向前运行直到碰 SQ3 开关停，此时 KM3 接触器吸合使乙料斗装料 3s，随后 KM4 接触器吸合，小车返回原点直到碰 SQ1 开关停止，KM5 接触器吸合使小车卸料 5s 后完成一次循环。启动后，小车要连续做 3 次循环后自动停止。中途按下停止按钮 SB2，小车立即停止（料斗装料及小车卸料均不受此限制）。当再按启动按钮 SB1 时，小车继续运行。配料小车（4）的状态转移图如图 3-21 所示。

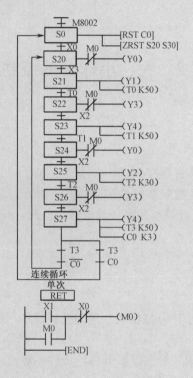

图 3-21　配料小车（4）的状态转移图

思考与练习

1. 设计一个用 PLC 步进顺控指令来控制数码管循环显示数字 0、1、2、……、9 的系统。控制要求：程序开始后显示 0，延时 Ts，显示 1，延时 Ts，显示 2，……显示 9，延时 Ts，再显示 0，如此循环；按停止按钮时，程序无条件停止运行；需要连接数码管（数码管选用共阴极）。

2. 液体混合装置如图 3-22 所示，上限位、下限位和中限位液位传感器被液体淹没时为 ON，阀 A、阀 B 和阀 C 为电磁阀，线圈通电时打开，线圈断电时关闭。开始时容器是空的，各阀门均关闭，各传感器均为 OFF。按下启动按钮后，打开阀 A，液体 A 流入容器，中限位开关变为 ON 时，关闭阀 A，打开阀 B，液体 B 流入容器。当液面到达上限位开关时，关闭阀 B，电动机 M 开始运行，搅动液体，60s 后停止搅动，打开阀 C，放出混合液，当液面降至下限位开关之后再过 5s，容器放空，关闭阀 C，打开阀 A，又开始下一周期的工作。按下停止按钮，在当前工作周期的工作结束后，才停止工作（停在初始状态）。画出 PLC 的外部接线图和控制系统的程序（包括状态转移图、顺序控制梯形图）。

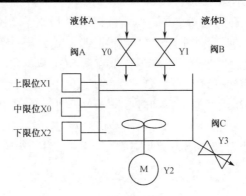

图 3-22　液体混合装置示意图

3.2　大、小球分拣控制

任务目标

① 学会 PLC 选择性分支步进程序的设计方法。

② 掌握大、小球分拣 PLC 控制系统的设计、安装和调试方法。

③ 能对出现的故障根据设计要求独立进行检修，直至系统正常工作。

用步进指令设计一个大、小球分拣传送装置的控制程序。控制要求：只有机械手在原点才能启动；系统的动作顺序为下降、吸球、上升、右行、下降、释放、上升、左行；机械手下降时，电磁铁压住大球，下限位开关是断开的，压住小球，下限位开关则接通。其动作示意图如图 3-23 所示。

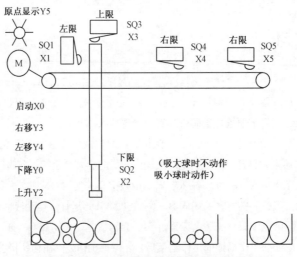

图 3-23　大、小球分拣传送装置示意图

 相关知识

前面介绍的均为单流程顺序控制的状态流程图，在较复杂的顺序控制中，一般都是多流程的控制，常见的有选择性流程、并行性流程两种，对于这两种流程的编程，本节将详细地进行介绍。

3.2.1　选择性流程及其编程

1. 选择性流程程序的特点

由两个及两个以上的分支程序组成的，但只能从中选择一个分支执行的程序称为选择性流程程序。如图 3-24 所示为具有 3 个支路的选择性流程程序，其特点如下。

① 从 3 个流程中选择执行哪一个流程由转移条件 X0、X10、X20 决定；

② 分支转移条件 X0、X10、X20 不能同时接通，哪个接通，就执行哪条分支；

③ 当 S20 已动作，一旦 X0 接通，程序就向 S21 转移，则 S20 就复位。因此，即使以后 X10 或 X20 接通，S31 或 S41 也不会动作。

④ 汇合状态 S50，可由 S22、S32、S42 中任意一个驱动。

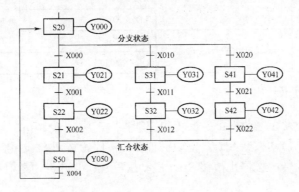

图 3-24　选择性流程程序的结构形式

2. 选择性分支的编程

选择性分支的编程与一般状态的编程一样，先进行驱动处理，然后进行转移处理，所有的转移处理按顺序执行，简称先驱动后转移。因此，首先对 S20 进行驱动处理（OUT Y0），然后按 S21、S31、S41 的顺序进行转移处理。选择性分支的程序如表 3-7 所示。

表 3-7　选择性分支的程序表

STL	S20		LD	X010	第二分支的转移条件
OUT	Y000	驱动处理	SET	S31	转移到第二分支
LD	X000	第一分支的转移条件	LD	X020	第三分支的转移条件
SET	S21	转移到第一分支	SET	S41	转移到第三分支

3. 选择性汇合的编程

选择性汇合的编程是先进行汇合前状态的驱动处理，然后按顺序向汇合状态进行转移处理。因此，首先对第一分支（S21、S22）、第二分支（S31、S32）、第三分支（S41、S42）进行驱动处理，然后按 S22、S32、S42 的顺序向 S50 转移。选择性汇合的程序如表 3-8 所示。

表 3-8　选择性汇合的程序表

STL　S21		LD　　X021	
OUT　Y021	第一分支驱动处理	SET　S42	第三分支驱动处理
LD　　X001		STL　S42	
SET　S22		OUT　Y042	
STL　S22		STL　S22	由第一分支转移到汇合点
OUT　Y022		LD　　X002	
STL　S31		SET　S50	
OUT　Y031	第二分支驱动处理	STL　S32	由第二分支转移到汇合点
LD　　X011		LD　　X012	
SET　S32		SET　S50	
STL　S32		STL　S42	由第三分支转移到汇合点
OUT　Y032		LD　　X022	
STL　S41	第三分支驱动处理	SET　S50	
OUT　Y041		OUT　Y050	

3.2.2　选择性编程实例

例 3　用步进指令设计电动机正、反转的控制程序。

控制要求：按正转启动按钮 SB1，电动机正转；按停止按钮 SB，电动机停止；按反转启动按钮 SB2，电动机反转；按停止按钮 SB，电动机停止；且热继电器具有保护功能。

解：

（1）I/O 分配

X0：SB（常开）；X1：SB1；X2：SB2；X3：热继电器 FR（常开）；Y1：正转接触器 KM1；Y2：反转接触器 KM2。

（2）状态转移图

根据控制要求，电动机的正、反转控制是一个具有两个分支的选择性流程，分支转移的条件是正转启动按钮 X1 和反转启动按钮 X2，汇合的条件是热继电器 X3 或停止按钮 X0，而初始状态 S0 可由初始脉冲 M8002 来驱动，其状态转移图如图 3-25（a）所示。

（3）指令表

根据如图 3-25（a）所示的状态转移图，其指令表如图 3-25（b）所示。

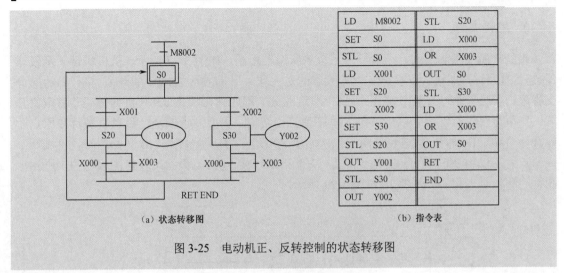

LD	M8002	STL	S20
SET	S0	LD	X000
STL	S0	OR	X003
LD	X001	OUT	S0
SET	S20	STL	S30
LD	X002	LD	X000
SET	S30	OR	X003
STL	S20	OUT	S0
OUT	Y001	RET	
STL	S30	END	
OUT	Y002		

（a）状态转移图　　　　　　　　　　　　　　（b）指令表

图 3-25　电动机正、反转控制的状态转移图

3.2.3　任务实现：PLC 控制的大、小球分拣传送系统

1. I/O 分配

X0：启动；X1：左限位；X2：下限位；X3：上限位；X4：小球右限；X5：大球右限；X6：手动回原点开关；Y0 下降；Y1：吸球；Y2：上升；Y3：右移；Y4：左移；Y5：原点显示。

2. 硬件接线

硬件接线如图 3-26 所示。

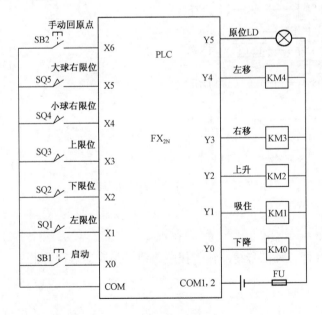

图 3-26　大、小球分拣系统的 I/O 接线图

3. 编程

根据控制要求画出大、小球分拣系统的状态转移图，如图 3-27 所示。从机械臂下降吸球（状态 S21）时开始进入选择分支，若吸着的是大球（下限位开关 SQ2 断开），执行右边的分支程序；若吸着小球（SQ2 接通），执行左边的分支程序。在状态 S28（机械臂碰着右限位开关）结束分支进行汇合，以后就进入单序列流程结构。需要注意的是，只有机械臂在原点才能开始自动工作循环。状态转移图中在初始步 S0 设置了回原点操作。若开始的时候机械臂不在原点，可以用 X6 手动使其回到原点（Y5 指示灯被点亮）。由状态转移图编写的步进梯形图程序和指令表程序如图 3-28 和图 3-29 所示。

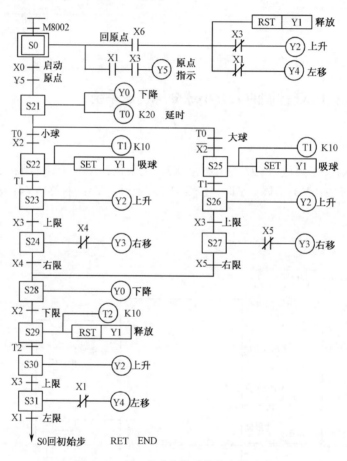

图 3-27　大、小球分拣系统状态转移图

4. 调试

按图 3-26 所示接好各种信号线，输入程序，调试并观察运行结果。

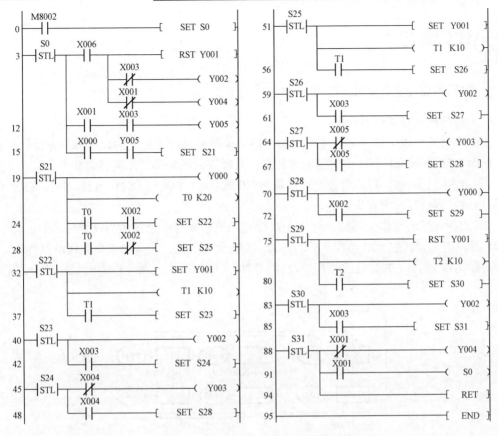

图 3-28 大、小球分拣系统步进梯形图程序

0	LD	M8002	30	SET	S25	65	LDI	X005
1	SET	S0	32	STL	S22	66	OUT	Y003
3	STL	S0	33	SET	Y001	67	LD	X005
4	LD	X006	34	OUT	T1 K10	68	SET	S28
5	RST	Y001	37	LD	T1	70	STL	S28
6	MPS		38	SET	S23	71	OUT	Y000
7	ANI	X003	40	STL	S23	72	LD	X002
8	OUT	Y002	41	OUT	Y002	73	SET	S29
9	MPP		42	LD	X003	75	STL	S29
10	ANI	X001	43	SET	S24	76	RST	Y001
11	OUT	Y004	45	STL	S24	77	OUT	T2 K10
12	LD	X001	46	LDI	X004	80	LD	T2
13	AND	X003	47	OUT	Y003	81	SET	S30
14	OUT	Y005	48	LD	X004	83	STL	S30
15	LD	X000	49	SET	S28	84	OUT	Y002
16	AND	Y005	51	STL	S25	85	LD	X003
17	SET	S21	52	SET	Y001	86	SET	S31
19	STL	S21	53	OUT	T1 K10	88	STL	S31
20	OUT	Y000	56	LD	T1	89	LDI	X001
21	OUT	T0 K20	57	SET	S26	90	OUT	Y004
24	LD	T0	59	STL	S26	91	LD	X001
25	AND	X002	60	OUT	Y002	92	OUT	S0
26	SET	S22	61	LD	X003	94	RET	
28	LD	T0	62	SET	S27	95	END	
29	ANI	X002	63	STL	S27			

图 3-29 大、小球分拣系统指令表程序

知识链接

1. 并行性流程及其编程

（1）并行性流程程序的特点

由两个及两个以上的分支程序组成的，但必须同时执行各分支的程序称为并行性流程程序。如图 3-30 所示为具有 3 个支路的并行性流程程序的结构形式，其特点如下：

① 当 S20 已动作，则只要分支转移条件 X0 成立，3 个流程（S21、S22，S31、S32，S41、S42）同时并列执行，没有先后之分。

② 当各流程的动作全部结束时（先执行完的流程要等待全部流程动作完成），一旦 X2 为 ON 时，则汇合状态 S50 动作，S22、S32、S42 全部复位。若其中一个流程没执行完，S50 就不可能动作。另外，并行性流程程序在同一时间可能有两个及两个以上的状态处于"激活"。

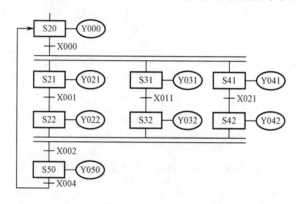

图 3-30　并行性流程程序的结构形式

（2）并行性分支的编程

并行性分支的编程与选择性分支的编程一样，先进行驱动处理，然后进行转移处理，所有的转移处理按顺序执行。根据并行性分支的编程方法，首先对 S20 进行驱动处理（OUT Y0），然后按第一分支（S21、S22）、第二分支（S31、S32）、第三分支（S41、S42）的顺序进行转移处理。并行性分支的程序如表 3-9 所示。

表 3-9　并行性分支程序表

STL　S20	SET　S21　转移到第一分支
OUT　Y000 驱动处理	SET　S31　转移到第二分支
LD　　X000 转移条件	SET　S41　转移到第三分支

（3）并行性汇合的编程

并行性汇合的编程与选择性汇合的编程一样，也是先进行汇合前状态的驱动处理，然后按顺序向汇合状态进行转移处理。根据并行性汇合的编程方法，首先对 S21、S22、S31、S32、S41、S42 进行驱动处理，然后按 S22、S32、S42 的顺序向 S50 转移。并行性汇合的程序如表 3-10 所示。

表 3-10 并行性汇合程序表

STL S21		STL S41	
OUT Y21		OUT Y041	
LD X001	第一分支驱动处理	LD X021	第三分支驱动处理
SET S22		SET S42	
STL S22		STL S42	
OUT Y022		OUT Y042	
STL S31		STL S22	由第一分支汇合
OUT Y031		STL S32	由第二分支汇合
LD X011	第二分支驱动处理	STL S42	由第三分支汇合
SET S32		LD X002	汇合条件
STL S32		SET S50	汇合状态
OUT Y32		STL S50	

（4）并行性流程程序编程注意事项

① 并行性流程最多能实现 8 个流程的汇合。

② 在并行分支、汇合流程中，不允许有如图 3-31（a）所示的转移条件，而必须将其转化为图 3-31（b）后，再进行编程。

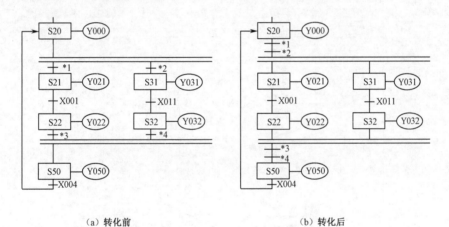

（a）转化前　　　　　　　　　　　（b）转化后

图 3-31　并行性分支、汇合流程的转化

2. 并行性流程编程实例

例 4 用状态转移图法设计一个按钮式人行横道指示灯的控制程序。

控制要求：按 X0 或 X1，人行道和车道指示灯按如图 3-32 所示的示意图亮灯。

解：

（1）I/O 分配

X0：左启动；X1：右启动；Y1：车道红灯；Y2：车道黄灯；Y3：车道绿灯；Y5：人行道红灯；Y6：人行道绿灯。

（2）PLC 的外部接线图

PLC 的外部接线图如图 3-33 所示。

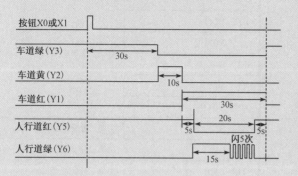

图 3-32 按钮式人行横道指示灯的示意图

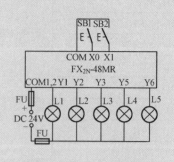

图 3-33 PLC 的外部接线图

（3）状态转移图

根据控制要求，当未按下 X0 或 X1 按钮时，人行道红灯和车道绿灯亮；当按下 X0 或 X1 按钮时，人行道指示灯和车道指示灯同时开始运行，是具有两个分支的并行流程。其状态转移图如图 3-34 所示。

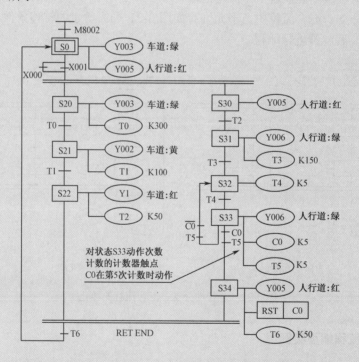

图 3-34 按钮式人行横道指示灯的状态转移图

说明：

① PLC 从 STOP→RUN 时，初始状态 S0 动作，车道信号为绿灯，人行道信号为红灯。

② 按人行横道按钮 X0 或 X1，则状态转移到 S20 和 S30，车道为绿灯，人行道为红灯。

③ 30s 后车道为黄灯，人行道仍为红灯。

④ 再过 10s 后车道变为红灯，人行道仍为红灯，同时定时器 T2 启动，5s 后 T2 触点接

通，人行道变为绿灯。

⑤ 15s 后人行道绿灯开始闪烁（S32 人行道绿灯灭，S33 人行道绿灯亮）。

⑥ 闪烁中 S32、S33 反复循环动作，计数器 C0 设定值为 5，当循环达到 5 次时，C0 常开触点就接通，动作状态向 S34 转移，人行道变为红灯，期间车道仍为红灯，5s 后返回初始状态，完成一个周期的动作。

⑦ 在状态转移过程中，即使按动人行横道按钮 X0、X1 也无效。

（4）指令表程序

根据并行分支的编程方法，其指令表如表 3-11 所示。

表 3-11　按钮式人行横道指示灯控制指令表

LD M8002	OUT T0 K300	STL S30	LD T4	SET S34
SET S0	LD T0	OUT Y005	SET S33	STL S34
STL S0	SET S21	LD T2	STL S33	OUT Y005
OUT Y003	STL S21	SET S31	OUT Y006	RST C0
OUT Y005	OUT Y002	STL S31	OUT C0 K5	OUT T6 K50
LD X000	OUT T1 K100	OUT Y006	OUT T5 K5	STL S22
OR X001	LD T1	OUT T3 K150	LD T5	STL S34
SET S20	SET S22	LD T3	ANI C0	LD T6
SET S30	STL S22	SET S32	OUT S32	OUT S0
STL S20	OUT Y001	STL S32	LD C0	RET
OUT Y003	OUT T2 K50	OUT T4 K5	AND T5	END

 能力测试

设计一个使数码管既可按奇数循环显示（显示时间为 t1），也可按偶数循环显示（显示时间为 t2）的控制系统（t1 和 t2 由教师现场指定）。其 I/O 分配为 X0：急停按钮，X1：奇数显示按钮，X2：偶数显示按钮；Y1～Y7：数码管的 a～g。

1. 设计程序（40 分）

根据系统的控制要求及 PLC 的 I/O 分配，设计其状态转移图。

2. 设计接线图（20 分）

根据系统的控制要求，设计其系统接线图。

3. 系统调试（40 分）

（1）输入程序

按前面介绍的程序输入方法，用计算机正确输入程序。（10 分）

（2）静态调试

按设计的系统接线图正确连接好输入设备，进行 PLC 的模拟静态调试（若按下奇数显示按钮 X1，输出指示灯的动作顺序为 Y2、Y3，Y1、Y2、Y3、Y4、Y7，Y1、Y3、Y4、Y6、

Y7，Y1、Y2、Y3，Y1、Y3、Y4、Y6、Y7，如此循环；若按下偶数显示按钮 X2，输出指示灯的动作顺序为 Y1～Y6，Y1、Y2、Y4、Y5、Y7，Y2、Y3、Y6、Y7，Y1、Y3～Y7，Y1～Y7，如此循环；任何时间按下急停按钮 X0，所有输出指示灯均熄灭），观察 PLC 的输出指示灯是否按要求指示，否则，检查并修改程序，直至指示正确。（10 分）

（3）动态调试

按设计的系统接线图正确连接好输出设备，进行系统的动态调试，观察数码管能否按控制要求显示（若按下奇数显示按钮 X1，数码管依次循环显示数字 1，3，5，7，9，1，3……；若按下偶数显示按钮 X2，数码管依次循环显示数字 0，2，4，6，8，0，2……；任何时候按下急停按钮，数码管均停止显示），否则，检查电路并修改、调试程序，直至数码管能按控制要求显示。（10 分）

（4）其他测试

测试过程表现、安全生产、其他提问等。

 ## 研讨与练习

1．写出如图 3-35 所示状态转移图所对应的指令表程序。

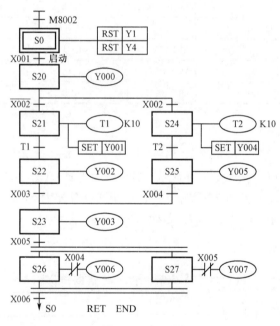

图 3-35　题 1 图

2．冲床机械手运动的示意图如图 3-36 所示。初始状态时机械手在最左边，X4 为 ON；冲头在最上面，X3 为 ON；机械手松开（Y0 为 OFF）。按下启动按钮 X0，Y0 变为 ON，工件被夹紧并保持，2s 后 Y1 被置位，机械手右行，直到碰到 X1。以后顺序完成以下动作：冲头下行，冲头上行，机械手左行，机械手松开，延时 1s 后，系统返回初始状态，各限位开关和定时器提供的信号是各步之间的转换条件。画出 PLC 的外部接线图和控制系统的程序（包括状态转移图、步进梯形图）。

3．初始状态时，如图 3-37 所示的压钳和剪刀在上限位置，X0 和 X1 为 1 状态。按下启动按钮 X10（图中未画出），工作过程：首先板料右行（Y0 为 1 状态）至限位开关（X3 为 1 状态，然后压钳下行 Y1 为 1 状态并保持）。压紧板料后，压力继电器 X4（图中未画出）为 1 状态，压钳保持压紧，剪刀开始下行（Y2 为 1 状态）。剪断板料后，X2 变为 1 状态，压钳和剪刀同时上行（Y3 和 Y4 为 1 状态，Y1 和 Y2 为 0 状态），它们分别碰到限位开关 X0 和 X1 后，分别停止上行，均停止后，又开始下一周期的工作，剪完 5 块料后停止工作并停在初始状态。试画出 PLC 的外部接线图并编制系统的程序（包括状态转移图、步进梯形图）。

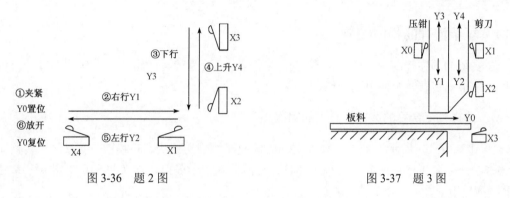

图 3-36　题 2 图　　　　　　　　　　　　　图 3-37　题 3 图

3.3　十字路口交通灯的步进控制

 任务目标

① 掌握并行性流程程序的编制；
② 掌握交通灯的程序设计及其外部接线；
③ 熟悉复杂流程的编程方法。

 **任务分析**

设计一个十字路口交通灯的 PLC 控制系统。其控制要求如下：

1. 自动运行

自动运行时，按下启动按钮，信号灯系统按如图 3-38 所示要求开始工作（绿灯闪烁的周期为 1s），按下停止按钮（图中未画出），所有信号灯都熄灭。

南北向	红灯亮10s		绿灯亮5s	绿灯闪3s	黄灯闪2s

东西向	绿灯亮5s	绿灯闪3s	黄灯亮2s	红灯亮10s	

图 3-38　交通灯自动运行的动作要求

2. 手动运行

手动运行时，两方向的黄灯同时闪动，闪烁周期也是 1s。

相关知识

3.3.1 复杂流程的程序编制

在复杂的顺序控制中，常常会有选择性流程、并行性流程的组合，针对这类复杂流程的编程，本小节将做一个简单的介绍。

1. 选择性汇合后的选择性分支的编程

如图 3-39（a）所示为一个选择性汇合后的选择性分支的状态转移图，要对这种转移图进行编程，必须要在选择性汇合后和选择性分支前插入一个虚拟状态（如 S100）才可以编程，如图 3-39（b）所示。

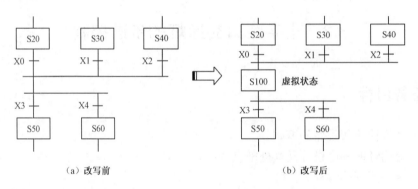

（a）改写前　　　　　　　　　　　（b）改写后

图 3-39　选择性汇合后的选择性分支的状态转移图

指令表如表 3-12 所示。

表 3-12　选择性汇合后的选择性分支指令表

STL S20		LD X2	由第三分支汇合
LD X0	由第一分支汇合	SET S100	
SET S100		STL S100	虚拟汇合状态
STL S30		LD X3	汇合后第一分支
LD X1	由第二分支汇合	SET S50	
SET S100		LD X4	汇合后第二分支
STL S40	由第三分支汇合	SET S60	

2. 复杂选择性流程的编程

所谓复杂选择性流程是指选择性分支下又有新的选择性分支，同样选择性分支汇合后又与另一选择性分支汇合组成新的选择性分支的汇合。对于这类复杂的选择性分支，可以采用

重写转移条件的办法进行重新组合，如图 3-40 所示。其指令表程序请参照选择性分支与汇合的编程方法。

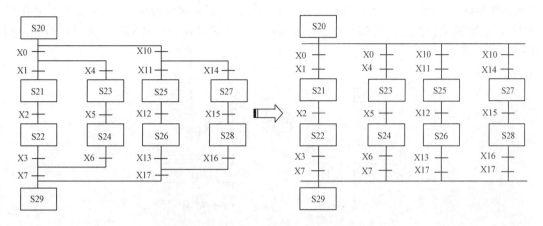

图 3-40 复杂选择性流程的状态转移图

3. 并行性汇合后的并行性分支的编程

如图 3-41（a）所示为一个并行性汇合后的并行性分支的状态转移图，要对这种转移图进行编程，可参照选择性汇合后的选择性分支的编程方法，即在并行性汇合后和并行性分支前插入一个虚拟状态（如 S101）才可以编程，如图 3-41（b）所示。

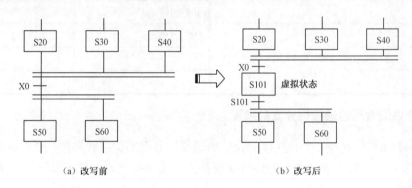

（a）改写前　　　　　　　　　　　（b）改写后

图 3-41 并行性汇合后的并行性分支的状态转移图

指令表如表 3-13 所示。

表 3-13 并行性汇合后的并行性分支指令表

STL　S20	由第一分支汇合	SET　S101	虚拟汇合状态
STL　S30	由第二分支汇合	STL　S101	
STL　S40	由第三分支汇合	LD　S101	分支条件
LD　X000	汇合条件	SET　S50	汇合后第一分支
		SET　S60	汇合后第二分支

4. 选择性汇合后的并行性分支的编程

如图 3-42（a）所示为一个选择性汇合后的并行性分支的状态转移图，要对这种转移图进行编程，必须在选择性汇合后和并行性分支前插入一个虚拟状态（如 S102）才可以编程，如图 3-42（b）所示。

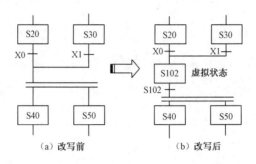

图 3-42 并行性汇合后的并行性分支的状态转移图

指令表如表 3-14 所示。

表 3-14 并行性汇合后的并行性分支指令表

STL S20		STL S102	虚拟汇合状态
LD X000	由第一分支汇合	LD S102	虚拟分支条件
SET S102		SET S40	汇合后第一分支
STL S30		SET S50	汇合后第二分支
LD X001	由第二分支汇合		
SET S102			

5. 并行性汇合后的选择性分支的编程

如图 3-43（a）所示为一个并行性汇合后的选择性分支的状态转移图，要对这种转移图进行编程，必须在并行性汇合后和选择性分支前插入一个虚拟状态（如 S103）才可以编程，如图 3-43（b）所示。

指令表如表 3-15 所示。

表 3-15 并行性汇合后的选择性分支指令表

STL S20	由第一分支汇合	LD X001	汇合后第一分支
STL S30	由第二分支汇合	SET S40	
LD X000	汇合条件	LD X002	汇合后第二分支
SET S103	虚拟汇合状态	SET S50	
STL S103			

6. 选择性流程中嵌套并行性流程的编程

如图 3-44 所示为在选择性流程中嵌套并行性流程,分支时,先按选择性流程的方法编程,然后按并行性流程的方法编程;汇合时,则先按并行性汇合的方法编程,然后按选择性汇合的方法编程。

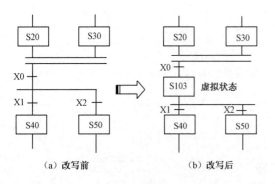

（a）改写前　　　　　　　（b）改写后

图 3-43　并行性汇合后的选择性分支的状态转移图

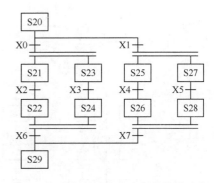

图 3-44　选择性分支中嵌套并行性分支

指令表如表 3-16 所示。

表 3-16　选择性流程中嵌套并行性流程指令表

分 支 程 序			汇 合 程 序		
STL S20			STL S22	第一选择分支内的	第一并行分支汇合
LD X000	分支条件		STL S24		第二并行分支汇合
SET S21	第一选择分支内的	第一并行分支	LD X006	第一分支汇合的汇合条件	
SET S23		第二并行分支	SET S29	汇合状态	
LD X001	分支条件		STL S26	第二选择分支内的	第一并行分支汇合
SET S25	第二选择分支内的	第一并行分支	STL S28		第二并行分支汇合
SET S27		第二并行分支	LD X007	第二分支汇合的汇合条件	
			SET S29	汇合状态	

3.3.2　跳转流程的程序编制

凡是顺序不连续的状态转移,都称为跳转。从结构形式看,跳转分为向后跳转、向前跳转、向另外程序跳转及复位跳转,如图 3-45 所示。如果是单支跳转,可以直接用箭头连线到所跳转的目的状态元件,或用箭头加跳转目的状态元件表示。但是如果有两支跳转,因为不能交叉,只能用箭头加跳转目的状态元件表示。无论是哪种形式的跳转流程,跳转都使用 OUT 指令而不使用 SET 指令。

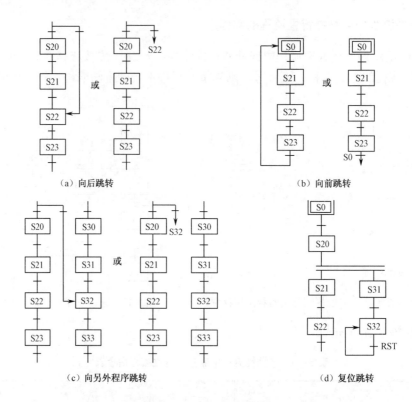

(a) 向后跳转　　　　　　　　　　　　(b) 向前跳转

(c) 向另外程序跳转　　　　　　　　　(d) 复位跳转

图 3-45　跳转的几种形式

3.3.3　任务实现：十字路口交通灯的 PLC 控制系统

1. I/O 分配

根据控制要求，其 I/O 分配为 X0：自动启动按钮，X1：手动开关（带自锁型），X2：停止按钮；Y0：东西向绿灯，Y1：东西向黄灯，Y2：东西向红灯，Y4：南北向绿灯，Y5：南北向黄灯，Y6：南北向红灯。

2. 硬件接线

根据系统控制要求，其系统接线图如图 3-46 所示。

3. 编程

根据交通灯的控制要求，可画出其控制时序图，如图 3-47 所示。再根据控制时序图可知，东西方向和南北方向信号灯的动作过程可以看成两个独立的顺序控制过程，可以采用并行性分支与汇合的编程方法，是一个典型的并行性流程控制程序，其状态转移图如图 3-48 所示。由状态转移图编制的步进梯形图程序如图 3-49 所示。

4. 调试

按照 I/O 接线图（见图 3-46）接好外部各线，输入程序，运行调试，观察结果。

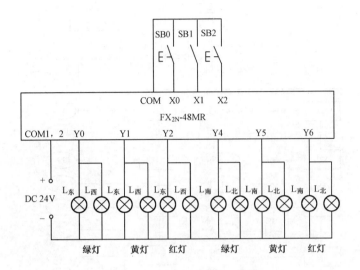

图 3-46 交通灯控制系统接线图

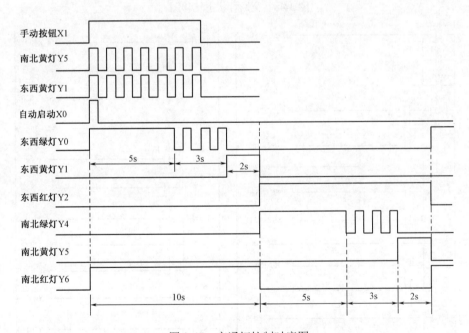

图 3-47 交通灯控制时序图

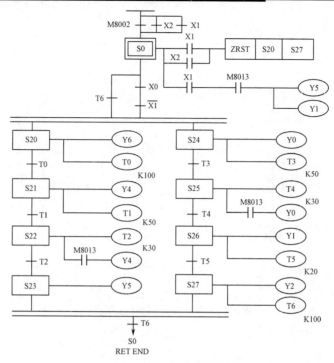

图 3-48 交通灯状态转移图

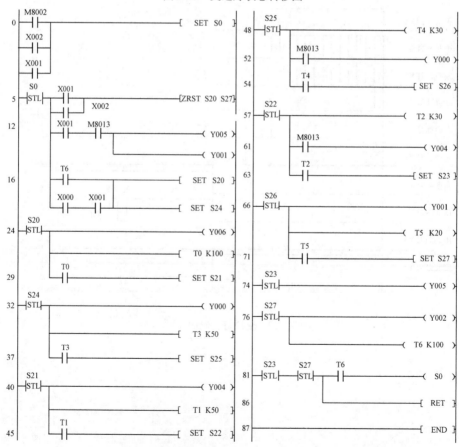

图 3-49 交通灯控制系统步进梯形图程序

 **知识链接**

1. 状态初始化指令 IST（FNC60）

如图 3-50 所示，源操作数[S・]可取 X、Y 和 M，目标操作数[D1・]表示在自动操作中实际用到的最低状态号，[D2・]表示在自动操作中实际用到的最高状态号。目的操作数的范围是 S20～S899，要求[D2・]一定要大于[D1・]，该指令只有 16 位运算，在程序中只能使用 1 次。

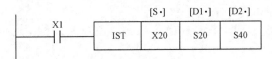

图 3-50　状态初始化指令

IST 指令与 STL 指令一起使用，用于自动设置初始状态和设置有关的特殊辅助继电器的状态。

① IST 指令是在自动控制中对步进的状态初始化及特殊辅助继电器的切换指令，操作数中各项的意义如下。

源[S・]为指定运行模式的初始输入，共 8 个连续的元件，其指定的软元件如下。

设源[S・]为 X20，则

[S・]+0=X20：手动操作控制；

[S・]+1=X21：返回原位控制；

[S・]+2=X22：单步操作控制；

[S・]+3=X23：一次循环控制；

[S・]+4=X24：自动循环控制；

[S・]+5=X25：回零启动；

[S・]+6=X26：自动操作启动；

[S・]+7=X27：停止。

目标[D1・]为自动运行模式中状态元件最小号码。

目标[D2・]为自动运行模式中状态元件最大号码。

② IST 指令用到的初始状态的号码和特殊辅助继电器。

S0：手动操作初始态；S1：回零操作初始态；S2：自动操作初始态；

M8040：禁止转移；M8041：开始转移；M8042：启动脉冲；

M8043：回零完成；M8044：检测到机械零位；M8047：STL 监测有效。

③ IST 指令在编程时只能使用一次，且必须放在程序的开始，即被控制的 STL 指令之前。

④ 编程时，一般先编写手动操作程序，再编写返回原点程序，最后编写自动循环的程序。编写时，一般先画流程图，再编写梯形图。

2. IST 指令用法举例

用 IST 指令编写梯形图时，要注意使用与 IST 指令有关的 8 个控制运行模式的连续元件，本例中是 X20～X27，每个元件的控制作用必须清楚，而且要用到相应的初始状态元件号码和一些特殊的辅助继电器。

例 5 机械手传送工件动作原理图和面板布置如图 3-51 所示。控制要求：具有手动、回原点、单步、单周期、自动五种操作方式。手动操作使每个动作均能单独操作，用于手动调整；回原点操作用于机械手复归原点位置；单步指每按一次启动按钮机械手按顺序运行一步；单周期指每按一次启动按钮，则机械手完成一次工作循环；自动操作指按一次启动按钮则机械手周而复始地进行工作循环，直到按下停止按钮机械手才结束工作循环，停在原点处。在图 3-51（a）中，机械手传送工件的过程为起于原点，先下降，将工件夹紧，上升，到最高限，右移，到右限，下降到最低位，放松工件，上升，到最高限，左移，到左限，最后回到原点。试用 IST 指令编写梯形图。

下面结合状态初始化（IST）指令和图 3-51 及步进梯形图程序进行更详细的说明。

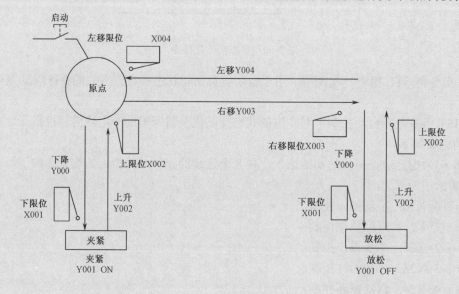

（a）机械手动作原理图

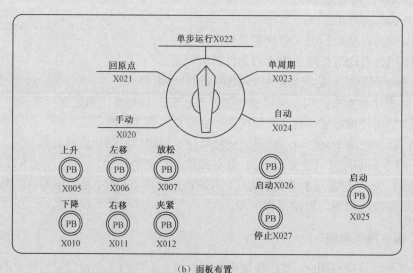

（b）面板布置

图 3-51　机械手传送工件示意图

机械手运行的程序如图 3-52 所示。

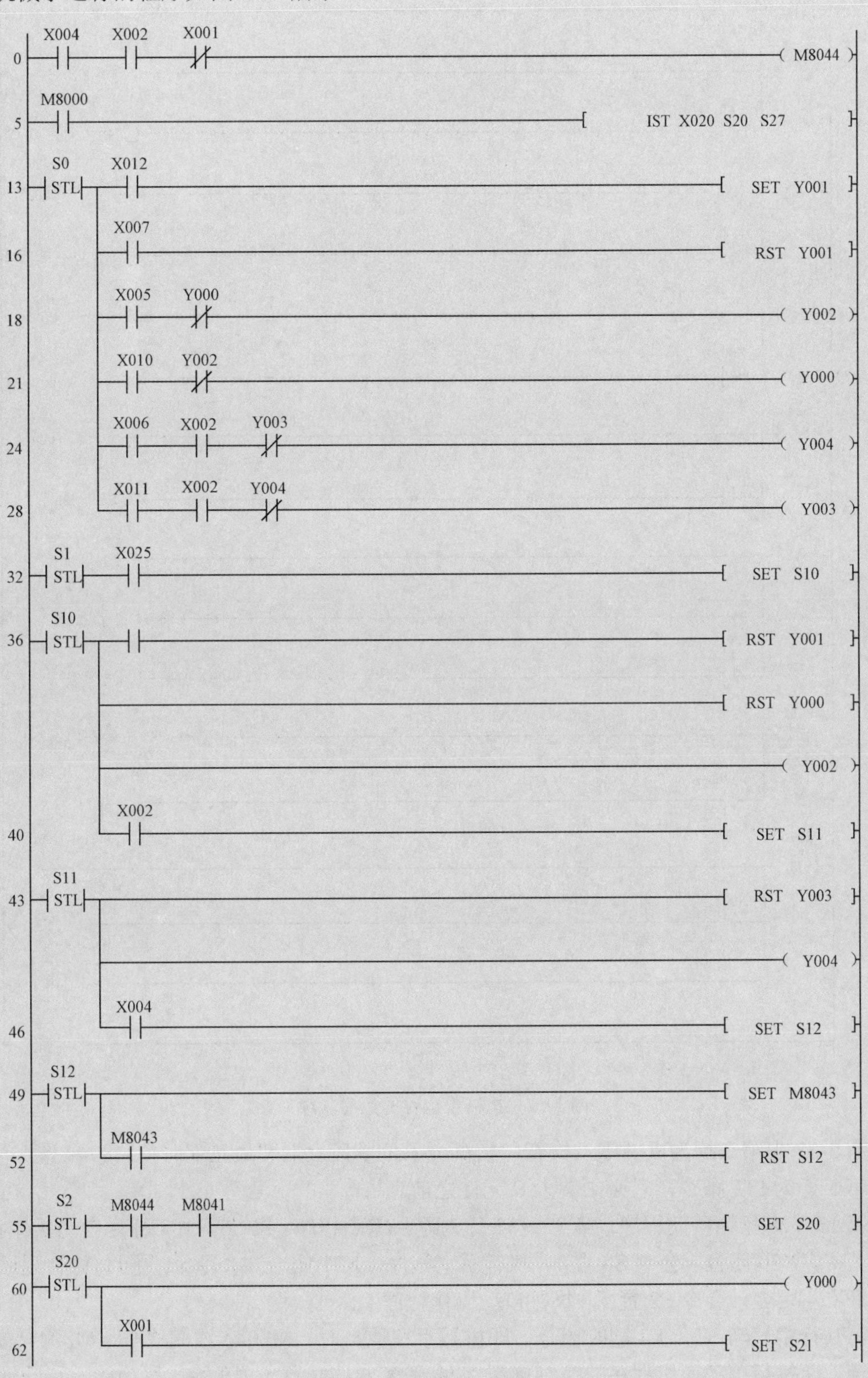

```
      X004   X002   X001
0  ───┤├─────┤├─────┤/├──────────────────────────────( M8044 )

      M8000
5  ───┤├──────────────────────────────────[ IST X020 S20 S27 ]

      S0     X012
13 ──┤STL├───┤├─────────────────────────────────[ SET  Y001 ]

             X007
16           ─┤├─────────────────────────────────[ RST  Y001 ]

             X005   Y000
18           ─┤├─────┤/├─────────────────────────────( Y002 )

             X010   Y002
21           ─┤├─────┤/├─────────────────────────────( Y000 )

             X006   X002   Y003
24           ─┤├─────┤├─────┤/├──────────────────────( Y004 )

             X011   X002   Y004
28           ─┤├─────┤├─────┤/├──────────────────────( Y003 )

      S1     X025
32 ──┤STL├───┤├─────────────────────────────────[ SET  S10 ]

      S10
36 ──┤STL├──┬───────────────────────────────────[ RST  Y001 ]
            │
            ├───────────────────────────────────[ RST  Y000 ]
            │
            ├───────────────────────────────────( Y002 )
            │
            │   X002
40          └───┤├────────────────────────────[ SET  S11 ]

      S11
43 ──┤STL├──┬───────────────────────────────────[ RST  Y003 ]
            │
            ├───────────────────────────────────( Y004 )
            │
            │   X004
46          └───┤├────────────────────────────[ SET  S12 ]

      S12
49 ──┤STL├──┬───────────────────────────────────[ SET  M8043 ]
            │
            │   M8043
52          └───┤├────────────────────────────[ RST  S12 ]

      S2     M8044  M8041
55 ──┤STL├───┤├─────┤├─────────────────────────[ SET  S20 ]

      S20
60 ──┤STL├──┬───────────────────────────────────( Y000 )
            │
            │   X001
62          └───┤├────────────────────────────[ SET  S21 ]
```

图 3-52　机械手运行的程序

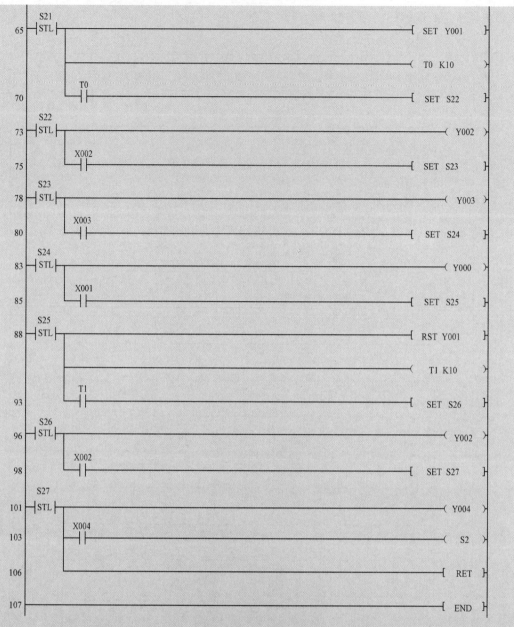

图 3-52　机械手运行的程序（续）

图 3-52 中第 0 行为机械零点检查，当机械手位于最上端和最左端时，M8044 置 1。

第 5 行为 IST 指令，它必须置于 S 元件之前。

第 13～28 行为手动程序。第 32～52 行为返回零点程序。第 55～107 行为自动操作程序。

其中，X20 闭合，会令 S0 置 1，执行手动程序。X21 闭合，会令 S1 置 1，执行返回零点程序。X24 闭合，会令 S2 置 1，执行自动操作程序。

第 0 行中，当 X2、X4 同时闭合，即机械手在原点时，M8044 线圈得电，M8044 常开触点闭合。当执行自动操作程序的控制旋钮 X24 及 X26 同时置 1，开始转移功能的特殊继电器 M8041 触点才闭合，此时会令 S20 置 1，从而开始自动操作程序。

能力测试

设计一个用 PLC 控制的双头钻床的控制系统。双头钻床用来加工圆盘状零件上均匀分布的 6 个孔，如图 3-53 所示。控制过程：操作人员将工件放好后，按下启动按钮，工件被夹紧，夹紧后压力继电器为 ON，此时两个钻头同时开始向下进给；大钻头钻到设定的深度（SQ1）时，钻头上升，升到设定的起始位置（SQ2）时，停止上升；小钻头钻到设定的深度（SQ3）时，钻头上升，升到设定的起始位置（SQ4）时，停止上升；两个都到位后，工件旋转 120°，旋转到位时 SQ5 为 ON，然后又开始钻第 2 对孔，3 对孔都钻完后，工件松开，松开到位时，限位开关 SQ6 为 ON，系统返回初始位置。系统要求具有急停和自动运行功能。其 I/O 分配为 X0：夹紧；X1：SQ1；X2：SQ2；X3：SQ3；X4：SQ4；X5：SQ5；X6：SQ6；X7：自动位启动；X20：停止按钮；Y1：大钻头下降；Y2：大钻头上升；Y3：小钻头下降；Y4：小钻头上升；Y5：工件夹紧；Y6：工件放松；Y7：工件旋转。

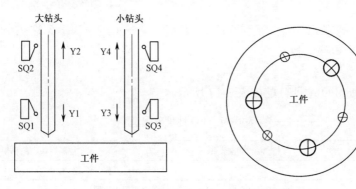

图 3-53 双头钻床的工作示意图

1. 设计程序（40 分）

根据系统控制要求及 PLC 的 I/O 分配，设计双头钻床的程序。

2. 设计接线图（20 分）

根据双头钻床的控制要求，设计系统接线图（PLC 的输出负载都用指示灯代替）。

3. 系统调试（40 分）

① 输入程序。按前面介绍的程序输入方法，用计算机正确输入程序。（10 分）

② 静态调试。按设计的系统接线图正确连接好输入设备，进行 PLC 的模拟静态调试，并通过计算机监视，观察其是否与控制要求一致，否则，检查并修改、调试程序，直至指示正确。（10 分）

③ 动态调试。按设计的系统接线图正确连接好输出设备，进行系统的动态调试，先调试手动程序，后调试自动程序，观察指示灯能否按控制要求动作，并通过计算机监视，观察其是否与控制要求一致，否则，检查线路或修改程序，直至指示灯能按控制要求动作。（10 分）

④ 其他测试。测试过程表现、安全生产、相关提问等。（10 分）

研讨与练习

绘制状态转移图是编程的关键，基本步骤归纳如下：

① 分析工艺流程和控制要求。

② 按工艺流程和控制要求将控制系统分成若干时间段，每一时间段表示一个稳定状态。

③ 确定时间段与时间段之间转移条件及其关系。

④ 确定初始状态。

⑤ 解决循环及正常停车问题。

⑥ 急停信号的处理。

为了有利于学生掌握编程，下面再通过 2 个例题帮助学生掌握编程方法。

1. 液压动力滑台运动过程的实现

（1）控制要求

液压动力滑台在实际工作时的运动过程一般是快进→工进→快退。这三个运动过程由快进、工进、快退三个电磁阀控制。

（2）I/O 分配

液压动力滑台的 I/O 地址分配如表 3-17 所示。

表 3-17　I/O 地址分配表

PLC 的 I/O 地址	连接的外部设备	在控制系统中的作用
X1	SB1	启动滑台工作
X2	SQ1	滑台在原点位置
X3	SQ2	滑台运动到工进起点位置
X4	SQ3	滑台运动到工进终点位置
Y0	YV1	滑台快进/滑台工进
Y1	YV2	滑台工进
Y2	YV3	滑台快退

（3）状态转移图

滑台运动顺序功能图如图 3-54 所示。

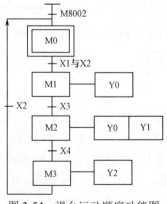

图 3-54　滑台运动顺序功能图

（4）程序的实现

滑台运动梯形图如图 3-55、图 3-56 所示。

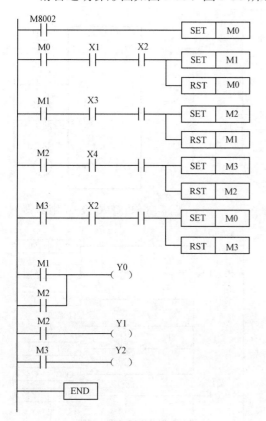

图 3-55　滑台运动梯形图（使用 SET/RST 指令
　　　　 编写程序）

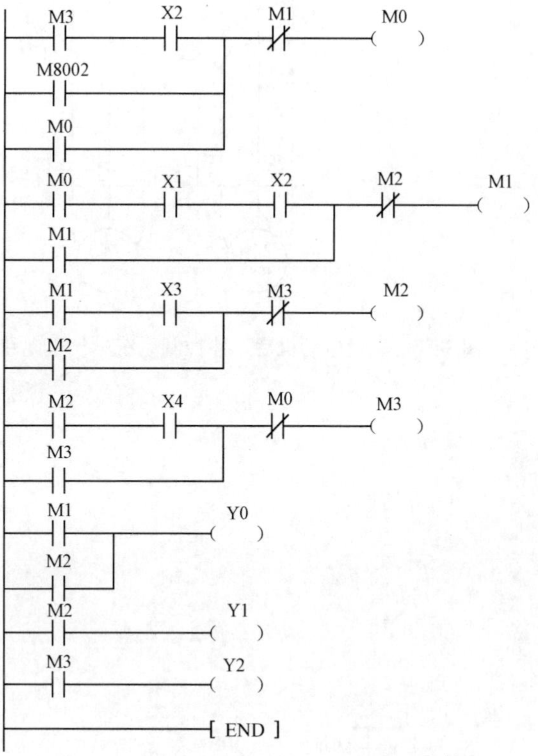

图 3-56　滑台运动梯形图（使用基本逻辑指令
　　　　 编写程序）

2. 三台电动机顺序启、停功能的实现

（1）控制要求

设计一个顺序控制系统，要求如下：三台电动机，按下启动按钮时，M1 先启动；运行 2s 后 M2 启动，再运行 3s 后 M3 启动；按下停止按钮时，M3 先停止，3s 后 M2 停止，2s 后 M1 停止。在启动过程中也能完成逆序停止，如在 M2 启动后和 M3 启动前按下停止按钮，M2 停止，2s 后 M1 停止。

（2）电气主电路的实现

根据控制要求，电气主电路如图 3-57 所示。

（3）I/O 地址分配及接线图

I/O 地址分配及接线图如图 3-58 所示。

（4）状态转移图

顺序功能图如图 3-59 所示。

（5）程序的实现

三台电动机顺序启、停控制梯形图如图 3-60 所示。

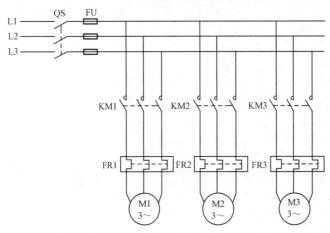

图 3-57　三台电动机启、停控制系统电气主电路接线图　　　图 3-58　PLC I/O 及外部接线图

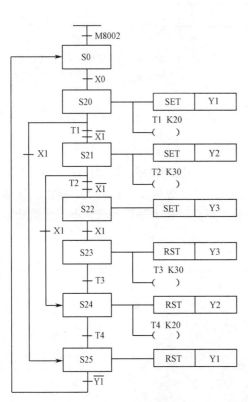

图 3-59　顺序功能图

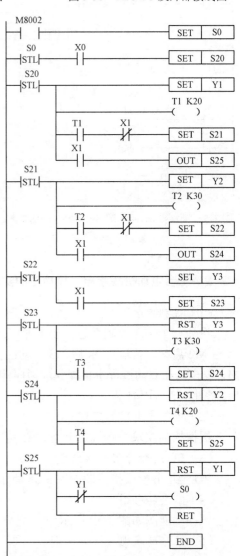

图 3-60　三台电动机顺序启、停控制梯形图

3. 顺序功能图（SFC）程序的输入

（1）梯形图编辑窗口下指令输入

步进顺控（SFC）程序的输入，以在梯形图编辑窗口下用指令输入最为方便，如图 3-61 所示。由键盘输入 LD M8002✓，SET S0✓，STL S0✓，LD X0✓，SET S20✓后，输入 STL S20，得图 3-61（a）；按回车键，得图 3-61（b）。

其他指令的输入与梯形图输入的方法相同。

（2）编制 SFC 流程框

单击"视图"→"SFC"，进入 SFC 编辑窗口。

SFC 编辑窗口的行列分布如图 3-62 所示。列数最多为 16，行数最多为 250。每列阶梯由阶梯块、状态块组成。各阶梯块和状态块的位置有明确的规定，图 3-62 中还标示了选择性分支的分支汇合、并行性分支的分支汇合的位置。

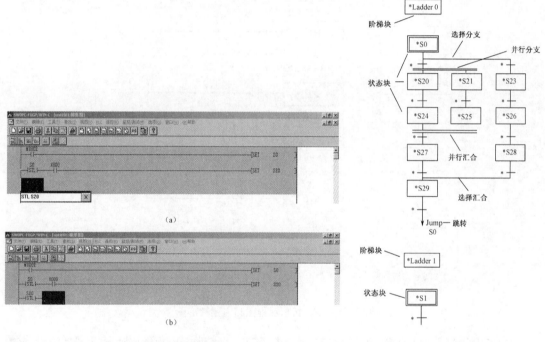

图 3-61 SFC 梯形图的指令输入 图 3-62 SFC 的行列分布

SFC 的编辑图形、状态分支、汇合线段的组合符号如图 3-63 所示。图 3-63 的输入符号出现在 SFC 编辑屏幕下方的功能键中，按键盘的 Shift 键，又出现另一组功能键。单击此功能键（或按 F5、F6 等），则在 SFC 编辑屏幕的光标处出现其符号。

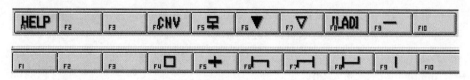

图 3-63 使用功能键的 SFC 输入符号

（3）SFC 流程及内置梯形图的编制

下面以图 3-64 为例，说明 SFC 流程及内置梯形图的编制方法。图 3-64（a）为单流程的 SFC，图 3-64（b）为内置梯形图。方法如下：

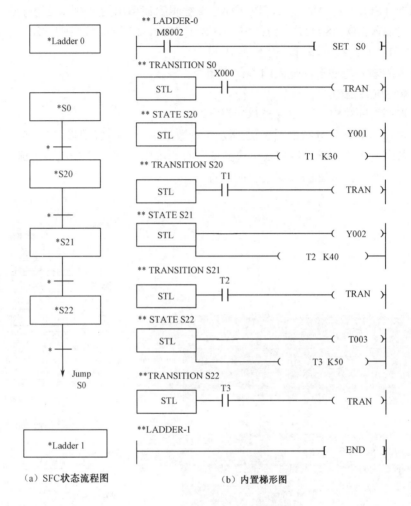

（a）SFC状态流程图　　　　　　　　　（b）内置梯形图

图 3-64　SFC 状态流程图和内置梯形图

① 设编辑屏幕已为 SFC 编辑窗口。光标处于第 0 行第 0 列位置。移动鼠标到功能键 **ⅡADI** 并单击（或按 F8），则出现 Ladder 0 。

② 将鼠标移到第 1 行第 0 列，单击，光标下降到此处。将鼠标移到功能键 **早**，单击，再由键盘输入 S0✓，则在状态框内出现 S0 且变成双线框。在状态框内和条件转移处有*号，说明此处要输入内置梯形图，如图 3-64 所示。

③ 再将鼠标移到第 2 行第 0 列、第 3 行第 0 列、第 4 行第 0 列，类似步骤②输入 S20✓，S21✓，S22✓，则出现状态 S20、S21、S22 方框。

④ 将鼠标移到第 5 行第 0 列，单击。再将鼠标移到功能键▼处，单击（或按 F6），则光标处跳出"Jump"字样，输入 S0✓。

⑤ 将鼠标移到第 6 行第 0 列，单击。再将鼠标移到功能键 [LAD] 处，单击，则在光标处出现 Ladder1 。

以上为 SFC 流程图的建立步骤。SFC 流程图建立后，还应在相应*号位置，填入内置梯形图，方法如下：

① 将鼠标移到 Ladder0 处，单击。再将鼠标移到"视图"菜单，单击。再单击内置梯形图命令，则出现内置梯形图的编辑窗口。输入 LD M8002✓，SET S0✓，再转换。则出现图 3-64（b）第 0 行内容，再单击视图菜单中的 SFC 命令，回到图 3-64（a）的 SFC 流程图。

② 将鼠标移到 S0 的转移条件"+"处，单击。再将鼠标移到"视图"菜单，单击。再单击内置梯形图命令，则出现 S0 转移条件内置梯形图编辑窗口，输入 LD X0✓，再转换，则出现图 3-64（b）第 1 行内容。再单击"视图"菜单中的 SFC 命令，回到图 3-64（a）的 SFC 流程图。

③ S20、S21、S22 状态的内置梯形图及转移条件的内置梯形图的输入步骤与步骤①、②相似，其内置梯形图如图 3-64（b）所示。

④ 将鼠标移到 Ladder1 处单击，再移动鼠标到"视图"菜单，单击，再单击内置梯形图命令，输入 END。则内置梯形图输入完毕。注意，当创建阶梯块 Ladder1 时，程序会自动输入 RET，因此程序中不必输入任何的 RET 指令。

最后还必须按步进顺控的内容进行整体转换而成为步进梯形图，如图 3-65 所示，整个 SFC 程序的创建才完成。保存程序以后再打开，就可以进行梯形图/指令表/SFC/内置梯形图的相互切换。

图 3-65　步进梯形图

如果要输入并行性分支或选择性分支，则应按图 3-62 所示的坐标位置单击，输入相应的状态、转移、分支汇合的图样，输入各自的内置梯形图，并且将状态转移图转化为步进梯形图。则并行性分支或选择性分支步进顺控输入才完成。

用 GX Developer 编程软件进行 SFC 程序编程时，首先在新建工程时就应选择 SFC 程序，如图 3-66 所示，其次将 SFC 程序分为梯形图块和 SFC 块（通过选择来实现），如图 3-67 所示，再分别输入梯形图块和 SFC 块的内容，如图 3-68 所示。SFC 程序可转换成梯形图程序，如图 3-69 所示。

图 3-66 创建新工程之 SFC 程序

图 3-67 将 SFC 程序分为梯形图块和 SFC 块

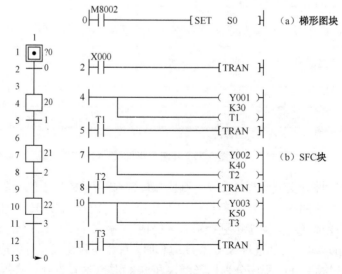

图 3-68 梯形图块和 SFC 块内容

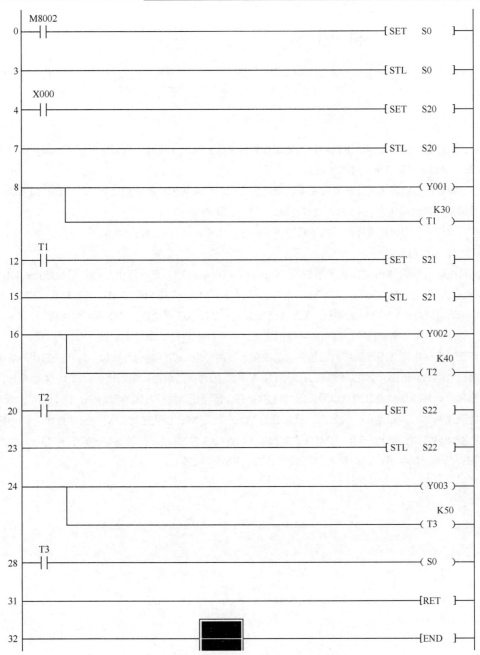

图 3-69 SFC 程序转换成的梯形图程序

 思考与练习

1. 设计一个用 PLC 控制的皮带运输机的控制系统。控制要求：供料由电磁阀 DT 控制；电动机 M1~M4 分别用于驱动皮带运输线 PD1~PD4；储料仓设有空仓和满仓信号。其动作示意图如图 3-70 所示，具体要求如下。

① 正常启动。空仓或按启动按钮时的启动顺序为 M1、DT、M2、M3、M4，间隔时间 5s。

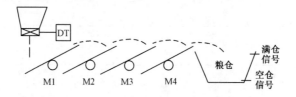

图 3-70　皮带运输机的动作示意简图

② 正常停止。为使皮带上不留物料，要求按物料流动方向及一定时间间隔顺序停止，即正常停止顺序为 DT、M1、M2、M3、M4，间隔时间 5s。

③ 故障后的启动。为避免前段皮带上造成物料堆积，要求按物料流动相反方向及一定时间间隔顺序启动，即故障后的启动顺序为 M4、M3、M2、M1、DT，间隔时间 10s。

④ 紧急停止。当出现意外时，按下紧急停止按钮，则停止所有电动机和电磁阀。

⑤ 具有点动功能。

⑥ 其 I/O 分配为 X0：自动/手动转换；X1：自动位启动；X2：正常停止；X3：紧急停止；X4：点动 DT 电磁阀；X5：点动 M1；X6：点动 M2；X7：点动 M3；X10：点动 M4；X11：满仓信号；X12：空仓信号；Y0：DT 电磁阀；Y1：M1 电动机；Y2：M2 电动机；Y3：M3 电动机；Y4：M4 电动机。

2. 设计一个两台电动机的控制系统。控制要求：第一台电动机 Y 形启动后做△形运行，第二台电动机则做循环正、反转运行（无限循环）。按下启动按钮时，两台电动机同时运行；按下停止按钮或热继电器动作时，两台电动机同时停止。由 Y 形转为△形时，Y 形先闭合，然后主接触器闭合，3s 后 Y 形断开，延时 1s 后△形闭合，启动期间要有闪光信号，闪光周期为 1s。循环正、反转时间为正转 3s，停 2s，然后反转 3s，停 2s，无限循环，直到按停止按钮为止。该系统的 I/O 分配为 X0：停止按钮；X1：启动按钮；X2：FR1 常开触点；X3：FR2 常开触点；Y0：KM1（主接触器）；Y1：KM2（星形接触器）；Y2：KM3（三角形接触器）；Y3：信号闪烁显示；Y4：KM0（正转）；Y5：KM5（反转）。

项目 4 功能指令、特殊模块及应用

PLC 的基本指令主要用于逻辑功能处理，步进顺控指令用于顺序逻辑控制系统。但在工业自动化控制领域中，许多场合需要数据运算和特殊处理。因此，现代 PLC 中引入了功能指令（或称应用指令）。功能指令主要用于数据的传送、运算、变换及程序控制等功能。本项目主要介绍三菱 FX$_{2N}$ 系列 PLC 的功能指令的表示方法和使用要素，常用的传送比较指令、运算指令、数据处理指令、程序控制指令等，以及特殊模块和简单应用。

4.1 电动机的 Y/△ 降压启动控制

任务目标

① 掌握字元件、位组合元件的使用。
② 学会常用功能指令及编程方法。
③ 掌握 MOV 等功能指令的使用。

任务分析

设计一个用 PLC 功能指令来实现电动机 Y/△ 启动的控制系统，其控制要求如下：
① 按下启动按钮，KM2（星形接触器）、KM1（主接触器）先闭合，形成 Y 形启动；6s 后 KM1、KM2 断开，KM3（三角形接触器）闭合，再过 1s 后，KM1 闭合，形成△运行。
② 具有热保护和停止功能。

相关知识

4.1.1 功能指令的基本规则

FX$_{2N}$ 系列 PLC 在梯形图中使用功能框表示功能指令。如图 4-1 所示，X0 的常开触点是应用指令的执行条件，其后的方框图即为功能框。在功能框中表示指令的名称、相关数据或数据的存储地址。

1. 功能指令的助记符

功能指令的名称用助记符的形式表示，助记符是该指令的英文缩写词。

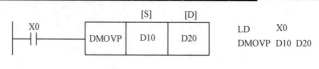

图 4-1　功能指令格式

2. 数据长度

功能指令按处理数据的长度分为 16 位指令和 32 位指令。其中 32 位指令在助记符前加"D"。如在图 4-1 中的"MOV"前加上"D"，则表示 DMOV 为 32 位数据传送指令。

3. 功能指令的操作数

操作数是功能指令涉及或产生的数据。有的功能指令没有操作数，大多数功能指令有 1～4 个操作数。操作数分为源操作数、目标操作数和其他操作数。源操作数是指令执行后不改变其内容的操作数，用[S]表示。目标操作数是指令执行后将改变其内容的操作数，用[D]表示。源操作数或目标操作数不止一个时，可以表示为[S1]、[S2]、[D1]、[D2]等。n 或 m 表示其他操作数，常用来表示常数或源操作数和目标操作数的补充说明。其他操作数较多时，可以表示为 n1、n2、m1、m2 等。如图 4-1 所示，因为是 32 位传送指令，所以 （D11，D10）为源操作数，（D21、D20）为目标操作数。

4. 功能指令的执行形式

功能指令的执行形式分为连续执行型和脉冲执行型。在指令助记符后面加上"P"为脉冲执行型。

4.1.2　程序流程指令

程序流程指令是与程序流程控制相关的指令，程序流程指令如表 4-1 所示。

表 4-1　程序流程指令

FNCNO	指 令 记 号	指 令 名 称	FNCNO	指 令 记 号	指 令 名 称
00	CJ	条件跳转	05	DI	禁止中断
01	CALL	子程序调用	06	FEND	主程序结束
02	SRET	子程序返回	07	WDT	警戒时钟
03	IRET	中断返回	08	FOR	循环范围开始
04	EI	允许中断	09	NEXT	循环范围结束

下面仅介绍条件跳转、子程序及中断等常用指令。

1. 条件跳转指令

条件跳转指令 CJ 用于跳过顺序程序某一部分的场合，以减少扫描时间。如图 4-2 所示，在 X10 的上升沿，程序跳到标号 P10 处。

2. 子程序指令

子程序指令包括子程序调用指令 CALL 和子程序返回指令 SRET。如图 4-3 所示，子程序放在主程序结束指令 FEND 之后，当 X0 为 ON 时，调用 P10 子程序，在子程序中执行到 SRET 指令后程序返回到 CALL 指令的下一条指令处执行。

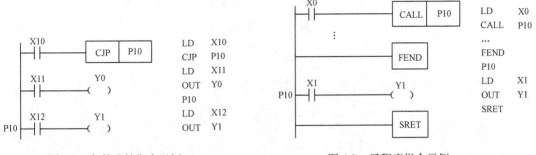

图 4-2　条件跳转指令示例　　　　　图 4-3　子程序指令示例

3. 中断指令

FX$_{2N}$ 系列 PLC 的中断事件包括输入中断、定时中断和高速计数器中断，发生中断事件时，CPU 停止执行当前的工作，立即去执行相应的中断子程序。这一过程不受 PLC 扫描工作方式的影响，因此 PLC 能迅速响应中断事件。

（1）用于中断的指针

中断子程序的入口地址可以用中断的指针来指明。FX$_{2N}$ 系列 PLC 有 6 点输入中断，输入中断指针如图 4-4（a）所示，最高位与 X0～X5 的元件号相对应，最低位为 0 时表示下降沿中断，最低位为 1 时表示上升沿中断。如中断指针 I000 所指向的中断程序在 X0 的下降沿时执行。同一个输入中断源只能使用上升沿中断或下降沿中断，如在程序中不能同时使用中断指针 I000 和 I001。另外，已经用于高速计数器的输入点就不能再用做中断的输入点。

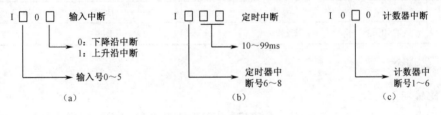

图 4-4　中断指针

FX$_{2N}$ 系列 PLC 有 3 点定时器中断，定时中断指针如图 4-4（b）所示，最高位表示定时器中断号（6～8），低两位表示以 ms 为单位的定时时间（范围是 10～90ms）。如 I610 表示定时器中断 0，中断号为 6，每隔 10ms 执行一次中断程序。

FX$_{2N}$ 系列 PLC 有 6 点计数器中断，计数器中断指针如图 4-4（c）所示，中间一位表示计数器中断号（1～6），计数器中断与高速计数器比较置位指令配合使用，根据高速计数器的计数当前值与计数设定值的关系来确定是否执行相应的中断程序。

特殊辅助继电器 M805△ 为 ON 时（△=0～8），禁止执行相应的中断 I△□□（△=0～8，□□ 是与中断有关的数字）。M8059 为 ON 时，关闭所有的计数器中断。

（2）与中断有关的指令

中断指令包括中断返回指令 IRET、允许中断指令 EI 和禁止中断指令 DI。

如图 4-5 所示，PLC 通常处于禁止中断的状态，指令 EI 和 DI 之间的程序段为允许中断的区间，当 X10 为 OFF 时对应的中断 I000 被允许执行。当程序执行到允许中断区间时，如果中断源（出现 X0 的下降沿）产生中断，CPU 将停止执行当前的程序，转而去执行中断子程序，执行到中断子程序中的 IRET 指令时，返回原来的断点，继续执行原来的程序。

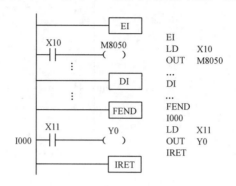

图 4-5 中断指令示例

4.1.3 传送与比较指令

传送与比较指令如表 4-2 所示。

表 4-2 传送与比较指令

FNCNO	指令记号	指令名称	FNCNO	指令记号	指令名称
10	CMP	比较指令	15	BMOV	成批传送
11	ZCP	区间比较	16	FMOV	多点传送
12	MOV	传送	17	XCH	数据交换
13	SMOV	位移动	18	BCD	BCD 传送
14	CML	取反传送	19	BIN	BIN 传送

1. 比较指令

（1）比较指令功能

比较指令（CMP）是比较源操作数[S1]和[S2]，比较的结果用目标操作数[D]的状态来表示。源操作数[S1]和[S2]可以取所有字元件，目标操作数[D]可以取 Y、M、S。

如图 4-6 所示，当 X0 为 ON 时，将十进制常数 100 与计数器 C20 的当前值比较，比较结果送到 M10～M12。当 100 >C20 时，M10 为 ON，Y0 得电；当 100=C20 时，M11 为 ON，Y1 得电；当 100<C20 时，M12 为 ON，Y2 得电。清除比较结果，需采用复位指令，如用区间复位指令 ZRST　M10　M12。

（2）区间比较指令

区间比较指令（ZCP）是将一个源数据[S]和两个源操作数[S1]和[S2]之间的数据进行代数比较，比较的结果送到目标操作数[D]中。源操作数[S1]、[S2]、[S]可以取所有字元件，目标操作数[D]可以取 Y、M、S。

如图 4-7 所示，当 X0 为 ON 时，将 C20 的当前值与常数 100 和 150 进行比较，比较结果送到 M10～M12。当 100>C20 时，M10 为 ON，Y0 得电；当 100≤C20≤150，M11 为 ON，Y1 得电；150<C20 时，M12 为 ON，Y2 得电。清除比较结果，需采用复位指令。

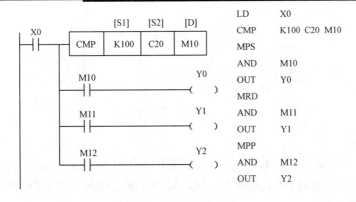

图 4-6 比较指令示例

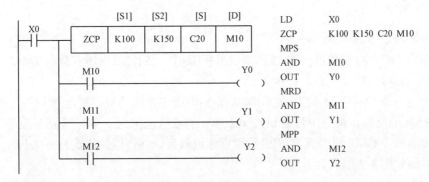

图 4-7 区间比较指令示例

（3）触点型比较指令

触点型比较指令相当于一个触点，执行时比较源操作数[S1]和[S2]，满足比较条件则触点闭合，源操作数可以取所有的数据类型。各种触点型比较指令如表 4-3 所示。

表 4-3 触点型比较指令

FNCNO	指令记号	导通条件	FNCNO	指令记号	导通条件
224	LD=	S1=S2 导通	236	AND<>	S1≠S2 导通
225	LD>	S1>S2 导通	237	AND≤	S1≤S2 导通
226	LD<	S1<S2 导通	238	AND≥	S1≥S2 导通
228	LD<>	S1≠S2 导通	240	OR=	S1=S2 导通
229	LD≤	S1≤S2 导通	241	OR>	S1>S2 导通
230	LD≥	S1≥S2 导通	242	OR<	S1<S2 导通
232	AND=	S1=S2 导通	244	OR<>	S1≠S2 导通
233	AND>	S1>S2 导通	245	OR≤	S1≤S2 导通
234	AND<	S1<S2 导通	246	OR>=	S1≥S2 导通

如图 4-8 所示，当 20=C10 或 10>C20 时，Y0 为 ON。

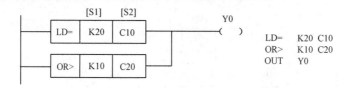

图 4-8　触点比较指令示例

（4）区间复位指令

区间复位指令（ZRST）是将[D1]~[D2]指定的元件号范围内的同类元件成批复位。目标操作数[D1]和[D2]可以取 T、C、D 或 Y、M、S，[D1]和[D2]应为同一类元件，[D1]的元件号应小于[D2]的元件号。

2. 传送指令

（1）传送指令功能

传送指令 MOV 将源数据[S]传送到指定目标[D]中，[S]可以取所有数据类型，[D]可以是 KnY、KnM、KnS、T、C、D、V 和 Z。

移位传送指令 SMOV 将 4 位十进制源数据[S]中指定位数的数据传送到 4 位十进制目标操作数[D]中指定的位置。指令中常数 m1、m2 和 n 的取值范围为 1~4，分别对应个位~千位。

取反传送指令 CML 将源元件[S]中的数据逐位取反，并传送到指定目标[D]中。以上三种传送指令示例如图 4-9 所示。

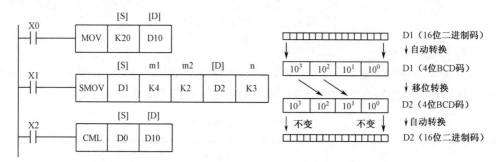

图 4-9　传送指令（一）

块传送指令 BMOV 将源操作数[S]指定的元件开始的 n 个数据组成的数据传送到指定的目标[D]。源操作数[S]可以取 KnX、KnY、KnM、KnS、T、C、D、V、Z 和文件寄存器，目标操作数[D]可以取 KnY、KnM、KnS、T、C、D、V、Z 和文件寄存器。

多点传送指令 FMOV 将单个单元[S]中的数据传送到指定目标地址[D]开始的 n 个元件中，传送后 n 个元件中的数据完全相同。源操作数[S]可以取所有的数据类型，目标操作数[D]可以取 KnY、KnM、KnS、T、C、D、V 和 Z，n 为常数，n≤512。

数据交换指令 XCH 是将两个目标元件[D1]和[D2]中的内容相交换。目标操作数[D1]和[D2]可以取 KnY、KnM、KnS、T、C、D、V 和 Z。以上三种传送指令如图 4-10 所示。

（2）数据转换指令

数据转换指令包括 BCD 指令（二进制数转换成 BCD 码并传送）和 BIN 指令（BCD 码转换为二进制数并传送）。它们的源操作数[S]可以取 KnX、KnY、KnM、KnS、T、C、D、V 和 Z，目标操作数可以取 KnY、KnM、KnS、T、C、D、V 和 Z。数据转换指令用法示例如

图 4-11 所示。

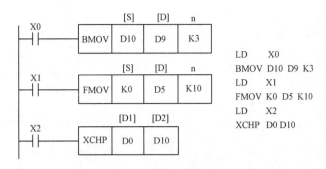

```
LD    X0
BMOV  D10 D9 K3
LD    X1
FMOV  K0 D5 K10
LD    X2
XCHP  D0 D10
```

图 4-10　传送指令（二）

（3）浮点数转换指令

浮点数转换指令包括 DEBCD（将浮点数转换为科学计数法格式的数）、DEBIN（将科学计数法格式的数转换成浮点数）、INT（将浮点数转换为二进制数）和 FLT（将二进制数转换为浮点数）指令，它们的源操作数[S]和目标操作数[D]均为数据寄存器 D。浮点数和科学计数法格式的数都为 32 位数据。浮点数转换指令用法示例如图 4-12 所示。

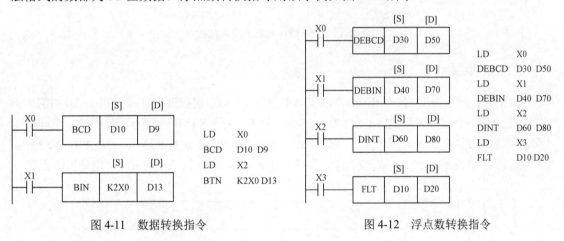

图 4-11　数据转换指令　　　　　图 4-12　浮点数转换指令

4.1.4　任务实现：用 PLC 控制电动机的 Y/△ 启动

1. I/O 分配

根据控制要求，需要 3 个输入和 3 个输出，其 I/O 分配如表 4-4 所示。

表 4-4　Y/△ 降压启动 I/O 分配表

输　入			输　出		
输入元件	作用	输入继电器	输出元件	作用	输出继电器
SB1	启动按钮	X0	KM1	主电源接触器	Y0
SB2	停止按钮	X1	KM2	Y 运行接触器	Y1
FR	热继电器保护	X2	KM3	△运行接触器	Y2

2. 硬件接线

硬件接线图如图 4-13 所示。

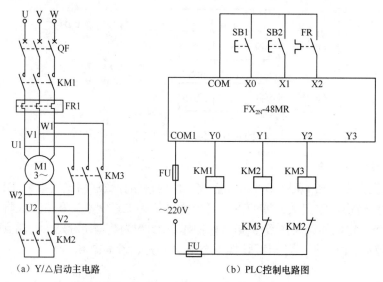

（a）Y/△启动主电路　　　　（b）PLC控制电路图

图 4-13　Y/△降压启动系统接线图

3. 程序编制

如图 4-14 所示为用 MOV 指令编写的电动机 Y/△降压启动梯形图程序。图中，X0 对应的为启动按钮，X1 对应的为停止按钮。当 X0 闭合时，将 K3 送到 K1Y0，则 Y0、Y1 得电，电动机 M 启动。延时 6s 后将 Y0、Y1 复位，接通 Y2 后再延时 1s，将 K5 送到 K1Y0，于是 Y0、Y2 得电，为电动机△正常运行。使 X1 或 X2 闭合，将 K0 送 K1Y0，则 Y0、Y2 均失电，电动机停止。

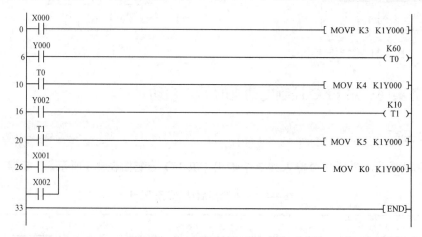

图 4-14　Y/△降压启动梯形图

4. 系统调试

（1）程序输入

按图 4-14 所示输入程序。

（2）静态调试

按图 4-13 所示连接好输入线路，调试运行时观察输出指示灯动作情况是否正确。如果不正确则检查程序，直到正确为止。

（3）动态调试

按图 4-13 正确连接输出线路，运行程序观察接触器动作情况。如果不正确，则检查输出线路连接及 I/O 接口。

（4）其他测试

测试过程表现、安全生产、相关提问等。

知识链接

1. 编程实例

例 1　设计报警电路。要求启动（X0）之后，灯（Y0）闪，亮 0.5s，灭 0.5s，蜂鸣器（Y1）响。灯闪烁 30 次之后，灯灭，蜂鸣器停，间歇 5s。如此进行三次，自动停止。试用调用子程序方法编写程序。

编程时，将重复的动作，即灯闪、蜂鸣器响作为子程序，放在 FEND 之后。而在主程序用 CALL P0 调用子程序。其梯形图如图 4-15 所示。

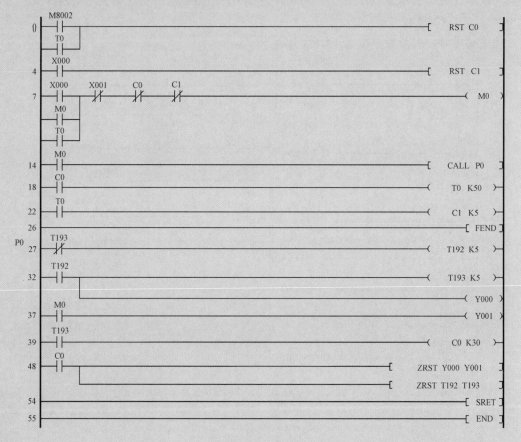

图 4-15　例 1 梯形图

说明： 图中 Y0 为灯，Y1 为蜂鸣器。第 0～26 行为主程序，第 27～55 行为子程序。主程序中，M0 是调用子程序的控制触点，每次接通 M0，调用子程序一次，本题共需调用子程序 3 次。注意：在子程序中使用了 T192、T193 定时器，这种定时器在执行线圈指令时或执行 END 指令时计时。如果计时达到设定值，则执行线圈指令或 END 指令，输出触点动作。因此当子程序执行到 SRET 返回到第 18 行执行之后，Y0、Y1 仍为 ON，不停止。为此，设置了成批复位指令 ZRST 指令，使 Y0、Y1 失电之后再返回第 18 行执行。

例 2 利用计数器和比较指令，设计 24h 可设定定时时间的住宅控制器的控制程序（每 15min 为一个设定单位，即 24h 共有 96 个时间单位），要求实现如下控制：

① 早上 6:30，闹钟每秒响一次，10s 后自动停止。

② 9:00～17:00，启动住宅报警系统。

③ 晚上 6 点打开住宅照明。

④ 晚上 10:00 关闭住宅照明。

X0 为启停开关；X1 为 15min 快速调整与试验开关；X2 为格数设定的快速调整与试验开关。使用时，早 0:00 时启动定时器。C0 为 15min 计数器，当按下 X0 时，C0 当前值每过 1s 加 1，当 C0 当前值等于设定值 K900 时，即为 15min。C1 为 96 格计数器，它的当前值每过 15min 加 1，当 C1 当前值等于设定值 K96 时，即为 24h。另外，十进制常数 K26、K36、K68、K72、K88 分别为 6:30、9:00、17:00、18:00 和 22:00 的时间点。梯形图中 X1 为 15min 快速调整与试验开关，它每过 10ms 加 1（M8011）；X2 为格数设定的快速调整与试验开关，它每过 100ms 加 1（M8012）。

该简易定时、报时器参考程序如图 4-16 所示。

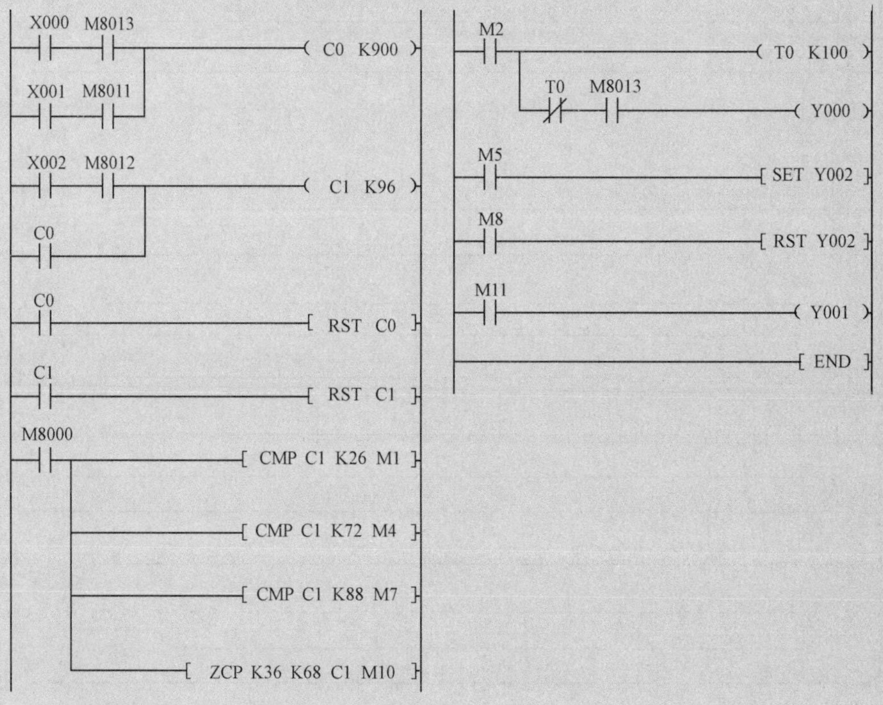

图 4-16 例 2 梯形图

2. 循环与移位指令

循环与移位指令是使字数据、位元件组合的字数据向指定方向循环、移位的指令，如表4-5 所示。

表 4-5 循环与移位指令

FNCNO	指令记号	指令名称	FNCNO	指令记号	指令名称
30	ROR	右循环移位	35	SFTL	位左移
31	ROL	左循环移位	36	WSFR	字右移
32	RCR	带进位右循环移位	37	WSFL	字左移
33	RCL	带进位左循环移位	38	SFWR	移位写入
34	SFTR	位右移	39	SFRD	移位读出

（1）循环指令

循环指令包括右循环指令（ROR）、左循环指令（ROL）、带进位的右循环指令（RCR）、带进位的左循环指令（RCL）。它们只有目标操作数[D]，可以取 KnY、KnM、KnS、T、C、D、V 和 Z。

如图 4-17 所示，在 X0 的上升沿，设 D0 中原来的数据为 HFF00，则在执行右循环指令后变为 H0FF0，进位标志 M8022 存储最后一次从目标元件中移出的状态 0；在 X1 的上升沿，设 D1 中原来的数据为 HFF00，进位标志 M8022 为 0，则在执行带进位的左循环移位后变为 HF007，M8022 存储最后一次从目标元件中移出的状态 1。

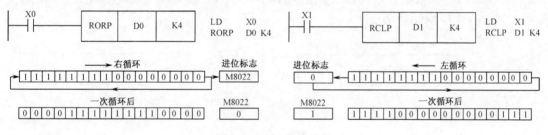

图 4-17 循环指令示例

（2）移位指令

移位指令包括位右移（SFTR）、位左移（SFTL）、字右移（WSFR）、字左移（WSFL）、移位寄存器写入指令（SFWR）和移位寄存器读出指令（SFRD）。位右移与位左移指令使位元件中的状态成组地向右或向左移动，源操作数[S]可以取 X、Y、M 和 S，目标操作数[D]可以取 Y、M 和 S。字右移与字左移指令使字元件中的状态成组地向右或向左移动，源操作数[S]可以取 KnX、KnY、KnM、KnS、T、C 和 D，目标操作数[D]可以取 KnY、KnM、KnS、T、C 和 D。移位寄存器写入指令与移位寄存器读出指令是对移位寄存器（又称 FIFO 堆栈，即先入先出堆栈）的读写，先入的数据先读出。移位寄存器写入指令的源操作数[S]可以取所有的数据类型，目标操作数[D]可以取 KnY、KnM、KnS、T、C 和 D；移位寄存器读出指令的源操作数[S]可以取 KnY、KnM、KnS、T、C 和 D，目标操作数[D]可以取 KnY、KnM、KnS、T、C、D、V 和 Z。

如图 4-18 所示，在 X10 的上升沿，位右移指令开始执行，其中 n1 指定位元件的长度，

n2 指定移位的位数。位右移指令的执行顺序：M2～M0 中的数据溢出，M5～M3 中的数据移到 M2～M0，M8～M6 中的数据移到 M5～M3，X2～X0 中的数据移到 M8～M6。在 X11 的上升沿，字左移指令开始执行，其中 n1 指定字元件的长度，n2 指定移位的字数。字左移指令的执行顺序：D8～D6 中的数据溢出，D5～D3 中的数据移到 D8～D6，D2～D0 中的数据移到 D5～D3，T2～T0 中的数据移到 D2～D0。

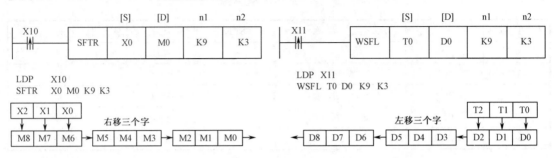

图 4-18 移位指令示例

如图 4-19 所示，对于移位寄存器写入指令，目标元件 D1 是移位寄存器的首地址，也是 FIFO 堆栈的指针，移位寄存器未装入数据时应将 D1 清零。当 X10 由 OFF 变为 ON 时，指针的值加 1 后写入数据。第一次写入时，源操作数 D0 中的数据写入 D2。如果 X10 再次由 OFF 变为 ON，D1 中的数据再加 1，D0 中的数据写入 D3，依次类推，当 D1 中的内容达到 n-1（n 为 FIFO 堆栈的长度）后，不再执行上述操作，进位标志 M8022 置 1。对于移位寄存器读出指令，在 X11 由 OFF 变为 ON 时，D2 中的数据送到 D20，同时指针 D1 的值减 1，D3 到 D9 的数据右移一个字。数据总是从 D2 读出，指针 D1 为 0 时，移位寄存器被读空，不再执行上述操作，零标志位 M8020 置为 1。

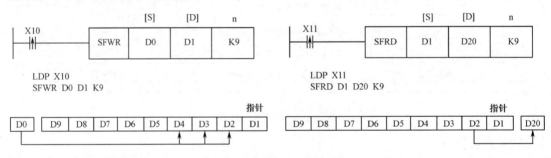

图 4-19 移位寄存器指令

 能力测试

用功能指令设计一个十字路口交通灯的控制系统。控制要求：交通灯要求具有手动和自动运行功能；自动运行时，将自动运行开关置于启动位置，信号系统按图 3-47 所示要求开始工作（绿灯闪烁周期为 1s），将自动运行开关置于停止位置，所有信号灯都熄灭；手动运行时，两个方向的黄灯同时闪烁，周期为 1s。其 I/O 分配为 X0：自动运行开关，X1：手动运行开关；Y0：东西向绿灯，Y1：东西向黄灯，Y2：东西向红灯，Y4：南北向绿灯，Y5：南北向黄灯，Y6：南北向红灯。

1. 设计程序（40分）

根据系统控制要求及 I/O 分配，设计其梯形图。

2. 设计接线图（20分）

根据系统控制要求及 I/O 分配，设计系统接线图。

3. 系统调试（40分）

（1）程序输入

按设计的梯形图输入程序。（10分）

（2）静态调试

按设计的系统接线图正确连接好输入电路，进行模拟静态调试，观察 PLC 输出指示灯动作情况是否正确，否则检查程序，直到正确为止。（10分）

（3）动态调试

按设计的系统接线图正确连接好输出电路，进行动态调试，观察模拟板发光二极管的动作是否正确，否则，检查线路连接及 I/O 接口。（10分）

（4）其他测试

测试过程表现、安全生产、相关提问等。（10分）

 研讨与练习

例 3　用 PLC 实现闪光信号灯的闪光频率控制。

利用 PLC 功能指令构成一个闪光信号灯，改变输入口所接置数开关可改变闪光频率。

I/O 分配如下：X20～X23 为置数开关，X24 为启停开关；Y0 为信号灯。

参考梯形图如图 4-20 所示。

```
     M8000
0 ├──┤ ├──────────────────────────────────[ MOVP  K0  Z1 ]
     X024
6 ├──┤ ├──┬───────────────────────────────[ MOV K1X020 Z1 ]
          │
          ├───────────────────────────────[ MOV K10Z1 D0 ]
          │   T1                                        D0
          └──┤/├──────────────────────────────────────( T0 )
      T0                                               D0
21├──┤ ├──────────────────────────────────────────────( T1 )
     X024   T0
25├──┤ ├──┤/├─────────────────────────────────────────( Y000 )
28├────────────────────────────────────────────────────[ END ]
```

图 4-20　例 3 梯形图

说明： 以上程序，第一行实现变址寄存器清零，通电时完成。第二行实现从输入口读入设定开关数据，变址综合后送到定时器 T0 的设定值寄存器 D0，并和第三行配合产生

D0 时间间隔的脉冲。

例 4 用 PLC 控制密码锁。

利用 PLC 实现密码锁控制。密码锁有 3 个置数开关（12 个按钮），分别代表 3 个十进制数，如所拨数据与密码锁设定值相符，则 3s 后开启锁，20s 后重新上锁。

说明：密码锁的密码由程序设定，假定为 K283，那么如要解锁则从 K3X0 上送入的数据应和它相等，这可以用比较指令实现判断，密码锁的开启由 Y0 的输出控制。

用比较指令实现密码锁的控制系统设计。置数开关有 12 条输出线，分别接入 X0～X3（个位），X4～X7（十位），X10～X13（百位）；密码锁的控制信号从 Y0 输出。

参考程序如图 4-21 所示。

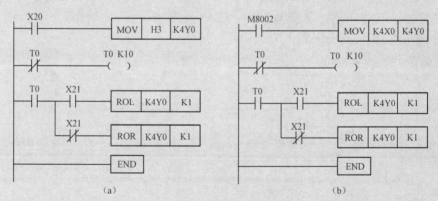

图 4-21　例 4 梯形图

例 5 移位彩灯控制程序如图 4-22 所示，试分析其实现的功能。

图 4-22　例 5 梯形图

分析：在图 4-22（a）中，当 X20 得电时，将 16 个彩灯的初值赋给输出 K4Y0；定时器 T0 用于产生彩灯的移位脉冲序列，彩灯移位的时间间隔为 1s；X21 用于选择彩灯循环移动的方向，若循环右移则 X21 不得电，若循环左移则 X21 得电。

在图 4-22（b）中，初始化脉冲 M8002 在 PLC 由 STOP 状态变为 RUN 状态时导通一个扫描周期，将 X0～X17 的开关状态传给 Y0～Y17，改变移位彩灯的初值，从而完成开机时通过输入端赋初值的作用。

思考与练习

1．以上两个程序都存在不能在线改变初值的问题。若要在 PLC 运行中随意改变初值,程序应如何修改?

2．分析如图 4-23 所示两个程序运行的结果。

```
 0 ──┤X010├──────────────────[ MOV  K36  D0 ]    0 ──┤↑X010├────────────[ MOV  K215  D0 ]
 6 ──┤X011├──────────────────[ BCD  D0  K2Y000 ]       ├────────────────[ MOV  K2   D1 ]
12 ──┤X012├──────────────────[ BIN  K2Y000  K2Y010 ]   └────────────────[ DEBIN  D0  D20 ]
```

图 4-23　梯形图

4.2　8 站小车的呼叫控制系统设计

任务目标

① 掌握运算、译码等功能指令的基本用法。

② 能应用功能指令编写较复杂的控制程序。

任务分析

用功能指令设计一个 8 站小车呼叫的控制系统。控制要求：小车所停位置号小于呼叫号时，小车右行至呼叫号处停车；小车所停位置号大于呼叫号时，小车左行至呼叫号处停车；小车所停位置号等于呼叫号时，小车原地不动；小车运行时呼叫无效；具有左行、右行定向指示和原点不动指示；具有小车行走位置的七段数码管显示。8 站小车呼叫的示意图如图 4-24 所示。

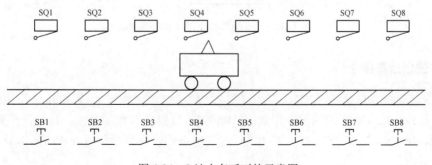

图 4-24　8 站小车呼叫的示意图

 相关知识

4.2.1 数学运算指令

1. 算术运算指令

算术运算指令包括 ADD、SUB、MUL、DIV（二进制加、减、乘、除）指令，源操作数 [S]可以取所有数据类型，目标操作数[D]可以取 KnY、KnM、KnS、T、C、D、V 和 Z，32 位乘除指令中的 V 和 Z 不能作为目标操作数。如图 4-25 所示为其示例。

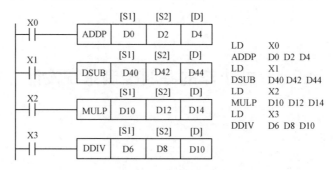

图 4-25　算术运算指令示例

2. 二进制数加 1 减 1 指令

二进制数加 1 指令 INC 和二进制数减 1 指令 DEC，它们不影响零标志、借位标志和进位标志。它们的目标操作数[D]可以取 KnY、KnM、KnS、T、C、D、V 和 Z。如图 4-26 所示为其示例。

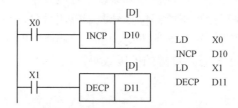

图 4-26　二进制数加 1 减 1 指令示例

3. 字逻辑运算指令

字逻辑运算指令包括 WAND（字逻辑与）、WOR（字逻辑或）、WXOR（字逻辑异或）和 NEG（求补）指令，它们的源操作数[S1]和[S2]可以取所有数据类型，目标操作数[D]可以取 KnY、KnM、KnS、T、C、D、V 和 Z。这些指令均以位为单位进行相应的运算。其示例如图 4-27 所示。

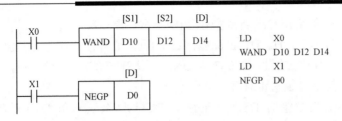

图 4-27　字逻辑运算指令

4. 浮点数运算指令

浮点数比较指令 DECMP 比较源操作数[S1]和[S2]，比较的结果用目标操作数[D]的状态来表示，源操作数[S1]和[S2]可以取 K、H 和 D，目标操作数可以取 Y、M 和 S，只有 32 位运算。其示例如图 4-28 所示。

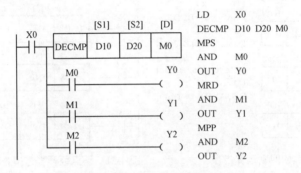

图 4-28　浮点数比较指令

浮点数区间比较指令 DEZCP 将源操作数[S]指定的浮点数与提供比较范围的源操作数[S1]和[S2]相比较，比较结果用目标操作数[D]指定的元件的状态来表示，参与比较的常数被自动转换为浮点数，只有 32 位运算。其示例如图 4-29 所示。

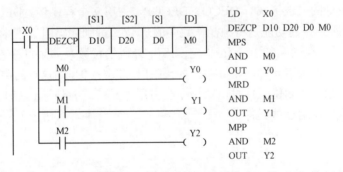

图 4-29　浮点数区间比较指令

浮点数四则运算指令包括浮点数的加法（DEADD）、减法（DESUB）、乘法（DEMUL）和除法（DEDIV）指令。浮点数运算指令的源操作数[S1]和[S2]可以取 K、H 和 D，目标操作数[D]为数据寄存器 D，只有 32 位运算。源操作数和目标操作数均为浮点数，常数参与运算时，被自动转换为浮点数。运算结果为 0 时 M8020（零标志）为 ON，超过浮点数的上下限时，M8022（进位标志）和 M8021（借位标志）分别为 ON，运算结果分别被置为最大值和最小值。其示例如图 4-30 所示。

浮点数开平方指令 DESQR 将源操作数[S]指定的浮点数开方，结果存入目标操作数[D]中。源操作数[S]可以取 K、H、D，目标操作数[D]可以取数据寄存器 D。源操作数应为正数，若为负数则出错，运算错误标志 M8067 为 ON，不执行指令。源操作数为常数时，自动转换为二进制浮点数。其示例如图 4-31 所示。

浮点数三角运算指令包括 DSIN（正弦）、DCOS（余弦）和 DTAN（正切）指令，源操作数[S]和目标操作数[D]均为数据寄存器 D，这些指令用来求出源操作数[S]指定的浮点数的三角函数，角度单位为弧度，结果也为浮点数，并存入目标操作数[D]指定的单元，源操作数应满足 $0 \leqslant$ 弧度值 $\leqslant 2\pi$，弧度值$=\pi \times$角度值$/180°$。浮点数三角运算应用示例如图 4-31 所示。

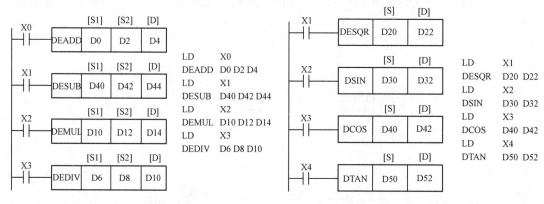

图 4-30 浮点数的四则运算指令　　　　图 4-31 浮点数开平方指令和浮点数三角运算指令

4.2.2 其他常用指令

1. 译码指令

解（译）码指令的表现形式有 DECO、DECOP，占用 7 个程序步。DECO 指令的执行过程如图 4-32（a）所示。其功能是将源操作数中的 n 位二进制代码用 2^n 位目标操作数中的对应位置"1"来表示。在图 4-32 中，[n]指定源[S]中译码的位数。如果目标元件[D]为位元件，则 $n \leqslant 8$；如果目标元件为字元件，则 $n \leqslant 4$；如果[S]中的数为 0，则执行的结果在目标中为 1。应注意，在使用目标元件为位元件时，该指令会占用大量的位元件（n=8 时占用 256 点），所以在使用时不要重复使用这些元件。

2. 编码指令

编码指令的表现形式有 ENCO、ENCOP，占用 7 个程序步。其功能与译码指令相反，在源操作数的 2^n 位数据中，将最高位为 1 的位用目标操作数的 n 位二进制代码表示出来，n=1～8（位元件）或 n=1～4（字元件）。在图 4-32（b）中，[n]为指定目标[D]中编码的位数。如果[S]为位元件，则 $n \leqslant 8$；如果[S]为字元件，则 $n \leqslant 4$；如果[S]有多个位为 1，则只有高位有效，忽略低位；如果[S]全为 0，则运算出错。

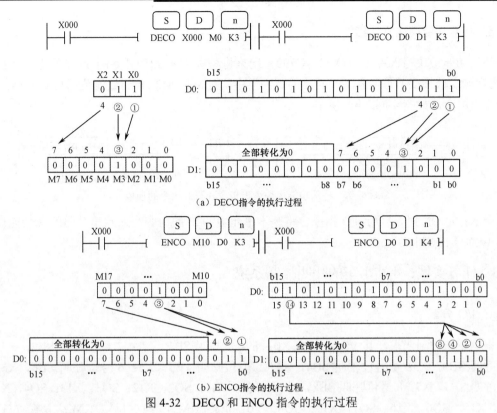

（a）DECO指令的执行过程

（b）ENCO指令的执行过程

图 4-32　DECO 和 ENCO 指令的执行过程

3. 七段译码指令

七段译码指令 SEGD 的软元件为字软元件或位组合元件。七段译码指令的表现形式有 SEGD、SEGDP，占用 5 个程序步。

SEGD 指令的使用说明如图 4-33 所示。

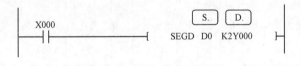

图 4-33　七段译码指令的使用

当 X0 为 ON 时，将[S]的低 4 位指定的 0～F（十六进制）的数据译成七段码，显示的数据存入[D]的低 8 位，[D]的高 8 位不变；当 X0 为 OFF 后，[D]的输出不变。

4. 特殊功能模块读出指令

特殊功能模块读出指令 FROM（FNC78），用来从特殊功能模块的数据缓冲区读取数据。应用方法如图 4-34（a）所示。

当 X1 为 ON 时，执行 FROM 指令，将编号为 M1 的特殊功能模块（本例为第 2 个）内部缓冲器编号为 M2（第 10 个）开始的 n（5）个数据读入基本单元中，并存到目标元件 D10 开始的连续 5 个数据寄存器中。特殊功能模块编号范围 M1=0～7，从最靠近基本单元的那个开始顺次编号。M2 为缓冲寄存器单元首元件号，其编号范围为 M2=0～31。n 为待读数据个数，其范围为 n=1～32。

5. 特殊功能模块写入指令

特殊功能模块写入指令 TO（FNC79），用来将基本单元从[S]开始的 n 个数据写入到第 M1 号特殊功能模块的编号从 M2 开始的缓冲器中，其 M1、M2、n 的数值范围与 FROM 指令相同。应用方法如图 4-34（b）所示。

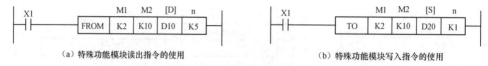

（a）特殊功能模块读出指令的使用　　　　　（b）特殊功能模块写入指令的使用

图 4-34　特殊功能模块读出指令和写入指令的使用

当 X1 为 ON 时，执行 TO 指令，将基本单元中 D20 的内容写入到第 2 号特殊功能模块的第 10 个缓冲器中。

4.2.3　任务实现：8 站小车的呼叫控制系统

1. I/O 分配

根据系统控制要求，其 I/O 分配为 X0：1 号位呼叫 SB1，X1：2 号位呼叫 SB2，X2：3 号位呼叫 SB3，X3：4 号位呼叫 SB4，X4：5 号位呼叫 SB5，X5：6 号位呼叫 SB6，X6：7 号位呼叫 SB7，X7：8 号位呼叫 SB8，X10：SQ1，X11：SQ2，X12：SQ3，X13：SQ4，X14：SQ5，X15：SQ6，X16：SQ7，X17：SQ8；Y0：正转 KM1，Y1：反转 KM2，Y4：左行指示，Y5：右行指示，Y10～Y16：数码管 a～g。

2. 硬件接线

根据系统控制要求及 PLC 的 I/O 分配，其系统接线图如图 4-35 所示。

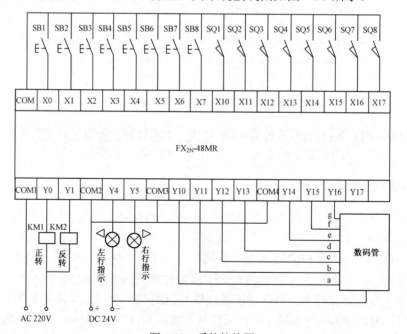

图 4-35　系统接线图

3. 程序设计

本程序设计思路：首先收集小车呼叫号和小车现在位置，然后对它们进行比较并确定小车是否运行及运行方向，并通过运算确定小车当前位置并进行数码显示，直到小车到达呼叫位置后才最终停止。根据系统控制要求，其梯形图如图 4-36 所示。

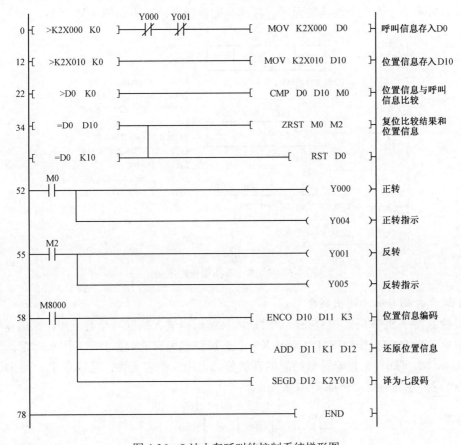

图 4-36 8 站小车呼叫的控制系统梯形图

4. 系统调试

按照输入/输出接线图接好外部各线，输入程序，运行调试，观察结果。

知识链接

1. 高速处理指令

（1）高速计数器指令

DHSCS 是高速计数器比较置位指令，源操作数[S1]可以取所有的数据类型，[S2]可以取C235～C255，目标操作数[D]可以取 Y、M 和 S。当[S2]指定的高速计数器的当前值达到[S1]指定的设定值时，目标操作数[D]指定的输出用中断方式立即动作。DHSCS 指令的目标操作数[D]也可以指定为 I0□0（□=1～6），则当[S2]指定的高速计数器的当前值等于[S1]指定的设定值时，执行[D]指定的标号为 I0□0 的中断程序。

DHSCR 是高速计数器比较复位指令，源操作数[S1]可以取所有的数据类型，[S2]可以取 C235～C255，目标操作数[D]可以取 Y、M 和 S。

高速计数器区间比较指令 DHSZ 有三种工作模式：标准模式、多段比较模式和频率控制模式。源操作数[S1]和[S2]可以取所有的数据类型，[S]可以取 C235～C255，目标操作数[D]可以取 Y、M 和 S，为三个连续的元件。高速计数器指令的应用如图 4-37 所示。

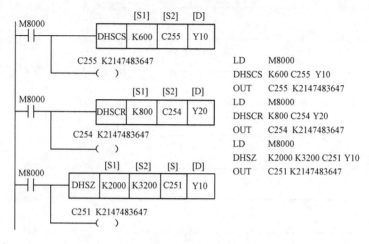

图 4-37　高速计数器指令的应用

（2）速度检测与脉冲输出指令

速度检测指令 SPD 用来检测在给定时间内从编码器输入的脉冲个数，并计算出速度。速度检测指令 SPD 的源操作数[S1]为 X0～X5，[S2]可以取所有的数据类型，用来指定计数时间（以 ms 为单位），[D]用来指定计数结果的存放处，占用 3 个字元件，可以取 T、C、D、V 和 Z。速度检测指令的应用示例如图 4-38 所示。

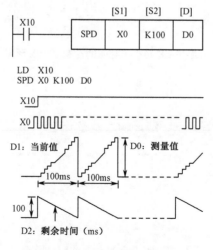

图 4-38　速度检测指令的应用

脉冲输出指令 PLSY 用于指定数量和频率的脉冲，源操作数[S1]、[S2]可以取所有的数据类型，[D]为 Y0 和 Y1，该指令只能使用一次。[S1]指定脉冲频率（2～20000Hz）。[S2]指定脉冲的个数，16 位指令的脉冲数范围为 1～32767，32 位指令的脉冲数范围为 1～2147483647，若指定脉冲数为 0，则持续产生脉冲。[D]用来指定脉冲输出元件，只能用晶体管输出型 PLC 的 Y0 或 Y1，使用电压范围是 5～24V，使用电流范围是 10～100mA。输出频率最高为 20kHz，脉冲的占空比为 50%，以中断方式输出。指定脉冲数输出完成后，指令执行完成标志 M8029 置 1。脉冲输出指令的应用如图 4-39 所示。

脉宽调制指令 PWM 的源操作数和目标操作数的类型与 PLSY 指令相同，只能用于晶体管输出型 PLC 的 Y0 或 Y1，该指令只能用一次。

PWM 指令用于产生指定脉冲宽度和周期的脉冲串。[S1]用来指定脉冲宽度（t=1～32767ms），[S2]用来指定脉冲周期（T=1～32767ms），[S1]必须小于[S2]，[D]用来指定输出脉冲的元件号（Y0 或 Y1）。脉宽调制指令如图 4-40 所示。

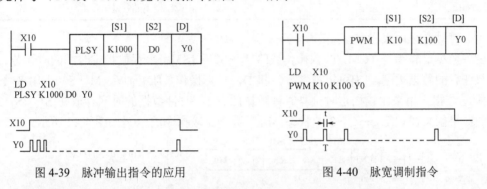

图 4-39　脉冲输出指令的应用　　　　　　　图 4-40　脉宽调制指令

带加减速功能的脉冲指令 PLSR 的源操作数和目标操作数的类型与 PLSY 指令相同，只能用于晶体管输出型 PLC 的 Y0 或 Y1，该指令只能使用一次。

[S1]用来指定最高频率（10～20000Hz），应为 10 的整数倍。[S2]用来指定总的输出脉冲，16 位指令的脉冲数范围为 110～32767，32 位指令的脉冲数范围为 110～2147483647，如果设定值小于 110，脉冲不能正常输出。[S3]用来设定加减速时间（0～5000ms），其值应大于 PLC 扫描周期的最大值（D8012）的 10 倍，且应满足如下条件：(9000×5)/[S1]≤[S3]≤([S2]×818)/[S1]。带加减速功能的脉冲输出指令如图 4-41 所示。

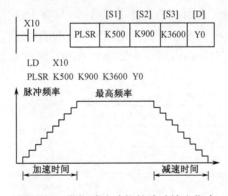

图 4-41　带加减速功能的脉冲输出指令

2. 时钟运算指令

FX$_{2N}$ 系列 PLC 内的实时时钟的年、月、日、时、分和秒分别存放在 D8018～D8013 中，星期存放在 D8019 中，如表 4-6 所示。

表 4-6 时钟命令使用的寄存器

地 址 号	名 称	设 定 范 围
D8013	秒	0～59
D8014	分	0～59
D8015	时	0～23
D8016	日	1～31
D8017	月	1～12
D8018	年	0～99（后两位）
D8019	星期	0～6（对应星期日～星期六）

（1）时钟数据比较指令

时钟数据比较指令 TCMP 的源操作数[S1]、[S2]和[S3]用来存放指定时间的时、分、秒，可以取任意的数据类型，[S]可以取 T、C 和 D，目标操作数[D]为 Y、M、S（占用 3 个连续的元件）。该指令用来比较指定时刻与时钟数据的大小。时钟数据的时间存放在[S]～[S]+2 中，比较的结果用来控制[D]～[D]+2 的状态。时钟数据比较指令的示例如图 4-42 所示。

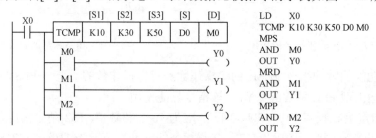

图 4-42 时钟数据比较指令

（2）时钟数据区间比较指令

时钟数据区间比较指令 TZCP 的源操作数[S1]、[S2]和[S]可以取 T、C、D，要求[S1]≤[S2]，目标操作数[D]为 Y、M 和 S（占用 3 个连续的元件），只有 16 位运算。

TZCP 指令将[S]中的时间与[S1]、[S2]指定的时间区间相比较，比较的结果用来控制[D]～[D]+2 的状态。[S1]、[S2]和[S]分别占用 3 个数据寄存器。时钟数据区间比较指令应用示例如图 4-43 所示。

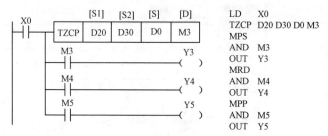

图 4-43 时钟数据区间比较指令

（3）时钟数据加法指令

时钟数据加法指令 TADD 的源操作数[S1]、[S2]和目标操作数[D]均可以取 T、C、D，[S1]、[S2]和[D]中存放的是时间数据（时、分、秒）。

（4）时钟数据减法指令

时钟数据减法指令 TSUB 的用法与时钟数字加法指令相似。时钟数据加法和减法指令示例如图 4-44 所示。

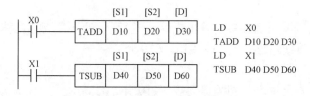

图 4-44　时钟数据加法和减法指令

（5）时钟数据读出指令

时钟数据读出指令 TRD 的目标操作数[D]可以取 T、C 和 D，只有 16 位运算。该指令用来读出内置的实时时钟的数据，并存放在[D]开始的 7 个字内。

（6）时钟数据写入指令

时钟数据写入指令 TWR 的[S]可以取 T、C 和 D，只有 16 位运算。该指令用来将时间设置写入内置的实时时钟，写入的数据预先放在[S]开始的 7 个单元内。执行该指令时，内置的实时时钟的时间立即更改，改为使用新的时间。时钟数据读出指令和时钟数据写入指令示例如图 4-45 所示。

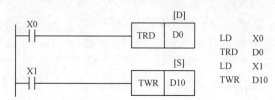

图 4-45　时钟数据读出指令和时钟数据写入指令

 能力测试

设计一个 9 秒钟倒计时时钟。接通控制开关数码管显示 "9"，随后每隔 1s，显示数字减 1，减到 "0" 时，启动蜂鸣器报警，断开控制开关停止显示。I/O 分配如下：X0 为控制开关；Y0～Y6 接七段数码管，Y10 接蜂鸣器。

1．设计程序（40 分）

根据系统控制要求及 I/O 分配，设计其梯形图。

2．设计接线图（20 分）

根据系统控制要求及 I/O 分配，设计系统接线图。

3．系统调试（40 分）

（1）程序输入
按设计的梯形图输入程序。（10 分）

（2）静态调试

按设计的系统接线图正确连接好输入电路，进行模拟静态调试，观察 PLC 输出指示灯动作情况是否正确，否则检查程序，直到正确为止。（10 分）

（3）动态调试

按设计的系统接线图正确连接好输出电路，进行动态调试，观察模拟板发光数码管的动作是否正确，否则检查线路连接及 I/O 接口。（10 分）

（4）其他测试

测试过程表现、安全生产、相关提问等。（10 分）

研讨与练习

1．步进电动机的转动依靠所得的电脉冲，每来一个脉冲电动机就转动一下，设电动机转动 1 圈需要 1000 个脉冲。若 Y2=1 电动机正转，且要求按下启动按钮 X1，电动机正转 6 圈停止，试设计相关的程序。

分析：电动机转动 1 圈需要 1000 个脉冲，转动 6 圈则需要 6000 个脉冲，所以输出的脉冲数 D0 的值设为常数 K6000。在 PLSY 指令中，设输出的指定频率为 2000，则输出 6000 个脉冲需要 3s 完成，为了程序能重复动作，可以设置大于 3s 的时间去复位辅助继电器 M1。参考程序如图 4-46 所示。

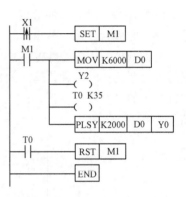

图 4-46　步进电动机控制程序

2．如图 4-47 所示，利用速度检测指令 SPD 检测给定时间内从编码器输入的脉冲个数，由 X0 端输入的快速脉冲在 6000ms 后停止，电动机每转 1 周，X0 接收到 4 个脉冲，计算出电动机的速度，并将结果放入 D2 中。

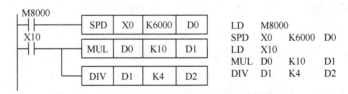

图 4-47　SPD 应用示例

分析：将 6000ms 内所计的脉冲数放在 D0 中，由于一般电动机的转速都以 r/min 为单位，因此根据电动机转速的公式

$$n=60\times(D0)\times10^3/Nt=(60\times(D0)\times10^3)/(4\times6000)=10\times(D0)/4 \ \text{r/min}$$

即该电动机每分钟的转速为 D0 先乘以 10 再除以 4，结果存放在 D2 中。

3．将 PLC 的实时时钟设计为 2018 年 3 月 21 日（星期三）10 时 30 分 45 秒。

分析：根据设计要求，实现的程序如图 4-48 所示（M8017 是 ±30s 校正辅助寄存器）。

4．如图 4-49 所示，将梯形图输入到编程软件，并对照指令表，进一步掌握指令表和梯形图的相互转换；在 X0 的上升沿，将 PLC 的实时时钟的初值设置为 2008 年 9 月 1 日（星期一）00 时 00 分 00 秒，在 20 时 00 分 00 秒时，Y0 有输出，在 06 时 00 分 00 秒时，Y0 没有输出，观察 PLC 的输出。

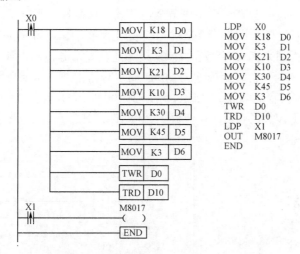

图 4-48　时间命令使用的寄存器及命令的应用示例

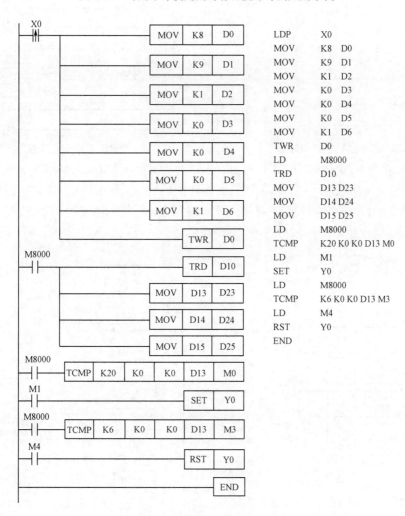

图 4-49　时钟运算指令程序

5. 利用 PLC 控制灯光闪烁。彩灯共 12 盏，分别由 Y0～Y13 输出，X0 为彩灯控制的启停开关。12 盏彩灯正序亮至全亮，反序熄至全熄，然后再循环。彩灯状态变化的时间单元为 1s。试分析如图 4-50 所示梯形图程序（M8034 为禁止所有输出特殊辅助寄存器）。

6. 用时间中断子程序来完成 Y0 延时 100s 接通的功能。分析：设计程序如图 4-51 所示。中断标号 I650 为中断序号 6、时间周期为 50ms 的定时器中断。从梯形图的程序来看，每执行一次中断程序将向数据存储器 D0 中加 1，当加到 100 时，C0 计数 1 次，同时 D0 数据清零，重新加数到 100，C0 再计数，直到 C0 计数满 20 动作，其常开触点闭合，Y0 得电，动作时间为 50ms×100×20=100s。

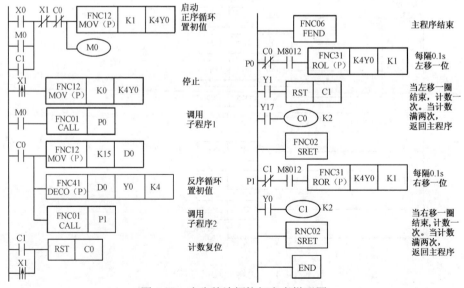

图 4-50　彩灯控制参考梯形图　　　　图 4-51　时间中断子程序参考梯形图

7. 某广告牌有 16 个边框饰灯 L1～L16，当广告牌开始工作时（X0 启动），饰灯每隔 0.1s 从 L1 到 L16 依次正序轮流点亮，重复进行；循环两周后，又从 L16 到 L1 依次反序每隔 0.1s 轮流点亮，重复进行；循环两周后，再按正序轮流点亮，重复上述过程。当按停止按钮（X1）时，停止工作。试分析如图 4-52 所示梯形图程序。

图 4-52　广告牌边框饰灯参考梯形图

8. 利用 PLC 实现流水灯光控制，某灯光招牌有 L1～L8 八个灯接于 K2Y0，要求当 X0 为 ON 时，灯先以正序每隔 1s 轮流点亮，当 Y7 亮后，停 3s；然后以反序每隔 1s 轮流点亮，当 Y0 再亮后，停 3s，重复上述过程。当 X1 为 ON 时，停止工作。试分析如图 4-53 所示梯形图程序。

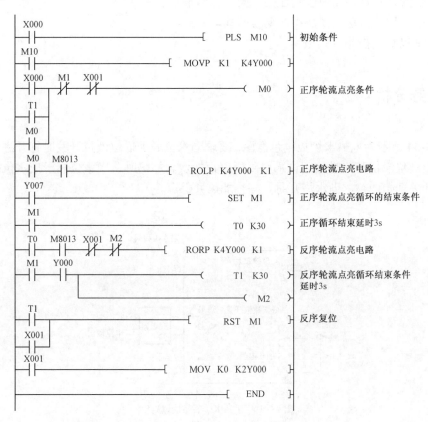

图 4-53　流水灯光控制参考梯形图

思考与练习

1. 有一个灯塔，现要求用传送指令实行以下工作过程：按照红灯、黄灯、绿灯顺序每隔 1s 依次点亮，全亮后保持 3s，不断循环。

2. 用功能指令设计彩灯的交替点亮控制程序：有一组灯 L1～L8，要求隔灯显示，每隔一定时间变换一次，反复进行。用一个开关实现启停控制，时间间隔在 0.2～2s 之间，可以调节。

3. 用两种不同类型的比较指令实现下列功能：对 X0 的脉冲进行计数，当脉冲数大于 5 时，Y1 为 ON；反之，Y0 为 ON。并且，当 Y0 接通时间达到 10s 时，Y2 为 ON。试编写此梯形图。

4.3　PLC 模拟量控制

三菱 FX 系列 PLC 均提供了丰富的特殊功能模块，现以 FX$_{2N}$ 系列 PLC 为例，讲述 PLC 模拟量输入/输出模块功能和编程应用。

任务目标

① 熟悉 A/D 特殊功能模块的连接、操作和调整。

② 掌握 A/D 特殊功能模块程序编写的基本方法。

③ 掌握 PLC 功能指令的应用。

任务分析

如图 4-54 所示为电热水炉控制示意图，要求当水位低于低位液位开关时打开进水电磁阀加水，高于高位液位开关时关闭进水电磁阀停止加水。加热时，当水位高于低水位时，打开电源控制开关开始加热，当水烧开时，停止加热并保温。

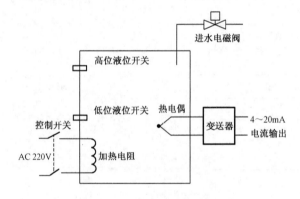

图 4-54　电热水炉控制示意图

在应用 PLC 控制电炉加热过程时，除了考虑进水液位控制外，还要考虑温度控制，这里就需要用到 PLC 模拟量输入模块。从图 4-54 中可以看到温度信号通过温度变送器以 4～20mA 电流输出，以 FX_{2N} 型 PLC 为例，这里需要选择 FX_{2N}-2AD 型模拟量输入模块予以采集。

在完成设计任务时，首先确定输入/输出设备。在进水液位控制时，输入信号 S1 为高位液位开关，S2 为低位液位开关，输出信号 Q1 为进水电磁阀控制信号。当加热温度控制时，输入模拟量 T1 为炉内水温，输出信号 Q2 为加热电阻控制开关。一般开水温度在 95～100℃ 之间，保温温度一般设在 80℃ 以上，这里就需要用到 PLC 功能指令的比较指令了。

相关知识

FX_{2N}-2AD 为 2 通道 12 位 A/D 转换模块，可连接到 FX_{0N}、FX_{2N} 和 FX_{2NC} 系列的 PLC 中。一个模拟量输入通道可接收输入为 DC 0～10V、DC 0～5V 或 4～20mA 的信号。此模块占用 8 个 I/O 点，消耗 DC 5V 的电源和 20mA 的电流。FX_{2N}-2AD 和基本单元用电缆在基本单元的右边进行连接，使用 FROM/TO 指令与 PLC 进行数据传输。

4.3.1 布线

在使用中，不能将一个通道作为模拟电压输入而将另一个作为电流输入，这是因为两个通道适应相同的偏值量和增益值，对于电流输入，使用时短路 VIN 和 IIN，如图 4-55 所示。

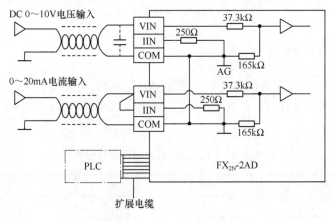

图 4-55 FX$_{2N}$-2AD 布线图

当电压输入存在波动或有大量噪声时，在 VIN 和 COM 之间连接一个 0.1～0.47μF 的电容。

4.3.2 FX$_{2N}$–2AD 技术特性

如表 4-7 所示为 2 通道 A/D 转换模块 FX$_{2N}$-2AD 的技术特性。

表 4-7 FX$_{2N}$-2AD 技术特性

项 目	电 压 输 入	电 流 输 入
绝缘承受电压	AC 500V 1min（在所有的端子和外壳之间）	
模拟电路电源	DC 24V±10% 50mA（来自于主电源的内部电源供应）	
隔离方式	在模拟电路和数字电路之间用光电耦合器进行隔离，主单元的电源用 DC/DC 转换器隔离，各输入端子间不隔离	
模拟量 输入范围	在装用时，对于 DC 0～10V 的模拟电压输入，此单元的数字范围是 0～4000，当使用 FX$_{2N}$-2AD 并通过电流输入或通过 DC 0～5V 输入时，就有必要通过偏置和增益量进行再调节	
	DC 0～10V，DC 0～5V（输入阻抗 200kΩ），当输入电压超过 DC-0.5V 或 DC +15V 时，此单元可能损坏	4～20mA（输入阻抗为 250Ω），当输入电流超过-2mA 或+60mA 时，此单元可能损坏
分辨率	2.5mV（10V/4000）1.25mV（5V/4000）	4μA{（20-4）/4000}
集成精度	±1%（全范围 0～10V）	±1%（全范围 4～20mA）
处理时间	2.5ms/1 通道（顺序程序和同步）	

4.3.3 模块的连接与编号

如图 4-56 所示为功能模块连接编号示意图。接在 FX$_{2N}$ 基本单元右边扩展总线上的特殊功能模块，假设模拟量输入模块 FX$_{2N}$-2AD、模拟量输出模块 FX$_{2N}$-2DA 等接到基本单元 FX$_{2N}$-48MR 基本单元模块上，其编号从最靠近基本单元的那一个开始顺次编为 0～7 号。

FX_{2N}-48MR X0~X27 Y0~Y27	FX_{2N}-2DA	FX_{2N}-16EX X30~X47	FX_{2N}-2DA
	0号		1号

图 4-56　功能模块连接编号示意图

4.3.4　缓冲存储器（BFM）分配

特殊功能模块内部均有数据缓冲存储器 BFM，是 FX_{2N}-2AD 同 PLC 基本单元进行数据通信的区域，这一缓冲区由 32 个 16 位的寄存器组成，编号为 BFM#0～BFM#31，如表 4-8 所示。

表 4-8　FX_{2N}-2AD 缓冲存储器分配表

BFM 编号	b15~b8	b7~b4	b3	b2	b1	b0
#0	保留	输入数据的当前值（低 8 位数据）				
#1	保留		输入数据当前值（高端 4 位数据）			
#2~16#	保留					
#17	保留				模拟到数字转换开始	模拟到数字转换通道
#18 或更大	保留					

BFM#0：由 BFM#17 指定的通道的输入数据当前值（低 8 位数据）被存储。当前值数据以二进制形式存储。

BFM#1：输入数据当前值（高端 4 位数据）被存储。当前值数据以二进制形式存储。

BFM#17：b0……进行模拟到数字转换的通道（CH1，CH2）被指定；

　　　　　b0=0……CH1；

　　　　　b0=1……CH2；

　　　　　b1……0→1 A/D 转换过程开始。

4.3.5　偏置和增益的调整

模块出厂时，对于电压输入为 DC 0～10V，偏置值和增益值调整到数字值为 0～4000。当 FX_{2N}-2AD 用做电流输入或 DC 0～5V 输入，或根据工厂设定的输入特性进行输入时，就有必要进行偏置值和增益值的调节。偏置值和增益值的调节是对实际的模拟输入设定一个数字值，这是由 FX_{2N}-2AD 的容量调节器来调节的。如图 4-57 所示为 FX_{2N}-2AD 容量调节器示意图，使用电压发生器和电流发生器来完成，也可以用 FX_{2N}-4DA 和 FX_{2N}-2DA 代替电压和电流发生器来调节。

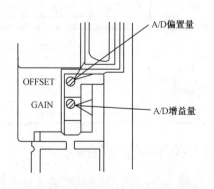

图 4-57　FX_{2N}-2AD 容量调节器示意图

（1）增益调整

增益调整可设置为任意数值，但是，为了将 12 位分辨率展示到最大，可使用的数字范围为 0～4000。如图 4-58 所示为 FX_{2N}-2AD 的增益调整特性。

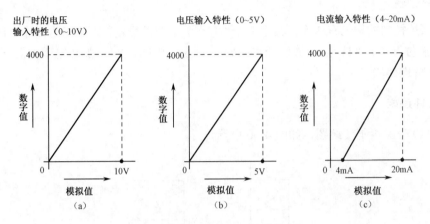

图 4-58　FX_{2N}-2AD 增益调整特性

（2）偏置值调整

偏置值可设置为任意的数字值，但是，当数字值以图 4-59 所示的方式设置时，建议设定模拟值如图 4-59 所示。

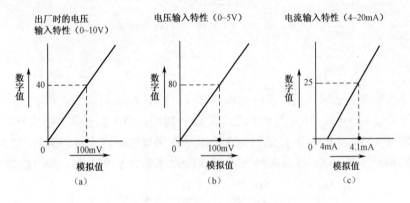

图 4-59　数字值设定方式举例

例如，当模拟范围为 0～10V，而使用的数字范围为 0～4000 时，数字值为 40 等于 100mV 的模拟输入（40×10V/4000 数字点）。值得注意的是以下几点。

① CH1 和 CH2 偏置调整和增益调整是同时完成的。当调整了一个通道的偏置值和增益值时，另一个通道的值也会自动调整。

② 反复交替调整偏置值和增益值，直到获得稳定的数值。

③ 当数字值不稳定时，使用计算平均值数据程序调整偏置值和增益值。

④ 对模拟输入电路来说，每个通道都是相同的，通道之间几乎没有差别。但是，为了获得最高的精度，应独立检查每个通道。

⑤ 调整偏置值和增益值时，按增益调节和偏置调节的顺序进行。

4.3.6 任务实现：电热水炉温度控制系统

1. I/O 分配

电热水炉控制的输入有 3 个，其中 2 个数字量，1 个模拟量，而输出为 2 个。I/O 分配是 X0：高位液位开关，X1：低位液位开关；Y0：进水电磁阀，Y1：加热电阻；温度信号接入 FX$_{2N}$-2AD 特殊模块。

2. 硬件接线

根据 I/O 分配绘制接线图，如图 4-60 所示。

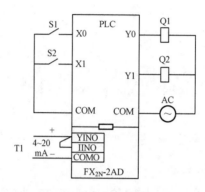

图 4-60　电热水炉控制的 I/O 接线图

3. 编程

根据电热水炉控制要求，设计控制梯形图程序，如图 4-61 所示。电热水炉运行，水位低于低位液位开关（X1）时，打开进水电磁阀（Y0）加水，当水加至高位液位开关（X0）时，关闭进水电磁阀（Y0）。此时 PLC 通过对 FX$_{2N}$-2AD 采集的炉内水温的判断，控制电热水炉加热，即当水温低于 80℃时，开启加热电阻（Y1），当水温大于 95℃时，关闭加热电阻（Y1）。

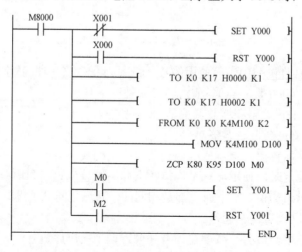

图 4-61　电热水炉温度控制的梯形图程序

4．程序调试

按照输入/输出接线图（见图 4-60）接好各信号线、电源线等，输入程序，进行调试。

知识链接

1．FX₂ₙ-2DA 模拟量输出模块

FX$_{2N}$-2DA 型的模拟量输出模块用于将 12 位的数值转换成 2 点模拟量输出（电压输出和电流输出），FX$_{2N}$-2DA 可连接到 FX$_{0N}$、FX$_{2N}$ 和 FX$_{2NC}$ 系列 PLC 中。两个模拟输出通道可接收 DC 0～10V、DC 0～5V 或 4～20mA 输出，使用 FROM 和 TO 指令与 PLC 进行数据传输。

2．FX₂ₙ-2DA 布线

如图 4-62 所示，当电压输出存在波动或有大量噪声时，在位置*1 处连接 0.1～0.47μF DC 25V 的电容。对于电压输出，在 IOUT 和 COM 之间进行短路。

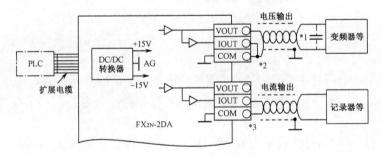

图 4-62　FX$_{2N}$-2DA 布线图

3．FX₂ₙ-2DA 技术特性

FX$_{2N}$-2DA 技术特性如表 4-9 所示。

表 4-9　FX$_{2N}$-2DA 技术特性

项　目	电 压 输 入	电 流 输 入
绝缘承受电压	AC 500V 1min（在所有的端子和外壳之间）	
模拟电路电源	DC 24V±10% 50mA（来自于主电源的内部电源供应）	
隔离方式	在模拟电路和数字电路之间用光电耦合器进行隔离，主单元的电源用 DC/DC 转换器隔离，各输入端子间不隔离	
模拟量输入范围	在装用时，对于 DC 0～10V 的模拟电压输出，此单元的数字范围是 0～4000，当使用 FX$_{2N}$-2DA 并通过电流输入或通过 DC 0～5V 输出时，就有必要通过偏置和增益量进行再调节	
	DC 0～10V, DC 0～5V（输入阻抗 200kΩ）	4～20mA（输入阻抗为 500Ω或更小）
分辨率	2.5mV（10V/4000）　1.25mV（5V/4000）	4μA{（20-4）/4000}
集成精度	±1%（全范围 0～10V）	±1%（全范围 4～20mA）
处理时间	4ms/1 通道（顺序程序和同步）	

4. FX₂ₙ-2DA 缓冲存储器（BFM）分配

FX₂ₙ-2DA 缓冲存储器分配如表 4-10 所示。

表 4-10　FX₂ₙ-2DA 缓冲存储器（BFM）分配

BFM 编号	b15～b8	b7～b4	b3	b2	b1	b0
#0～#15	保留					
#16	保留	输入数据当前值（8 位数据）				
#17	保留			D/A 低 8 位数据保持	通道 1 D/A 转换开始	通道 2 D/A 转换开始
#18 或更大	保留					

BFM#16：由 BFM#17（数字值）指定的通道 D/A 转换数据被写。D/A 数据以二进制形式存储，并以下端 8 位和高端 4 位两部分的顺序进行写入。

BFM#17：b0……1→0　通道 2 的 A/D 转换开始；

b1……1→0　通道 1 的 A/D 转换开始；

b2……1→0　A/D 转换的下端 8 位数据保持。

5. 编程实例

如图 4-63 所示的程序中，FX₂ₙ-2DA 模拟量输出模块接在 0 号位置，通道 CH1 和 CH2 分别在 X0 和 X1 的控制下执行转换，输出模拟量可以任意组合为 DC 0～10V、DC 0～5V 或 20mA 输出。

产品出厂时，其输出特性调整为 DC 0～10V，如果需要不同的输出特性，可根据需要进行调整，FX₂ₙ-2DA 可进行电压和电流混合输出。

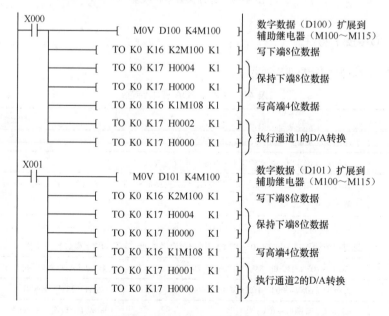

图 4-63　FX₂ₙ-2DA 应用编程实例

项目 5 PLC 的综合应用

5.1 变频器的 PLC 控制

随着技术的发展和价格的降低,变频器在工业控制中的应用越来越广泛。用 PLC 来控制变频器可以满足改变电动机的转动方向、转动速度及加速/减速的时间等控制要求。

 任务目标

① 熟悉变频器工作原理、操作方法。
② 掌握变频器常用参数及设置方法。
③ 掌握用 PLC 控制变频器的接线与编程。

 **任务分析**

用 PLC 和变频器控制交流电动机工作,实现交流电动机的多段速度运行,交流电动机运行转速变化如图 5-1 所示。

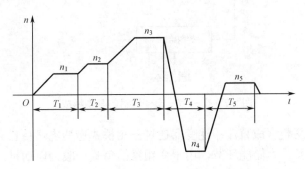

图 5-1 交流电动机转速变化曲线

① 根据交流电动机运行转速变化的情况,实现控制系统的单周期自动运行方式。要求按下启动按钮,交流电动机以 n_1 启动,按照运行时间自行切换转速,直至 n_5 结束。在运行的任何时刻,都可以通过按下停止按钮使电动机减速停止。各挡速度、加减速时间及运行时间如表 5-1 所示。

② 利用"单速运行(调整)/自动运行"选择开关,可以实现单独选择任一挡速度保持恒定运行;按下启动按钮启动恒速运行,按下停止按钮,恒速运行停止,旋转方向都为正转。

③ 为了检修或调整方便,系统设有"点进"和"点退"功能。选择开关位于"单速运行

（调整）"挡，电动机选用 n_1 转速运行。

表 5-1　电动机运行参数

各 段 速 度	n_1	n_2	n_3	n_4	n_5
变化情况（r/min）	600	900	1800	2700	300
加速时间（s）	1.5	1.5	1.5	1.5	1.5
减速时间（s）	1	1	1	1	1
运行时间 T_i（s）	4	3	5	4	5

相关知识

5.1.1　变频器的基本构成

变频器分为交—交和交—直—交两种形式。交—交变频器是直接将工频交流转换成频率、电压均可控制的交流，常称为变频器；交—直—交变频器则是先将工频交流通过整流器转换成直流，然后将直流转换（逆变）成频率、电压均可控制的交流电（由直流转换成交流的装置也常称为逆变器），其基本构成如图 5-2 所示，主要由主电路（包括整流器、中间直流环节、逆变器）和控制电路组成。

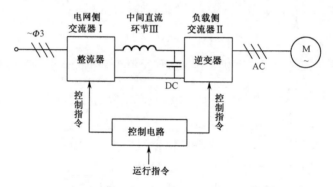

图 5-2　交—直—交变频器的基本组成

整流器主要将电网整流成直流；逆变器通过三相桥式逆变电路将直流转换成任意频率的三相交流；中间环节又称为储能环节，由于变频器的负载一般为电动机，属于感性负载，运行中间直流环节和电动机之间总会有无功功率，因此由中间环节的储能元件（电容器或电抗器）来缓冲；控制电路主要完成对逆变器的开关控制、对整流器的电压控制以及完成各种保护功能。

5.1.2　变频器的调速原理

三相异步电动机的转速公式为

$$n = n_0(1-s) = \frac{60f}{p}(1-s)$$

式中　n_0——同步转速；

f——电源频率，单位为 Hz；

p——电动机极对数；

s——电动机转差率。

由公式可知，改变电流频率即可实现调速。

对异步电动机实现调速时，希望主磁通保持不变，因为磁通太弱，铁芯利用不充分，同样转子电流下转矩减小，电动机的负载能力下降；若磁通太强，铁芯发热，则波形变坏。如何实现磁通不变呢？三相异步电动机定子每相电动势的有效值为

$$E_1 = 4.44 f_1 N_1 \Phi_m$$

式中　f_1——电动机定子频率，单位为 Hz；

N_1——定子绕组有效匝数；

Φ_m——每极磁通量，单位为 Wb。

由公式可知，对 E_1 和 f_1 进行适当控制即可维持磁通量不变。

因此，三相异步电动机的变频调速必须按照一定的规律同时改变其定子电压和频率，即必须通过变频器获得电压和频率均可调节的供电电源。

5.1.3　变频器的额定值和频率指标

1. 输入侧的额定值

在中小容量变频器中，输入电压的额定值有以下几种：380V/50Hz，200～230V/50Hz 或 60Hz。

2. 输出侧的额定值

（1）输出电压 U_N

由于变频器在变频的同时也要变压，所以输出电压的额定值是指输出电压中的最大值。在大多数情况下，输出电压就是输出频率等于电动机额定频率时的输出电压值。

通常，输出电压的额定值总是和输入电压相等。

（2）输出电流 I_N

允许长时间输出的最大电流。

（3）输出容量 S_N（kVA）

S_N 与 U_N、I_N 关系为 $S_N = \sqrt{3} U_N I_N$。

（4）配用电动机容量 P_N（kW）

变频器说明书中规定的配用电动机容量，仅适合于长期连续负载。

（5）过载能力

变频器的过载能力是指输出电流超过额定电流的允许范围和时间。大多数变频器都规定 $150\% I_N$、60s，$180\% I_N$、0.5s。

3. 频率指标

（1）频率范围

频率范围是指变频器能够输出的最高频率 f_{max} 和最低频率 f_{min}。各种变频器规定的频率范围不尽一致，通常，最低工作频率为 0.1～1Hz，最高工作频率为 120Hz。

（2）频率精度

频率精度是指变频器输出频率的准确度。在变频器使用说明书中规定的条件下，用变频器的实际输出频率与设定频率之间的最大误差与最高工作频率之比的百分数来表示。

（3）频率分辨率

频率分辨率是指输出频率的最小改变量，即每相邻两挡频率之间的最小差值。一般分模拟设定分辨率和数字设定分辨率两种。

5.1.4 变频器的基本参数

变频器用于单纯可变速运行时，按出厂设定的参数运行即可。考虑负荷、运行方式时，必须设定必要的参数。对于三菱 FR-E700 变频器（有几百个参数），可以根据实际需要来设定，这里仅介绍一些常用的参数，其他参数的信息可以参考有关使用手册。

（1）输出频率范围（Pr.1、Pr.2、Pr.18）

Pr.1 为上限频率，用 Pr.1 设定输出频率的上限，即使有高于设定值的频率指令输入，输出频率也被钳位在上限频率。Pr.2 为下限频率，用 Pr.2 设定输出频率的下限。Pr.18 为高速上限频率，在 120Hz 以上运行时，用 Pr.18 设定输出频率的上限。

（2）多段速度运行（Pr.4、Pr.5、Pr.6、Pr.24～Pr.27）

Pr.4、Pr.5、Pr.6 为三速设定（高速、中速和低速）的参数号，分别设定变频器的运行频率，至于变频器实际运行哪个参数设定的频率，则分别由其控制端子 RH、RM 和 RL 的闭合来决定。Pr.24～Pr.27 为 4～7 段速度设定，实际运行哪个参数设定的频率由端子 RH、RM 和 RL 的组合（闭合）来决定，如图 5-3 所示。

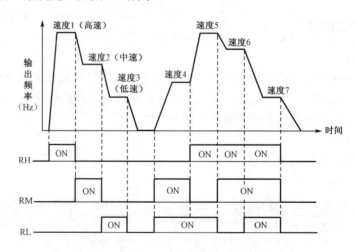

图 5-3　7 段速度对应端子

注意： 上述功能只在外部操作模式或 Pr.79=2 时才能生效，否则无效。

说明： ①多段速度比主速度优先。②多段速度在 PU 和外部运行模式下都可以设定。③Pr.24～Pr.27 及 Pr.232～Pr.239 之间的设定没有优先之分。④运行期间参数值能被改变。⑤当用 Pr.180～Pr.186 改端子功能时，其运行将发生改变。

（3）加减速时间（Pr.7、Pr.8、Pr.20）

Pr.20 为加减速基准频率；Pr.7 为加速时间，即用 Pr.7 设定从 0Hz 加速到 Pr.20 设定的频率的时间；Pr.8 为减速时间，即用 Pr.8 设定从 Pr.20 设定的频率减速到 0Hz 的时间。

（4）电子过电流保护（Pr.9）

Pr.9 用来设定电子过电流保护的电流值，以防止电动机过热，故一般设定为电动机的额定电流值。

（5）启动频率（Pr.13）

Pr.13 为变频器的启动频率，即当启动信号为 ON 时的开始频率，如果设定变频器的运行频率小于 Pr.13 的设定值，则变频器将不能启动。

注意：当 Pr.2 的设定值高于 Pr.13 的设定值时，即使设定的运行频率小于 Pr.2 的设定值，只要启动信号为 ON，电动机都以 Pr.2 的设定值运行。当 Pr.2 设定值小于 Pr.13 的设定值时，若设定的运行频率小于 Pr.13 的设定值，即使启动信号为 ON，电动机也不运行。若设定的运行频率大于 Pr.13 的设定值，只要启动信号为 ON，电动机就开始运行。

（6）适用负荷选择（Pr.14）

Pr.14 用于选择与负载特性最适宜的输出特性（V/F 特性）。当 Pr.14=0 时，适用定转矩负载（如运输机械、台车等）；当 Pr.14=1 时，适用变转矩负载（如风机、水泵等）；当 Pr.14=2 时，适用提升类负载（反转时转矩提升为 0%）；当 Pr.14=3 时，适用提升类负载（正转时转矩提升为 0%）。

（7）点动运行（Pr.15、Pr.16）

Pr.15 为点动运行频率，即在 PU 和外部模式时的点动运行频率，并且把 Pr.15 的设定值设定在 Pr.13 值之上。Pr.16 为点动加减速时间的设定参数。

（8）参数写入禁止选择（Pr.77）

Pr.77 用于参数写入与禁止选择。当 Pr.77=0 时，仅在 PU 操作模式下，变频器处于停止时才能写入参数；当 Pr.77=1 时，除 Pr.75、Pr.77、Pr.79 外不可写入参数；当 Pr.77=2 时，即使变频器处于运行时也能写入参数。

注意：有些变频器的部分参数在任何时候都可以设定。

（9）操作模式选择（Pr.79）

Pr.79 用于选择变频器的操作模式。当 Pr.79=0 时，电源投入时为外部操作模式（简称 EXT，即变频器的频率和启、停均由外部信号控制端子来控制），但可操作面板切换为 PU 操作模式（简称 PU，即变频器的频率和启、停均由操作面板控制）；当 Pr.79=1 时，为 PU 操作模式；当 Pr.79=2 时，为外部操作模式；当 Pr.79=3 时，为 PU 和外部组合操作模式（即变频器的频率由操作面板控制，而启、停由外部信号控制端子来控制）；当 Pr.79=4 时，为 PU 和外部组合操作模式（即变频器的频率由外部信号控制，而启、停由操作面板控制）；当 Pr.79=2、Pr.340=1 时，为网络（通信）控制模式。

5.1.5　变频器的主接线

FR-E700 型变频器的主接线一般有 6 个端子，其中输入端子 R、S、T 接三相电源；输出端子 U、V、W 接三相电动机，切记不能接反，否则，将损毁变频器，其接线图如图 5-4 所示。有的变频器能以单相 220V 做电源，此时，单相电源接到变频器的 R、N 输入端，输出端子 U、V、W 仍输出三相对称的交流电，可接三相电动机。

5.1.6　变频器的操作面板

FR-E700 型变频器外形图如图 5-5 所示，其操作面板各部分名称如图 5-6 所示。

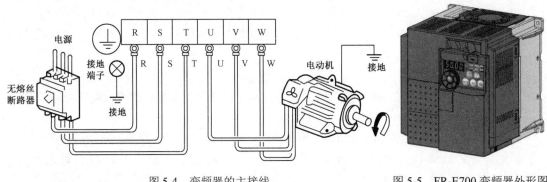

图 5-4 变频器的主接线   图 5-5 FR-E700 变频器外形图

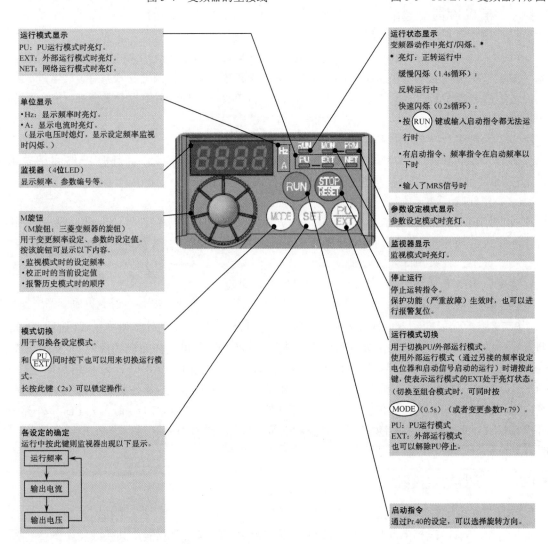

运行模式显示
PU：PU运行模式时亮灯。
EXT：外部运行模式时亮灯。
NET：网络运行模式时亮灯。

单位显示
·Hz：显示频率时亮灯。
·A：显示电流时亮灯。
（显示电压时熄灯，显示设定频率监视时闪烁。）

监视器（4位LED）
显示频率、参数编号等。

M旋钮
（M旋钮：三菱变频器的旋钮）
用于变更频率设定、参数的设定值。
按该旋钮可显示以下内容。
·监视模式时的设定频率
·校正时的当前设定值
·报警历史模式时的顺序

模式切换
用于切换各设定模式。
和 PU/EXT 同时按下也可以用来切换运行模式。
长按此键（2s）可以锁定操作。

各设定的确定
运行中按此键则监视器出现以下显示。

运行频率 → 输出电流 → 输出电压

运行状态显示
变频器动作中亮灯/闪烁。*
* 亮灯：正转运行中
  缓慢闪烁（1.4s循环）：
  反转运行中
  快速闪烁（0.2s循环）：
  ·按 RUN 键或输入启动指令都无法运行时
  ·有启动指令、频率指令在启动频率以下时
  ·输入了MRS信号时

参数设定模式显示
参数设定模式时亮灯。

监视器显示
监视模式时亮灯。

停止运行
停止运转指令。
保护功能（严重故障）生效时，也可以进行报警复位。

运行模式切换
用于切换PU/外部运行模式。
使用外部运行模式（通过另接的频率设定电位器和启动信号启动的运行）时请按此键，使表示运行模式的EXT处于亮灯状态。
（切换至组合模式时，可同时按
MODE（0.5s）（或者变更参数Pr.79）。
PU：PU运行模式
EXT：外部运行模式
也可以解除PU停止。

启动指令
通过Pr.40的设定，可以选择旋转方向。

图 5-6 操作面板各部分名称图

5.1.7 操作面板的使用

操作面板的基本操作有很多，如图 5-7 所示为基本操作方法的总图。

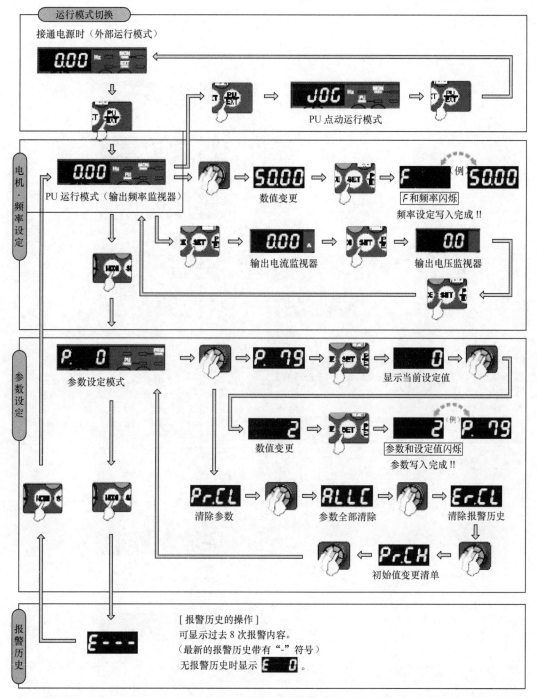

图 5-7　操作面板的基本操作方法

变更参数的设定值举例。

例 1　简单设定运行模式改变实例。

启动指令：外部（STF/STR）；频率指令：通过 🕸 运行。

可通过简单的操作来完成利用启动指令和速度指令的组合进行的 Pr.79 运行模式选择设定。Pr.79=0，外部/PU 切换模式；Pr.79=1，固定为 PU 运行模式；Pr.79=2，固定为外部运行模式；Pr.79=3 或 4，外部/PU 组合运行模式，前者是外部控制启动，后者是 RUN 控制启动。简化操作如图 5-8 所示。

图 5-8　简单设定模式运行操作图

例 2　变更 Pr.1 上限频率，操作过程如图 5-9 所示。

基本功能参数一览表如表 5-2 所示。

表 5-2　基本功能参数一览表

功　能	参　数	名　称	设定范围	最小设定单位	初　始　值
基本功能	◎0	转矩提升	0～30%	0.1%	6/4/3%
	◎1	上限频率	0～120Hz	0.01Hz	120Hz

续表

功　能	参　数	名　称	设 定 范 围	最小设定单位	初　始　值
基本功能	◎2	下限频率	0～120Hz	0.01Hz	0Hz
	◎3	基准频率	0～400Hz	0.01Hz	50Hz
	◎4	多速设定（高速）	0～400Hz	0.01Hz	50Hz
	◎5	多速设定（中速）	0～400Hz	0.01Hz	30Hz
	◎6	多速设定（低速）	0～400Hz	0.01Hz	10Hz
	◎7	加速时间	0～3600/360s	0.1/0.01s	5/10s
	◎8	减速时间	0～3600/360s	0.1/0.01s	5/10s
	◎9	电子过电流保护	0～500A	0.01A	变频器额定电流

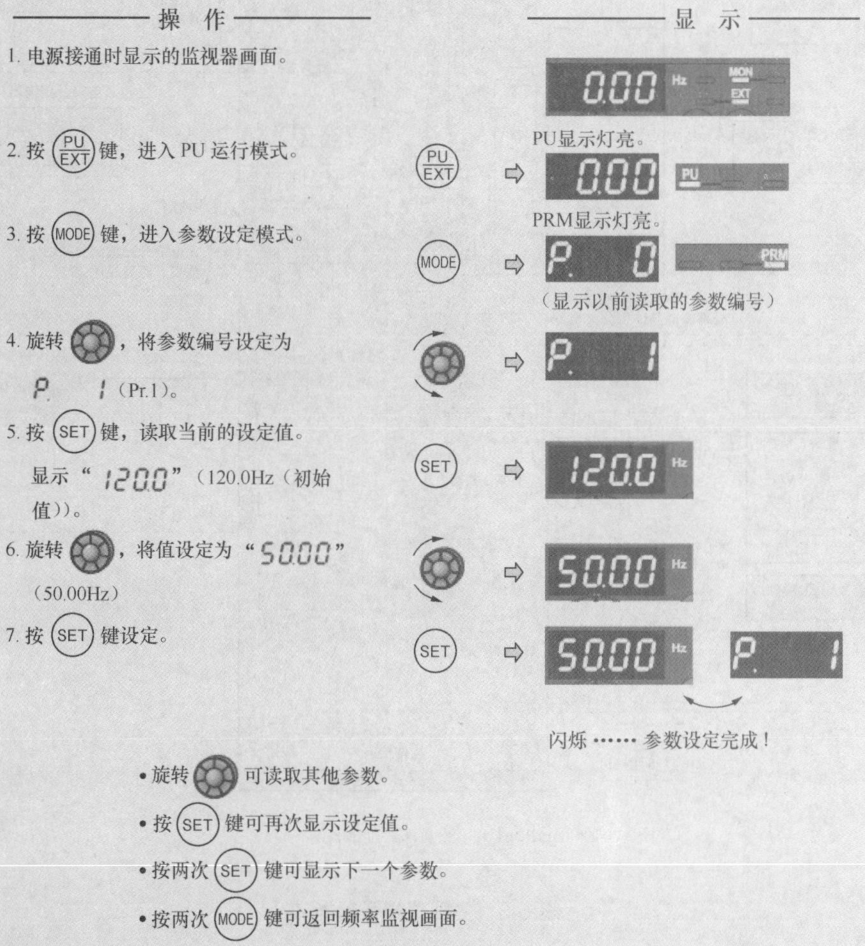
操　作
显　示
1. 电源接通时显示的监视器画面。
0.00 Hz MON EXT
2. 按 PU/EXT 键，进入 PU 运行模式。
PU显示灯亮。
PU EXT
0.00 PU
3. 按 MODE 键，进入参数设定模式。
PRM显示灯亮。
MODE
P. 0 PRM
（显示以前读取的参数编号）
4. 旋转 ，将参数编号设定为
P. 1（Pr.1）。
P. 1
5. 按 SET 键，读取当前的设定值。
显示“120.0”（120.0Hz（初始值））。
SET
120.0 Hz
6. 旋转 ，将值设定为“50.00”（50.00Hz）
50.00 Hz
7. 按 SET 键设定。
SET
50.00 Hz
P. 1
闪烁……参数设定完成！
•旋转 可读取其他参数。
•按 SET 键可再次显示设定值。
•按两次 SET 键可显示下一个参数。
•按两次 MODE 键可返回频率监视画面。

图 5-9　变更 Pr.1 上限频率示例

5.1.8　变频器外部端子

变频器外部端子如图 5-10 所示，有关端子的说明如表 5-3～表 5-6 所示。

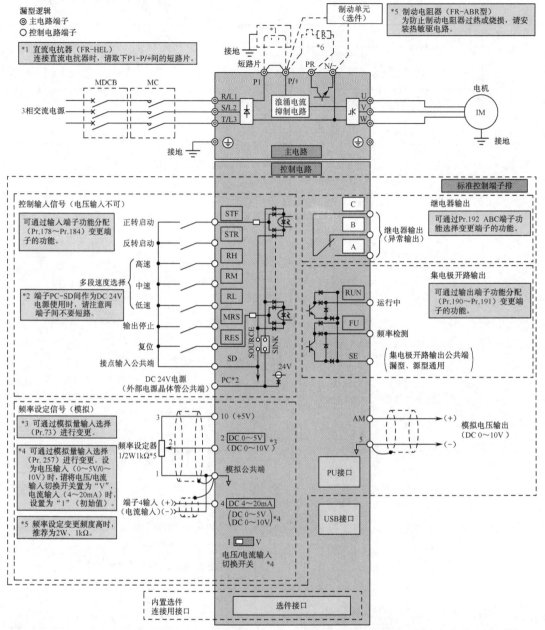

图 5-10 变频器端子图

表 5-3 主回路端子功能

端子记号	端子名称	端子功能说明
R/L1、S/L2、T/L3	交流电源输入	连接工频电源；当使用高功率因数变流器（FR-HC）及共直流母线变流器（FR-CV）时不要连接任何元器件
U、V、W	变频器输出	连接三相鼠笼电机
P/+、PR	制动电阻器连接	在端子 P/+、PR 间连接选购的制动电阻器（FR-ABR）

续表

端 子 记 号	端 子 名 称	端 子 功 能 说 明
P/+、N/-	制动单元连接	连接制动单元（FR-BU2）、共直流母线变流器（FR-CV）以及高功率因数变流器（FR-HC）
P/+、P1	直流电抗器连接	拆下端子 P/+、P1 间的短路片，连接直流电抗器
⏚	接地	变频器机架接地用，必须接大地

表 5-4 控制回路端子功能（输入信号）

种类	端子记号	端 子 名 称	端 子 功 能 说 明		额 定 规 格
接点输入	STF	正转启动	STF 信号 ON 时为正转、OFF 时为停止指令	STF、STR 信号同时 ON 时变成停止指令	输入电阻 4.7kΩ 开路时电压 DC 21～26V 短路时 DC 4～6mA
	STF	反转启动	STF 信号 ON 时为反转、OFF 时为停止指令		
	RH、RM、RL	多速度选择	用 RH、RM 和 RL 信号的组合可以选择多段速度		
	MRS	输出停止	MRS 信号 ON（20ms 或以上）时，变频器输出停止 用电磁制动器停止电机时用于断开变频器的输出		
	RES	复位	用于解除保护电路动作时的报警输出。请使 RES 信号处于 ON 状态 0.1s 或以上，然后断开。 初始设定为始终可进行复位。但进行了 Pr.75 的设定后，仅在变频器报警发生时可进行复位。复位所需时间约为 1s		
	SD	接点输入公共端（漏型）（初始设定）	接点输入端子（漏型逻辑）的公共端子		
		外部晶体管公共端（源型）	源型逻辑时，当连接晶体管输出（即集电极开路输出）如可编程控制器（PLC）时，将晶体管输出用的外部电源公共端接到该端子时，可以防止因漏电引起的误动作		
		DC 24V 电源公共端	DC 24V 0.1A 电源（端子 PC）的公共输出端子。 与端子 5 及端子 SE 绝缘		
	PC	外部晶体管公共端（漏型）（初始设定）	漏型逻辑时，当连接晶体管输出（即集电极开路输出）如可编程控制器（PLC）时，将晶体管输出用的外部电源公共端接到该端子时，可以防止因漏电引起的误动作		输入电压范围 DC 22～26V 允许负载电流 100mA
		接点输入公共端（源型）	接点输入端子（源型逻辑）的公共端子		
		DC 24V 电源	可作为 DC 24V、0.1A 的电源使用		

续表

种类	端子记号	端子名称	端子功能说明	额定规格
频率设定	10	频率设定用电源	作为外接频率设定(速度设定)用电位器时的电源使用(参照 Pr.73 模拟量输入选择)	电源电压 DC（5.2±0.2）V 允许负载电流 10mA
	2	频率设定（电压）	如果输入 DC 0～5V（或 0～10V），在 5V（10V）时为最大输出频率，输入输出成正比，通过 Pr.73 进行 DC 0～5V（初始设定）和 DC 0～10V 输入的切换操作	输入电阻（10±1）kΩ 最大允许电压 DC 20V
	4	频率设定（电流）	如果输入 DC 4～20mA（或 0～5V/0～10V），在 20mA 时为最大输出频率，输入输出成正比。只有 AU 信号为 ON 时端子 4 的输入信号才会有效（端子 2 的输入将无效）。通过 Pr.267 进行 4～20mA（初始设定）和 DC 0～5V、DC 0～10V 输入的切换操作。电压输入（0～5V/0～10V）时，请将电压/电流输入切换开关切换至"V"	电流输入的情况下：输入电阻（233±5）Ω 最大允许电流 30mA 电压输入的情况下：输入电阻（10±1）kΩ 最大允许电压 DC 20V 电流输入（初始状态） 电压输入
	5	频率设定公共端	频率设定信号（端子 2 或 4）及端子 AM 的公共端子，请接大地	

表 5-5　控制回路端子功能（输出信号）

种类	端子记号	端子名称	端子功能说明		额定规格
继电器	A、B、C	继电器输出（异常输出）	指示变频器因保护功能动作时输出停止的 1c 接点输出 异常时：B-C 间不导通（A-C 间导通），正常时：B-C 间导通（A-C 间不导通）		接点容量 AC 230V 0.3A（功率因数=0.4） DC 30V，0.3A
集电极开路	RUN	变频器正在运行	变频器输出频率大于或等于启动频率（初始值 0.5Hz）时为低电平，已停止或正在直流制动时为高电平		允许负载 DC 21V（最大 DC 27V）0.1A（ON 时最大电压降 3.4V）
	FU	频率检测	输出频率大于或等于任意设定的检测频率时为低电平，末达到时为高电平		低电平表示集电极开路输出用的晶体管处于 ON（导通状态）。高电平表示处于 OFF（不导通状态）
	SE	集电极开路输出公共端	端子 RUN、FU 公共端子		
模拟	AM	模拟电压输出	可以从多种监视项目中选一种作为输出，变频器复位中不被输出。输出信号与监视项目的大小成比例	输出项目：输出频率（初始设定）	输出信号 DC 0～10V 许可负载电流 1mA（负载阻抗 10kΩ 以上）分辨率 8 位

表 5-6　控制回路端子功能（通信）

种　类	端子记号	端子名称	端子功能说明
RS-485		PU 接口	通过 PU 接口，可进行 RS-485 通信。 • 标准规格：EIA-485（RS-485） • 传输方式：多站点通信 • 通信速率：4800～38400bps • 总长距离：500m
USB		USB 接口	与 PC 通过 USB 连接后，可以实现 FR configurator 的操作。 • 接口：USB1.1 标准 • 传输速度：12Mbps • 连接器：USB 迷你-B 连接器（插座迷你-B 型）

（1）变频器的 PU 操作

利用操作面板 PU 进行各种参数设定，即在频率设定模式下，设定变频器的运行频率；在参数设定模式下，改变各相关参数的设定值；在报警履历模式下，可观察过去 8 次的报警情况。

①　按图 5-4 连接好变频器。

②　按 MODE 键，在"参数设定模式"下，设 Pr.7 9 = 1，这时，PU 灯亮。

③　按 MODE 键，在"监视器、频率设定模式"下，设 F = 40Hz。

④　按 RUN 键，电动机运转，监视运行频率，按 STOP 键，电动机停止。

⑤　按 MODE 键，在"参数设定模式"下，设定变频器的有关参数。

Pr.1=50Hz　　　Pr.2 =0Hz　　　　Pr.3=50Hz　　　Pr.7 = 3 s　　　Pr.8= 4s　　　Pr.9=1A

⑥　分别设变频器的运行频率为 35Hz、45Hz、50Hz，运行变频器，观察电动机的运行情况。

（2）外部信号控制正、反转连续运行操作

①　变频器的外部接线。

图 5-11 所示为变频器外部信号控制连续运行的接线图，按图完成接线。

②　参数设置。

当变频器需要用外部信号控制连续运行时，将 Pr.79 设为 2，此时，EXT 灯亮，变频器的启动、停止及频率都通过外部端子由外部信号来控制。

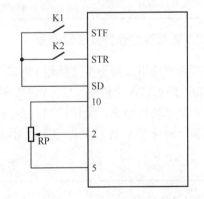

图 5-11　外部信号控制连续运行的接线图

若按图 5-11 所示接线，当合上 K1、转动频率设定器 RP 时，电动机可正向加减速运行；当断开 K1 时，电动机即停止运行。当合上 K2、转动频率设定器 RP 时，电动机可反向加减速运行；当断开 K2 时，电动机即停止运行。当 K1、K2 同时合上时，电动机即停止运行。

5.1.9 任务实现：PLC 及变频器控制电动机负载工作

1. PLC 的选择及 I/O 分配

根据对控制要求的分析，这个控制系统的输入有控制系统启动按钮、控制系统停止按钮、点进按钮、点退按钮、五段速度设置开关及"单速运行（调整）/自动运行"的功能选择开关共 10 个输入点；输出有电动机正转选择、电动机反转选择及多段速度选择（3 个点）共 5 个点。选择型号为 FX_{2N}-32MR 的 PLC，该模块采用交流 220V 供电，I/O 点数各为 16，可满足控制要求，且留有一定的裕量，PLC 的 I/O 地址分配如表 5-7 所示。

表 5-7 PLC 的 I/O 地址分配表

PLC 的 I/O 地址	连接的外部设备	在控制系统中的作用	
X1	SA1	启动 1 速	
X2	SA2	启动 2 速	
X3	SA3	启动 3 速	
X4	SA4	启动 4 速	
X5	SA5	启动 5 速	
X6	SB1	点进	
X7	SB2	点退	
X10	SB3	停止	
X11	SB4	启动	
X15	SA6	单速运行（调整）/自动运行	
Y1	RL		多段速度输入选择端
Y2	RM	变频器输入端子	
Y3	RH		
Y4	STF（正向）		电动机的转动方向控制端
Y5	STR（反向）		

2. 变频器的选型及参数设置

变频器选用三菱小型变频器 FR-E720S-0.75-CHT（单相 220V 电源）。变频器的 L1、N 接入 220V 外部输入交流电，U、V、W 接负载电动机，多段速度设定情况见表 5-1。由于系统要求实现电动机的正、反转控制及多段速度控制，因此将变频器正、反转输入端及多段速度控制端分别与 PLC 各输出点相连就可以实现各种速度的控制，如表 5-8 所示。

表 5-8 多段速度设定

速　度	端　子　输　入					设定频率/Hz
	STR	STF	RH	RM	RL	
1 速	0	1	0	0	1	10
2 速	0	1	0	1	0	15
3 速	0	1	1	0	0	30

速　度	端 子 输 入					设定频率/Hz
	STR	STF	RH	RM	RL	
4 速	1	0	0	1	1	45
5 速	0	1	1	0	1	5

变频器参数设定如下：

① 上限频率 Pr.1=50Hz。

② 下限频率 Pr.2=0Hz。

③ 基底频率 Pr.3=50Hz。

④ 加速时间 Pr.7=1.5s。

⑤ 减速时间 Pr.8=1s。

⑥ 电子过电流保护 Pr.9 等于电动机的额定电流。

⑦ 操作模式选择（外部）Pr.79=2。

⑧ 多段速度设定（1 速）Pr.4=10Hz。

⑨ 多段速度设定（2 速）Pr.5=15Hz。

⑩ 多段速度设定（3 速）Pr.6=30Hz。

⑪ 多段速度设定（4 速）Pr.24=45Hz。

⑫ 多段速度设定（5 速）Pr.25=5Hz。

3. 硬件接线

控制系统外部接线如图 5-12 所示。

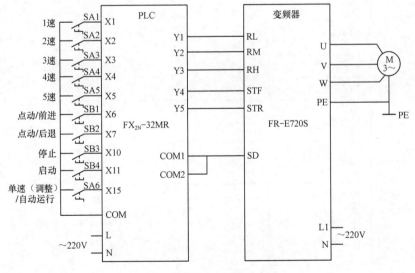

图 5-12　控制系统外部接线图

4. 编程

用 PLC 控制电动机负载工作的运行方式包括自动操作、手动操作两个部分。整个 PLC 控制程序如图 5-13 所示。

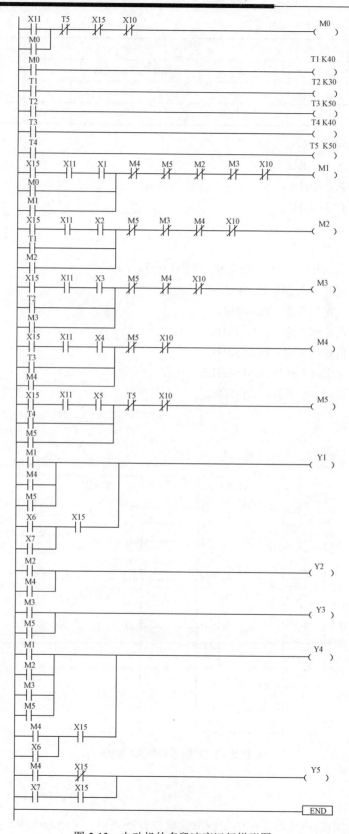

图 5-13　电动机的多段速度运行梯形图

从图 5-13 可以看出，中间继电器 M0 表示启动信号，M1～M5 表示 5 种速度状态。在自动控制中，各个速度的转换是通过定时器的常开触点完成的；在每种速度的恒速运行中，启动信号由选择开关 X15 的状态、多段速度开关 X1～X5 的任一状态及启动按钮决定；在点动控制中，通过点进按钮 X6 和选择开关 X15 的状态选择电动机点进的转速和方向；通过点退开关 X7 和选择开关 X15 的状态选择电动机点退的转速和方向。

5. 系统调试

按照接线图连接系统，设置好参数，输入程序，进行静态和动态调试，直到达到控制要求为止。遇到问题由学生自行解决。

5.2　人机界面 TPC7062K 和 MCGS 嵌入式组态软件

人机界面是指人操作 PLC 的一个平台，该平台提供了程序与人的接口。触摸屏是 PLC 人机界面的一种，人通过触摸屏幕上的按钮就可以调整参数或监视参数。本任务介绍人机界面触摸屏和触摸屏组态软件，为应用触摸屏奠定基础。

任务目标

① 明确 TPC7062K 触摸屏和 MCGS 组态软件的关系。
② 掌握 MCGS 组态软件的工作方式和组建一个工程的一般过程。
③ 掌握 PLC、变频器和触摸屏的综合应用。

任务分析

用 PLC、变频器和触摸屏完成可设置时间与次数的循环计数正、反转控制任务，交流电动机运行曲线如图 5-14 所示，其控制要求如下。

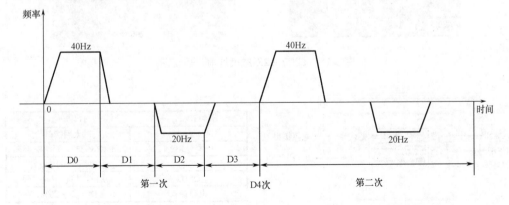

图 5-14　可设置时间与次数的循环计数正、反转控制的频率与时间变化曲线

① 在触摸屏上按下启动按钮或停止按钮可启动或停止正、反转控制循环。
② 正转的频率为 40Hz，而反转的频率为 20Hz，加减速时间均为 3s。

③ 正转时间 D0、正转暂停时间 D1、反转时间 D2、反转暂停时间 D3 及循环次数 D4 均可根据实际需要进行设置。

④ 触摸屏应可进行运行状态的监控，包括是否运行、正转运行、反转运行、暂停等，以及运行的频率是多少，运行的时间及次数是多少。

⑤ 触摸屏应能在监控与设置窗口中进行切换，以满足随时进行参数设置和实时监控运行状态的要求。

 相关知识

5.2.1 TPC7062K 和 MCGS 组态软件概述

TPC7062K 是北京昆仑通态自动化软件科技有限公司（以下简称昆仑通态公司）研发的人机界面，这款触摸屏在实时多任务嵌入式操作系统 WindowsCE 环境中运行，用 MCGS 嵌入式组态软件组态。

该产品设计采用了 7 英寸高亮度 TFT 液晶显示屏（分辨率为 800×480），四线电阻式触摸屏（分辨率为 4096×4096），色彩达到 64KB。其 CPU 主板以 ARM 结构嵌入式低功耗 CPU 为核心，主频为 400MHz，内存为 64MB。

1. TPC7062K 与组态计算机的连接

TPC7062K 的前、后视图如图 5-15 所示，接口和说明如图 5-16 所示，其下载线及通信线如图 5-17 所示。

正视图   背视图

图 5-15　TPC7062K 触摸屏前、后视图

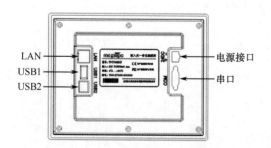

项　目	TPC7062K
LAN（RJ45）	以太网接口
串口（DB9）	1×RS-232，1×RS-485
USB1	主口，USB1.1兼容
USB2	从口，用于下载工程
电源接口	DC（24±20%）V

图 5-16　TPC7062K 接口及说明

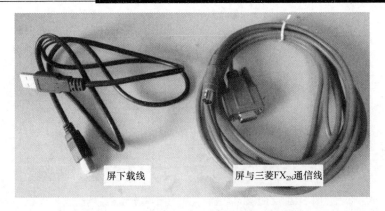

图 5-17　TPC7062K 下载线、与 FX$_{2N}$ 通信线

TPC7062K 通过 USB2 或 RJ45 与装有 MCGS 组态软件的计算机相连。当需要在 MCGS 组态软件上把资料下载到 HMI 时，单击"工程下载"按钮，即可进行工程下载，如图 5-18 所示。如果工程项目要在计算机上模拟测试，则选择"模拟运行"按钮，然后下载工程。

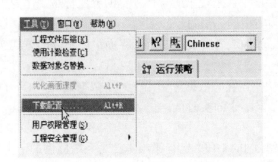

图 5-18　工程下载方法

2. TPC7062K 与 FX$_{2N}$ PLC 的连接

触摸屏的 COM 口通过 SC-09 电缆与三菱 FX$_{2N}$ PLC 连接。SC-09 电缆的 9 针母头插在屏侧，9 针公头插在 PLC 侧。正常通信除了硬件连接正确外，还需对触摸屏的串口 0 属性进行设置，设置方法在设备窗口组态中说明。

3. TPC7062K 的设备组态

MCGS 嵌入版组态软件是昆仑通态公司专门为 MCGSTPC 开发的组态软件，主要完成现场数据的采集与监测、前端数据的处理与控制。

MCGS 嵌入版组态软件与其他相关的硬件设备结合，可以快速、方便地开发各种用于现场采集、数据处理和控制的设备。如可以灵活组态各种智能仪表、数据采集模块，无纸记录仪、无人值守的现场采集站、人机界面等专用设备。

MCGS 嵌入版生成的用户应用系统由主控窗口、设备窗口、用户窗口、实时数据库和运行策略五个部分构成，如图 5-19 所示。

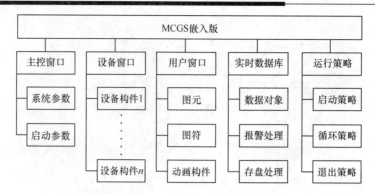

图 5-19　MCGS 嵌入版生成的用户应用系统的组成

主控窗口：构造了应用系统的主框架，用于对整个工程相关的参数进行配置，可设置封面窗口、运行工程的权限、启动画面、内存画面、磁盘裕量等。

设备窗口：是 MCGS 嵌入版系统与外部设备联系的媒介，专门用来放置不同类型和功能的设备构件，实现对外部设备的操作和控制。设备窗口通过设备构件把外部设备的数据采集进来，送入实时数据库，或把实时数据库中的数据输出到外部设备。

用户窗口：实现了数据和流程的"可视化"。工程里所有可视化的界面都是在用户窗口里面构建的。用户窗口中可以放置三种不同类型的图形对象：图元、图符和动画构件。通过在用户窗口内放置不同的图形对象，用户可以构造各种复杂的图形界面，用不同的方式实现数据和流程的"可视化"。

实时数据库：MCGS 嵌入版系统的核心。实时数据库相当于一个数据处理中心，同时也起到公共数据交换区的作用。从外部设备采集来的实时数据送入实时数据库，系统其他部分操作的数据也来自于实时数据库。

运行策略：对系统运行流程实现有效控制的手段。运行策略本身是系统提供的一个框架，其里面放置由策略条件构件和策略构件组成的"策略行"，通过对运行策略的定义，使系统能够按照设定的顺序和条件操作任务，实现对外部设备工作过程的精确控制。

嵌入式组态软件的组态环境和模拟运行环境相当于一套完整的工具软件，可以在 PC 上运行。

嵌入式组态软件的运行环境则是一个独立的运行系统，它按照组态工程中用户指定的方式进行各种处理，完成用户组态设计的目标和功能。运行环境本身没有任何意义，必须与组态工程一起作为一个整体，才能构成用户应用系统。一旦组态工作完成，并且将组态好的工程通过 USB 口下载到嵌入式一体化触摸屏的运行环境中，组态工程就可以离开组态环境而独立运行在 TPC 上，从而实现控制系统的可靠性、实时性、确定性和安全性。

5.2.2　MCGS 组态软件的工作方式

1. MCGS 与设备的通信

MCGS 通过设备驱动程序与外部设备进行数据交换，包括数据采集和发送设备指令。设备驱动程序是由 VB、VC 程序设计语言编写的 DLL（动态链接库）文件，设备驱动程序中包含符合各种设备通信协议的处理程序，将设备运行状态的特征数据采集进来或发送出去。MCGS 负责在运行环境中调用相应的设备驱动程序，将数据传送到工程中的各个部分，完成整个系统的通信过程。每个驱动程序独占一个线程，达到互不干扰的目的。

2. MCGS 定义动画效果

MCGS 为每一种基本图形元素定义了不同的动画属性，如一个长方形的动画属性有可见度、大小变化、水平移动等，每一种动画属性都会产生一定的动画效果。所谓动画属性，实际上是反映图形大小、颜色、位置、可见度、闪烁性等状态的特征参数。然而，在组态环境中生成的画面都是静止的，如何在工程运行中产生动画效果呢？方法是图形的每一种动画属性中都有一个"表达式"设定栏，在该栏中设定一个与图形状态相联系的数据变量，连接到实时数据库中，以此建立相应的对应关系，MCGS 称为动画连接。

3. MCGS 实施远程多机监控

MCGS 提供了一套完善的网络机制，可通过 TCP/IP、MODEM 和串口将多台计算机连接在一起，构成分布式网络监控系统，实现网络间的实时数据同步、历史数据同步和网络事件的快速传递。同时，可利用 MCGS 提供的网络功能，在工作站上直接对服务器中的数据库进行读写操作。分布式网络监控系统的每一台计算机都要安装一套 MCGS 工控组态软件。MCGS 把各种网络形式，以父设备构件和子设备构件的形式供用户调用，并进行工作状态、端口号、工作站地址等属性参数的设置。

4. 对工程运行流程实施有效控制

MCGS 开辟了专用的"运行策略"窗口，建立用户运行策略。MCGS 提供了丰富的功能构件，供用户选用。通过构件配置和属性设置两项组态操作，生成各种功能模块（称为"用户策略"），使系统能够按照设定的顺序和条件，操作实时数据库，实现对动画窗口的任意切换，控制系统的运行流程和设备的工作状态。所有的操作均采用面向对象的直观方式，避免了烦琐的编程工作。

5.2.3　MCGS 组态软件组建工程

组建一个新的工程的一般过程：工程项目系统分析、工程立项搭建框架、设计菜单基本体系、制作动画显示画面、编写控制流程程序、完善菜单按钮功能、编写程序调试工程、连接设备驱动程序。

1. 工程项目系统分析

分析工程项目的系统构成、技术要求和工艺流程，弄清系统的控制流程和监控对象的特征，明确监控要求和动画显示方式，分析工程中的设备采集及输出通道与软件中实时数据库变量的对应关系，分清哪些变量是要求与设备连接的，哪些变量是软件内部用来传递数据及动画显示的。

2. 工程立项搭建框架

MCGS 称为建立新工程，主要内容包括：定义工程名称、封面窗口名称和启动窗口（封面窗口退出后接着显示的窗口）名称、指定存盘数据库文件的名称及存盘数据库、设定动画刷新的周期。经过此步操作，即在 MCGS 组态环境中，建立了由五部分组成的工程结构框架。

封面窗口和启动窗口也可等到建立了用户窗口后再行建立。

3. 设计菜单基本体系

为了对系统运行的状态及工作流程进行有效地调度和控制，通常要在主控窗口内编制菜单。编制菜单分两步进行，第一步首先搭建菜单的框架，第二步再对各级菜单命令进行功能组态。在组态过程中，可根据实际需要随时对菜单的内容进行增加或删除，不断完善工程的菜单。

4. 制作动画显示画面

动画制作分为静态图形设计和动态属性设置两个过程。前一部分类似于"画画"，用户通过 MCGS 组态软件中提供的基本图形元素及动画构件库，在用户窗口内"组合"成各种复杂的画面。后一部分则设置图形的动画属性，与实时数据库中定义的变量建立相关性的连接，作为动画图形的驱动源。

5. 编写控制流程程序

在运行策略窗口内，从策略构件箱中选择所需功能策略构件，构成各种功能模块（称为策略块），由这些模块实现各种人机交互操作。MCGS 还为用户提供了编程用的功能构件（称为"脚本程序"功能构件），使用简单的编程语言编写工程控制程序。

6. 完善菜单按钮功能

包括对菜单命令、监控器件、操作按钮的功能组态；实现历史数据、实时数据、各种曲线、数据报表、报警信息输出等功能；建立工程安全机制等。

7. 编写程序调试工程

利用调试程序产生的模拟数据，检查动画显示和控制流程是否正确。

8. 连接设备驱动程序

选定与设备相匹配的设备构件，连接设备通道，确定数据变量的数据处理方式，完成设备属性的设置。此项操作在设备窗口内进行。

最后测试工程各部分的工作情况，完成整个工程的组态工作，实施工程交接。

5.2.4 组态举例

在安装了 MCGS 嵌入式组态软件的计算机上，用鼠标双击桌面上的组态环境快捷方式，可打开嵌入版组态软件，然后按如下步骤建立通信工程。

1. 新建工程

单击"文件"菜单中"新建工程"选项，弹出"新建工程设置"对话框（见图 5-20），TPC 类型选择为"TPC7062K"，单击"确定"按钮。

选择"文件"菜单中的"工程另存为"选项，弹出文件保存窗口。在文件名一栏内输入"TPC 通信控制工程"，单击"保存"按钮，工程创建完毕。

图 5-20　"新建工程设置"对话框

2. 工程组态

（1）设备组态

在工作台中激活设备窗口，双击设备窗口进入设备组态画面，单击打开工具条中的"设备工具箱"，如图 5-21 所示。

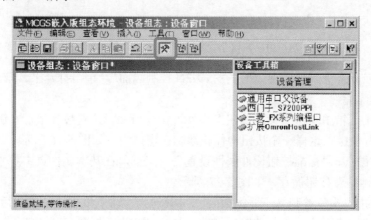

图 5-21　设备组态的设备窗口

在设备工具箱中，按顺序先后双击"通用串口父设备"和"三菱_FX 系列编程口"添加至组态画面窗口，如图 5-22 所示。提示是否使用默认通信参数设置父设备，如图 5-23 所示，选择"是"按钮。

图 5-22　添加设备

图 5-23　选择设备参数

所有操作完成后关闭设备窗口，返回工作台。

（2）窗口组态

在工作台中激活用户窗口，单击"新建窗口"按钮，建立新画面"窗口 0"，如图 5-24 所示。

单击"窗口属性"按钮，弹出"用户窗口属性设置"对话框，在"基本属性"页，将"窗口名称"修改为"三菱 FX2N 控制画面"，单击"确认"按钮进行保存，如图 5-25 所示。

图 5-24　用户窗口　　　　　　　　　图 5-25　"用户窗口属性设置"对话框

在用户窗口双击进入"动画组态三菱 FX2N 控制画面"，单击打开工具箱。

① 建立基本元件。

按钮：在工具箱中单击"标准按钮"构件，在窗口编辑位置按住鼠标左键拖放出一定大小后，松开鼠标左键，这样一个按钮构件就绘制在窗口中，如图 5-26 所示。

双击该按钮打开"标准按钮构件属性设置"对话框，在基本属性页中将"文本"修改为"Y0"，单击"确认"按钮保存，如图 5-27 所示。

按照同样的操作分别绘制另外两个按钮，文本修改为"Y1"和"Y2"，完成后如图 5-28 所示。

按住 Ctrl 键，然后单击鼠标左键，同时选中三个按钮，选择"菜单栏"→"排列"→"对齐"中的"等高宽"、"左（右）对齐"和"纵向等间距"将三个按钮排列对齐，如图 5-29 所示。

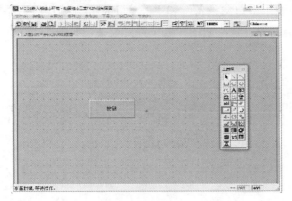

图 5-26　制作按钮　　　　　　　　　图 5-27　"标准按钮构件属性设置"对话框

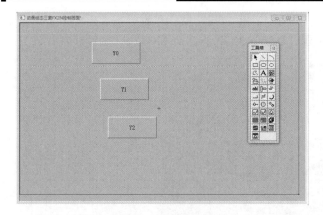

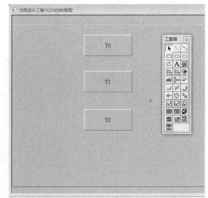

图 5-28 复制按钮 图 5-29 对齐按钮

指示灯：单击工具箱中的"插入元件"按钮，打开"对象元件库管理"对话框，选中图形对象库指示灯中的一款，单击"确认"按钮添加到窗口画面中，并调整到合适大小。同样的方法再添加两个指示灯，摆放在窗口中按钮旁边的位置，如图 5-30 所示。

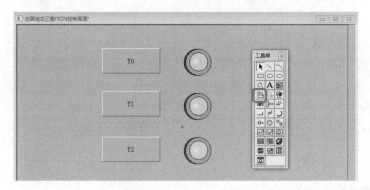

图 5-30 制作指示灯

标签：单击选中工具箱中的"标签"构件，在窗口按住鼠标左键，拖放出一定大小的"标签"，如图 5-31 所示。

双击该标签，弹出"标签动画组态属性设置"对话框，在"扩展属性"页的"文本内容输入"中输入"D0"，单击"确认"按钮，如图 5-32 所示。

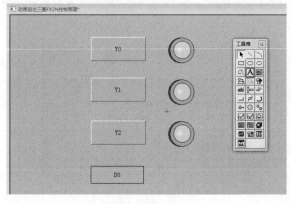

图 5-31 插入标签 图 5-32 设置标签属性

输入框：单击工具箱中的"输入框"构件，在窗口按住鼠标左键，拖放出一个一定大小的输入框，摆放在"D0"标签的旁边位置，如图 5-33 所示。

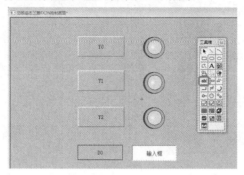

图 5-33   制作输入框

② 建立数据链接。

按钮：双击"Y0"按钮，弹出"标准按钮构件属性设置"对话框，如图 5-34 所示。在"操作属性"页，默认"抬起功能"按钮为按下状态，勾选"数据对象值操作"，选择"清 0"，如图 5-35 所示。单击 ? 按钮，弹出"变量选择"对话框，选择"根据采集信息生成"，通道类型选择"Y 输出寄存器"，通道地址为"0"，读写类型选择"读写"，如图 5-36 所示，设置完成后单击"确认"按钮。即在 Y0 按钮抬起时，对三菱 FX$_{2N}$ 的 Y0 地址"清 0"，如图 5-35 所示。

图 5-34   "标准按钮构件属性设置"对话框

图 5-35   操作属性设置

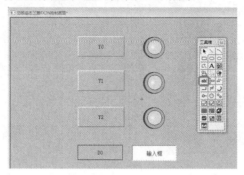

图 5-36   "变量选择"对话框

同样的方法，单击"按下功能"按钮进行设置："数据对象值操作"→"置1"→"设备0_读写 Y000"，如图5-37所示。

同样的方法，分别对 Y1 和 Y2 按钮进行设置。

Y1 按钮："抬起功能"时"清0"，"按下功能"时"置1"→"变量选择"→"Y 输出寄存器"，通道地址为"1"，读写类型为"读写"。

Y2 按钮："抬起功能"时"清0"，"按下功能"时"置1"→"变量选择"→"Y 输出寄存器"，通道地址为"2"，读写类型为"读写"。

指示灯：双击 Y0 旁边的指示灯构件，弹出"单元属性设置"对话框，在"数据对象"页，单击选择数据对象"设备0_读写 Y0000"，如图5-38所示。同样的方法，将 Y1 按钮和 Y2 按钮旁边的指示灯分别连接变量"设备0_读写 Y0001"和"设备0_读写 Y0002"。

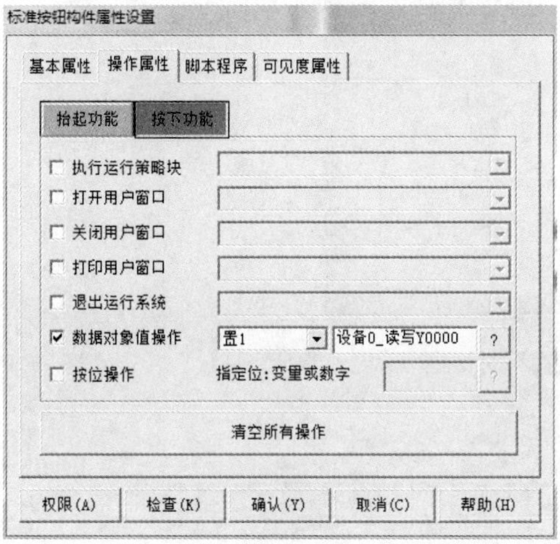

图 5-37   "按下功能"设置   图 5-38   "单元属性设置"对话框

输入框：双击 D0 标签旁边的输入框构件，弹出"输入框构件属性设置"对话框，在"操作属性"页，单击进入"变量选择"对话框，选择"根据采集信息生成"，通道类型选择"D数据寄存器"；通道地址为"0"；数据类型选择"16 位无符号二进制"；读写类型选择"读写"。如图5-39所示，设置完成后单击"确认"按钮。

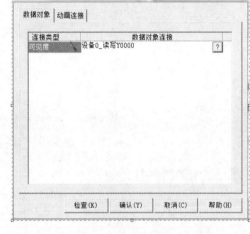

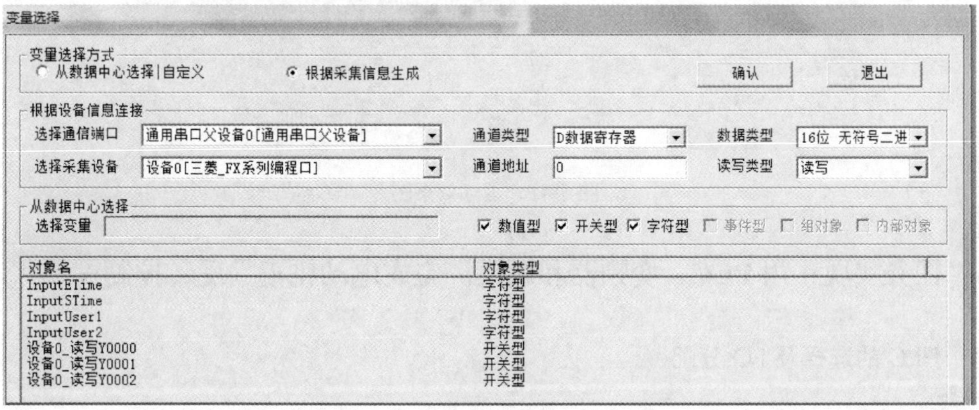

图 5-39   输入框"变量选择"对话框

组态完成后，下载到 TPC 进行运行环境的调试。

下载过程：先选择工具图标 ⬛，从"下载配置"对话框中选择"联机运行"进行"通信测试"成功后，再进行"工程下载"。"下载配置"对话框如图 5-40 所示。

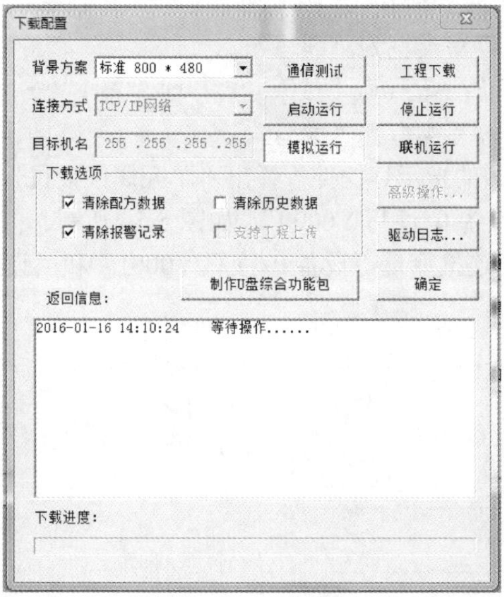

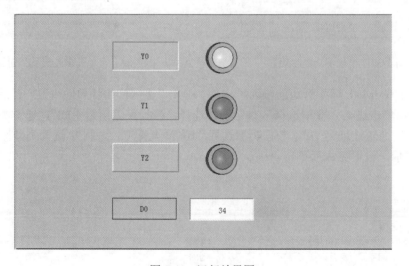

图 5-40　"下载配置"对话框

运行效果如图 5-41 所示。

图 5-41　运行效果图

5.2.5　任务实现：用 PLC、变频器和触摸屏完成电动机正、反转控制

1．PLC 的选择及 I/O 分配

分析：控制系统采用 PLC、变频器和触摸屏来完成，其中变频器完成速度可调，PLC 完成循环计数过程及输入与输出控制，触摸屏完成数据输入及数据显示等。为了使三者协调工

作，先进行 PLC 的 I/O 分配、变频器的参数设置及触摸屏的组态设计，然后完成三者之间的接线，再完成 PLC 的编程，最后完成三者之间的综合调试。

PLC 的 I/O 分配及变频器参数设置：

启动按钮：X0；停止按钮：X1。

电机正转：Y0；电机反转：Y1；中速：Y2；低速：Y3。

变频器参数设置：Pr.5=40Hz；Pr.6=20Hz；Pr.7=Pr.8=3s；Pr.79=2。

2. 触摸屏设计

（1）监控界面设计

监控界面设计如图 5-42 所示。

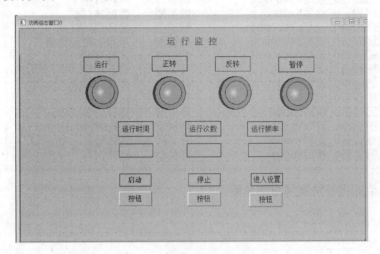

图 5-42　触摸屏监控界面设计

（2）设置界面设计

设置界面设计如图 5-43 所示。

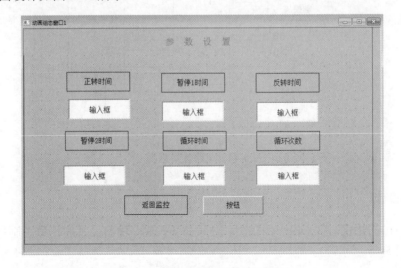

图 5-43　触摸屏参数设置界面设计

（3）触摸屏组态变量列表

触摸屏中各种变量如表 5-9 所示。

表 5-9　循环计数正、反转控制触摸屏变量一览表

名字	类型	注释
InputETime	字符型	系统内建数据对象
InputSTime	字符型	系统内建数据对象
InputUser1	字符型	系统内建数据对象
InputUser2	字符型	系统内建数据对象
设备0_读写CNWUB000	数值型	运行次数
设备0_读写DWUB0000	数值型	正转时间
设备0_读写DWUB0001	数值型	暂停1时间
设备0_读写DWUB0002	数值型	反转时间
设备0_读写DWUB0003	数值型	暂停2时间
设备0_读写DWUB0004	数值型	循环周期时间
设备0_读写DWUB0005	数值型	运行次数设定值
设备0_读写DWUB0006	数值型	运行频率
设备0_读写M0000	开关型	启动信号
设备0_读写M0001	开关型	停止信号
设备0_读写M0002	开关型	运行信号
设备0_读写M0005	开关型	暂停信号
设备0_读写TNWUB004	数值型	运行时间
设备0_读写Y0000	开关型	正转信号
设备0_读写Y0001	开关型	反转信号

3. PLC、变频器及触摸屏电路总图

电路连接总图如图 5-44 所示。

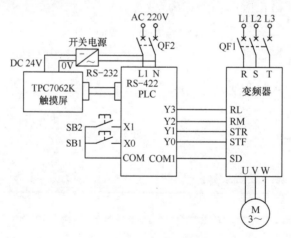

图 5-44　电路连接总图

4. 程序设计

PLC 程序由初始化、启—保—停控制、时间循环控制、输出显示和计数控制部分等组成，具体程序如图 5-45 所示。

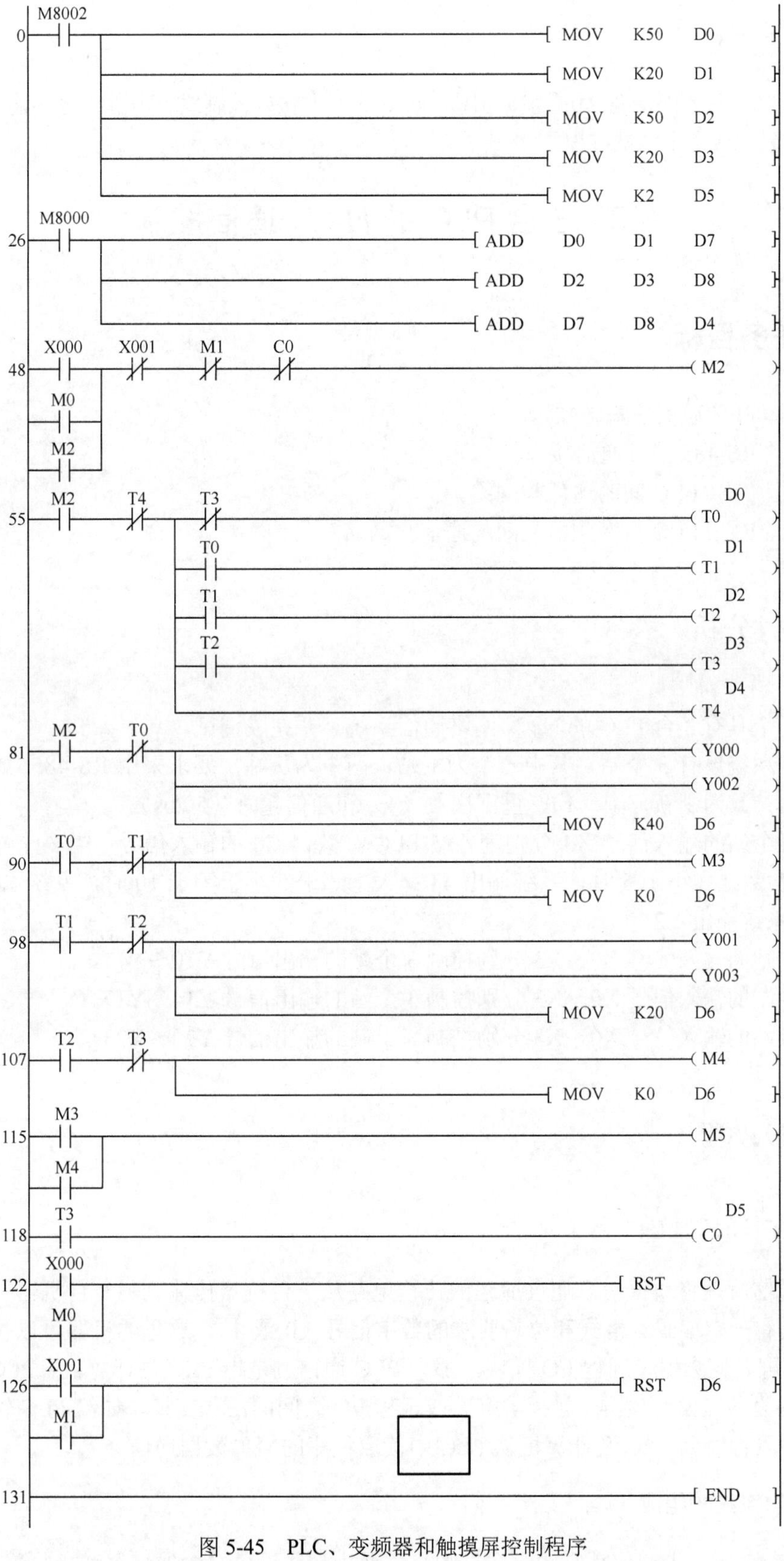

```
        M8002
   0 ─────┤├──────────────────────────────────[ MOV   K50   D0  ]
              │                               [ MOV   K20   D1  ]
              │                               [ MOV   K50   D2  ]
              │                               [ MOV   K20   D3  ]
              └───────────────────────────────[ MOV   K2    D5  ]
        M8000
  26 ─────┤├──────────────────────────────────[ ADD   D0   D1   D7 ]
              │                               [ ADD   D2   D3   D8 ]
              └───────────────────────────────[ ADD   D7   D8   D4 ]
        X000   X001   M1    C0
  48 ─────┤├────┤/├───┤/├───┤/├──────────────────────────────────( M2 )
        M0 │
       ─┤├─┤
        M2 │
       ─┤├─┘
        M2    T4    T3                                          D0
  55 ─────┤├───┤/├───┤/├──────────────────────────────────────( T0 )
                     T0                                          D1
                   ─┤├───────────────────────────────────────( T1 )
                     T1                                          D2
                   ─┤├───────────────────────────────────────( T2 )
                     T2                                          D3
                   ─┤├───────────────────────────────────────( T3 )
                                                                D4
                   ──────────────────────────────────────────( T4 )
        M2    T0
  81 ─────┤├───┤/├─────────────────────────────────────────────( Y000 )
                   ──────────────────────────────────────────( Y002 )
                   ──────────────────────────────[ MOV   K40   D6 ]
        T0    T1
  90 ─────┤├───┤/├─────────────────────────────────────────────( M3 )
                   ──────────────────────────────[ MOV   K0    D6 ]
        T1    T2
  98 ─────┤├───┤/├─────────────────────────────────────────────( Y001 )
                   ──────────────────────────────────────────( Y003 )
                   ──────────────────────────────[ MOV   K20   D6 ]
        T2    T3
 107 ─────┤├───┤/├─────────────────────────────────────────────( M4 )
                   ──────────────────────────────[ MOV   K0    D6 ]
        M3
 115 ─────┤├───┐──────────────────────────────────────────────( M5 )
        M4 │
       ─┤├─┘
        T3                                                      D5
 118 ─────┤├──────────────────────────────────────────────────( C0 )
        X000
 122 ─────┤├───┐─────────────────────────────────────[ RST   C0 ]
        M0 │
       ─┤├─┘
        X001
 126 ─────┤├───┐─────────────────────────────────────[ RST   D6 ]
        M1 │
       ─┤├─┘
 131 ─────────────────────────────────────────────────────────[ END ]
```

图 5-45　PLC、变频器和触摸屏控制程序

5. 系统调试

按照 PLC、变频器、触摸屏连接总图（见图 5-44）接好控制线、电源线等，输入程序，进行调试，直到完成整个调试过程。

5.3　3 台 PLC 的 N∶N 通信控制

任务目标

① 了解 PLC 通信的基础知识。
② 熟悉 RS-485 串行通信接口。
③ 掌握 FX_{2N} PLC 间的通信与网络。
④ 掌握 FX_{2N} PLC 与变频器之间的通信与网络。

任务分析

设计一个具有 3 台 PLC 的 N∶N 网络通信系统，并完成调试。

（1）该系统设有 3 个站，其中一个为主站，两个为从站，要求采用 RS-485BD 板进行通信。其通信参数为刷新范围（1）、重试次数（4）和通信超时（50ms）。

（2）每个站的输入信号 X4 分别为各站 PLC 计数器 C0 的输入信号。当 3 个站的计数器 C0 的计数次数之和小于 5 时，系统输出 Y0；大于等于 5 小于等于 10 时，系统输出 Y1；大于 10 时，系统输出 Y2。

（3）主站的输入信号 X0～X3 分别控制 3 个站的输出信号 Y10～Y13。

（4）1#站的输入信号 X0～X3 分别控制 3 个站的输出信号 Y14～Y17。

（5）2#站的输入信号 X0～X3 分别控制 3 个站的输出信号 Y20～Y23。

相关知识

5.3.1　PLC 通信基础

数据通信就是将数据信息通过适当的传输电路从一台机器传输到另一台机器。所谓数据信息就是具有一定编码、格式和位长要求的数字信号（0 或 1），这里的机器可以是计算机、PLC、触摸屏、变频器及远程 I/O 模块。那么 PLC 通信就是指 PLC 与计算机、PLC 与 PLC、PLC 与现场设备（如变频器、触摸屏等）或远程 I/O 之间的信息交换，如给 PLC 输入程序就是计算机输入程序到 PLC 及计算机从 PLC 中读取程序的简单数据通信。

1. 通信系统的组成

如图 5-46 所示为通信系统的组成框图，主要由传送设备（含发送器和接收器）、传送控制设备（通信软件、通信协议）和通信介质（总线）等部分组成。

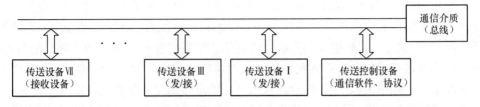

图 5-46　通信系统的组成框图

传送设备至少有两个，其中有的是发送设备，有的是接收设备，有的既是发送设备又是接收设备。对于多台设备之间的数据传送，有时还有主从之分。主设备起控制、发送和处理信息的主导作用，从设备被动地接收、监视和执行主设备的信息。主从关系在实际通信时由数据传送的结构来确定。在 PLC 通信系统中，传送设备可以是 PLC、PC 以及各种外围设备。

传送控制设备主要用于控制发送与接收之间的同步协调，以保证信息发送与接收的一致性，这种一致性靠通信协议和通信软件来保证。通信协议是指通信过程中必须严格遵守的数据传送规则，是通信得以顺利进行的法规。通信软件是一种用于通信交流的互动式软件，用于对通信的软、硬件进行统一调度、控制和管理。

通信介质是传输的物质基础和重要渠道，是 PLC 与计算机及外围设备之间相互联系的桥梁。

2. 通信方式

数据通信时，按照同时传送数据的位数，可以分为并行通信和串行通信；按照数据传输时的时钟控制方式，串行通信可分为同步通信和异步通信两种方式；按数据传送的方向，可以分为单工方式、半双工方式和全双工方式三种。

1）并行通信和串行通信

（1）并行通信：并行通信方式是指传送数据的每一位同时发送或接收。在并行通信中，并行传送的数据有多少位，传输线就有多少根，因此传送数据的速度很快。但如果数据位数较多，传送距离较远，那么必然导致电路复杂，成本高。所以，并行通信不适合远距离传输。PC 或 PLC 的各种内部总线都是以并行方式传输数据的。

（2）串行通信：串行通信是指传送的数据一位一位地按顺序传送，传送数据时，只需要 1～2 根传输线分时传送即可，与数据位数无关。串行通信虽然慢一点，但特别适合多位数据长距离通信。串行通信的通信（或传输）速率用每秒传输的数据位数来表示，称为波特率（bit/s）。常用的标准通信速率有 300、600、1200、2400、4800、9600、19200 等，目前串行通信的传输速率可达兆字节的数量级。PC 与 PLC 的通信、PLC 与现场设备的通信、远程 I/O 的通信、开放式现场总线的通信均采用串行通信方式。

2）同步通信和异步通信

（1）同步通信：在串行通信中，所有设备共用一个时钟，这个时钟可以由参与通信的设备中的一台产生，也可以由外部时钟信号源统一提供，所有传输的数据位都与这个时钟信号同步。同步通信时，在每个数据块的开始处加入一个同步字符来控制同步，接着是 n 个字符的数据块，字符之间不允许有空隙，每个字节前后也不需加起始位、校验位和停止位等标志。发送端发送时，首先对欲发送的原始数据进行编码，形成编码数据后再向外发送；经过解码，便可以得到原始数据。

（2）异步通信：串行异步通信有严格的数据格式和时序关系，以字符为单位发送数据，每个字符都有起始位和停止位作为字符的开始标志和结束标志，在空闲状态时，电路呈现出高电平（为"1"）状态，因此也称其为起止式通信。图 5-47 给出了串行异步通信的数据格式。通信时，首先发送起始位，接收到起始位时开始接收，其后的数据传输都以起始位作为同步时序的基准信号。起始位以"0"表示，紧跟其后的是数据位（数据位可以为 7 位或 8 位），接着就是奇偶校验位（可有可无），最后是停止位（以"1"表示，位数可以是 1 位或 2 位），停止位后可以加空闲（以"1"表示，位数不限，其作用是等待下一个字符的传输）。以这种特定的方式，发送设备一组一组地发送数据，接收设备将一组一组地接收，在开始位和停止位的控制下，保证数据传送不会出错。这种通信方式，每传一个字节都要加入起始位、校验位和停止位，传送效率低，主要用于中、低速数据通信。

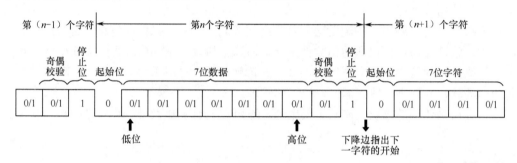

图 5-47　串行异步通信格式

① 起始位：在通信线上没有数据被传送时处于高电平 1 状态，当发送设备要发送一个字符数据时，首先发出一个低电平 0 信号，这个低电平就是起始位。起始位通过通信线传向接收设备，接收设备检测到这个低电平后，应开始准备接收数据位信号。起始位所起的作用就是设备同步，通信双方必须在传送数据位前协调同步。

② 数据位：当接收设备收到起始位后，紧接着就会收到数据位。数据位的位数可以是 5、6、7 或 8，但通常采用 7 位或 8 位数据传输。这些数据位被接收到移位寄存器中，构成传送数据字符。在字符数据传输过程中，数据位从最低有效位开始发送，依此顺序在接收设备中被转换为并行数据。不同系列的 PLC 采用不同的位数据。

③ 奇偶校验位：数据位发送完之后，可以发送奇偶校验位。奇偶校验用于有限差错检测，通信双方约定一致的奇偶校验方式。如果选择偶校验，那么组成数据位的高电平 1 的个数必须是偶数；如果选择奇校验，那么高电平 1 的个数必须是奇数。奇偶校验电路通常集成在通信控制器芯片中。

串行数据在传输过程中，由于干扰可能引起信息的出错，例如，传输字符 E 所对应的 ASCII 码为 45H，用二进制表示，其各位为 01000101。由于干扰，可能使某个 0 变为 1 或某个 1 变为 0，这种情况称为出现了误码；把如何发现传输中的错误称为检错；把发现错误后，如何消除错误称为纠错。最简单的检错方法就是奇偶检验，即在传送字符的各位之外，再传送 1 位奇偶校验位，可采用奇校验或偶校验。

④ 奇校验：所有传送的数据（含字符的各数位）中，1 的个数为奇数，如在 8 位数据 01100101 中，1 的个数为偶数，我们加一个 1 变为奇数，所以校验位为 1。在 8 位数据 01100001 中，1 的个数为奇数，我们加一个 0 仍为奇数，所以校验位为 0。

⑤ 偶校验：所有传送的数据（含字符的各位数）中，1 的个数为偶数，如在 8 位数据 01100101 中，1 的个数为偶数，我们加一个 0 仍为偶数，所以校验位为 0。在 8 位数据 01100001 中 1 的个数为奇数，我们加一个 1 变为偶数，所以校验位为 1。

采用奇偶校验时，一位误码能检出，而两位以上误码则不能检出，同时，它不能纠错，在发现错误后，只能要求重发。但由于其实现简单，仍得到了广泛使用。

⑥ 停止位：在奇偶位或数据位（当无奇偶校验时）之后发送的是停止位。停止位是一个字符数据的结束标志，可以是一位或两位的高电平。接收设备收到停止位之后，通信线便又恢复高电平 1 状态，直到下一个字符数据的起始位到来。通常 PLC 采用一位停止位。

例如，传送一个 ASCII 字符（如 0111001 共 7 位），若选用两位停止位，那么传送这个 7 位的 ASCII 字符就需要 11 位，其中起始位一位，校验位一位，停止位两位，格式如图 5-48 所示。

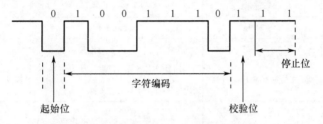

图 5-48　7 位 ASCII 字符的传送格式

异步通信就是按照上述约定好的固定格式，一帧一帧地传送，因此采用异步通信的方式硬件结构简单，但是传送每一个字节都要加起始位、停止位，因而传送效率低，主要用于中、低速的通信。

⑦ 波特率：即在异步数据通信中单位时间内传送二进制数的位数。假如数据通信的格式是 7 位字符，加上一个奇校验位、一个起始位以及一个停止位，共 10 个数据位，而数据通信的速率是 1920 字符/s，则传输的波特率为 10×1920 字符/s=19200bit/s，每一位的传送时间（即为波特率的倒数）：T_d=1/19200bit/s≈0.052ms。所以，要想通信双方能够正常收发数据，则必须有一致的数据收发规定。

3. 数据传输方向

从通信双方数据传输的方向看，串行通信有三种基本工作方式，即单工方式、半双工方式和全双工方式，如图 5-49 所示。单工方式是指信息的传递始终保持一个固定的方向，不能进行反方向的传递。单工方式不能实现双方的信息交流，故在 PLC 网络中极少使用。半双工方式是指两个通信设备同一时刻只能有一个设备发送数据，而另一个设备接收数据，即这两个设备不能同时发送或接收数据，同一时刻只能有一个方向的数据传输。半双工通信电路简单，只需两条通信线，因此得到广泛应用。全双工方式是指两个通信设备可以同时发送和接收数据，电路上任一时刻都可以进行双向的数据流动。

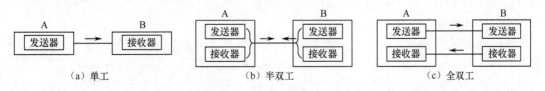

图 5-49　数据通信方式示意

4. 通信介质

通信介质是信息传输的物理基础和通道。PLC 对通信介质的基本要求是必须具有传输速率高、能量损耗小、抗干扰能力强、性价比高等特性。目前 PLC 网络普遍使用的介质有屏蔽双绞线、同轴电缆和光缆等，它们的性能比较如表 5-10 所示。

屏蔽双绞线是把两根导线扭绞在一起，可以减少外部的电磁干扰，并用金属织网加以屏蔽，增强抗干扰能力。屏蔽双绞线成本低、安装简单。

表 5-10 常用传输介质性能比较

性 能	通 信 介 质		
	屏蔽双绞线	同 轴 电 缆	光 缆
通信速率	9.6k～2Mbit/s	1～450Mbit/s	10～500Mbit/s
连接方法	点对点连接，可多点连接，1.5km 内不用中继站	点对点连接，可多点连接，宽带时 10km 内不用中继站，基带时 3km 内不用中继站	点对点连接，50km 内不用中继站
传输信号	数字信号、模拟信号、调制信号	数字信号、调制信号、声音图像信号	
支持网络	星形网、环形网、小型交换机	总线型网、环形网	
抗干扰能力	一般	好	极好
抗恶劣环境能力	好	好，但必须将电缆与腐蚀物隔离	极好，耐高温和其他恶劣环境

5. 通信协议

为了保证通信的正常进行，除需具备良好、可靠的通信信道外，还需通信各方遵守共同的协议，才能保证高效、可靠的通信。所谓通信协议即是数据通信时所必须遵守的各种规则和协议。通信协议一般采用分层设计的方法，分层设计可以便于实现网间互联，因为它只需修改相应的某层协议及接口，而不影响其他各层，各层之间相互独立，通过接口发生联系。

1978 年国际标准化组织（ISO）提出了开放系统互联参考模型（open system Intercon nection/Reference Model，OSI）。该模型规定了 7 个功能层，每层都使用自己的协议。OSI 参考模型如图 5-50 所示。

（1）物理层

物理层并不是物理介质本身，物理层规范只是开放系统中利用物理介质实现物理连接的功能描述和执行连接的规程。物理层提供用于建立、保持和断开物理连接的机械、电气功能和规程条件。简言之，物理层提供数据流在物理介质上的传输手段，实现节点间的同步。后面将要介绍的 RS-485A 等均为物理层的典型协议。

（2）数据链路层

数据链路层用于建立、维持和拆除链路连接，实现无差错传输的功能，在点到点或点到多点的链路上保证报文的可靠传递。该层对相邻连接的通路进行差错控制、数据成帧、同步等控制。差错检测一般可采用循环冗余校验（CRC）等措施。同步数据链路控制（SDLC）、高级数据链路控制（HDLC）以及异步串行数据链路协议都属于此范围。

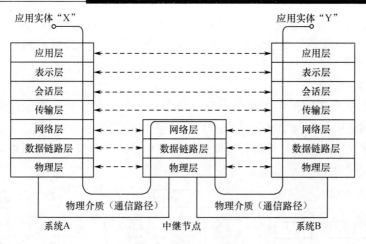

图 5-50 OSI 参考模型

（3）网络层

网络层规定了有关网络连接的建立、维持和拆除协议。网络层的主要功能是利用数据链路层所提供的功能，通过路由器的选择，实现两个系统之间的连接。在计算机网络系统中，网络层不具有多路复用的功能。

（4）传输层

传输层完成开放系统之间的数据传输控制，在系统之间实现数据的收发确认，同时还用于弥补各种通信网络的质量差异，对经过下三层之后仍然存在的传输差错进行纠正，进一步提高其可靠性。另外，通过复用、分段和组合、连接和分离、分流和合流等技术措施，提高信息量和服务质量。

（5）会话层

用户之间的连接称为会话。为了建立会话，用户必须提供其希望连接的远程地址（会话地址）。会话双方彼此确认，然后双方按照共同约定的方式开始数据传输。

会话层依靠传输层以下的通信功能使数据传输在开放系统间有效地进行。会话层根据应用进程之间的约定，按照正确的顺序收、发数据，进行各种形式的对话。

在会话层一方面要实现接收处理和发送处理的逐次交替变换；另一方面要在单方向传输大量数据的情况下给数据打上标记。如果出现通信意外，可以由打标记处重发，如可以将长文件分页标记，逐页发送。

（6）表示层

表示层的主要功能是把应用层提供的信息内容变换为能够共同理解的形式，提供字符代码、数据格式、控制信息格式、加密等的统一表示。表示层仅对应用层的信息内容进行形式变换，而不改变其内容本身。

（7）应用层

应用层是 OSI 参考模型的最高层。其功能是实现各种应用进程之间的信息交换，同时还具有一系列业务处理所需要的服务功能。

6. PLC 网络结构

随着计算机、自动化技术的飞速发展，PLC 通信已经在工厂自动化（FA）中起到越来越重要的作用。PLC 发展到今天，各种品牌的 PLC 都具有通信功能，并配有各种通信模块，以实现 PLC 间的通信，构成各种形式的网络。由上位机、PLC、远程 I/O 相互连接所形成的分布式控制系统网络、现场总线控制系统网络已被广泛应用，并成为目前 PLC 网络的主要发展方向。

（1）网络拓扑结构

网络拓扑结构是指网络中的通信电路和节点间的几何布置用来表示网络的整体结构外貌。它反映了网络中各个模块间的结构关系，对整个网络的设计、功能、可靠性和成本都有重要的影响，常见的网络拓扑结构有总线型结构、环形结构和星形结构三种形式，如图 5-51 所示。

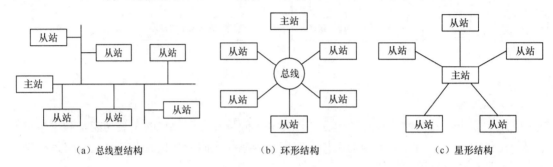

(a) 总线型结构　　　　　　　　(b) 环形结构　　　　　　　　(c) 星形结构

图 5-51　网络拓扑结构

① 总线型结构。利用总线连接所有站点，所有站点对总线有同等的访问权。总线网络结构简单，易于扩充，可靠性高，灵活性好，响应速度快，PLC 控制网络以总线型结构居多。

② 环形结构。各个节点通过环路接口首尾相接形成环形，各个节点均可以请求发送信息。环形网络结构简单，安装费用低，某个节点发生故障时可以自动旁路，保证其他部分的正常工作，系统的可靠性高。

③ 星形结构。以中央节点为中心，网络中任何两个节点都不能直接进行通信，数据传输必须经过中央节点的控制。上位机（主机）通过点对点的方式与多个现场处理机（从机）进行通信。该结构建网容易，便于程序集中开发和资源共享，但上位机负荷重，电路利用率低，系统费用高。若上位机发生故障，则整个通信系统将瘫痪，故在 PLC 网络中很少使用。

（2）PLC 网络拓扑结构

在现代化的生产现场，为了实现高效的生产、科学的管理，使用 PLC 组成各种网络是大势所趋，图 5-52 所示为三菱 PLC 网络系统。三菱 PLC 网络提供了清晰的三层结构，即信息与管理层的以太网（工厂级）、管理与控制层的局域令牌网（车间级）、控制设备层的 CC-Link 开放式现场总线以及控制设备之间的 RS-485 通信、RS-232 通信和 RS-422 通信（设备级）。

① 工厂级。它是网络的最高级，主要采用通用计算机（包括大、中型计算机），主要负责工程和产品设计、制定材料资源计划、处理有关生产数据、企业内部协调管理等方面的工作。工厂级网络作为工厂主网的一个子网，通过交换机、网桥或路由器等使工厂办公管理网络与车间级网络相连，将车间数据集成到工厂级。

② 车间级。包括 MELSECNET/10 和 ELSECNET/H 令牌网，都是 PLC 到 PLC 的网络；MELSECNET/10 令牌网用于 A 系列的 PLC 网络，提供 10Mbit/s 的高速数据传送；ELSECNET/H 令牌网用于 Q 系列的 PLC 的高速网络系统，提供 25Mbit/s 的高速数据传送。它是网络的中间级，用来完成车间主生产设备之间的连接，实现车间级设备的管理，还具有数据采集、编程调试、工艺优化选择、参数设定、生产统计、生产调度等生产管理功能。

③ 设备级。采用 CC-Link 开放式现场总线，它是网络的最低级，其主要功能是使用 PLC 连接现场设备，如分布式 I/O、传感器、驱动器、执行机构和开关设备等，完成现场设备及设备之间的联锁控制，操纵设备运行，实现控制功能，能提供安全、高速、简便的连接，传输速率最高可达 10Mbit/s。

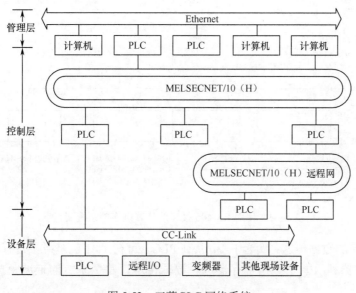

图 5-52　三菱 PLC 网络系统

PLC 网络系统的三级结构不是孤立的，而是一个互联的整体。通过 PLC 网络，使工业生产从设计到制造、从控制到管理真正实现管控一体化。

5.3.2　RS-485 通信及接口

1. 接口标准

RS-485 通信接口实际上是 RS-422 的变形，它与 RS-422 的不同点在于 RS-422 为全双工，RS-485 为半双工；RS-422 采用两对平衡差分的信号线，而 RS-485 只需其中的一对。信号传输是用两根导线间的电位差来表示逻辑 1 和 0 的，这样 RS-485 接口仅需两根通信线就可完成信号的发送与接收。由于通信线也采用平衡驱动、差分接收的工作方式，而且输出阻抗低、无接地回路问题，所以它的干扰抑制性很好，通信距离可达 1200m，通信速率可达 10Mbit/s。RS-485 以半双工方式传输数据，能够在远距离高速通信中利用屏蔽双绞线完成通信任务，因此在 PLC 的控制网络中广泛应用。

2. FX₂ₙ-485-BD

FX₂ₙ-485-BD（简称 485BD）是用于 RS-485 通信的特殊功能板，一台 FX₂ₙ 系列 PLC 内可以安装一块 485BD 功能扩展板，其功能和接线如下。

（1）485BD 的功能

① 无协议的数据传送：通过 RS-485 转换器，可在各种带有 RS-232C 单元的设备之间进行数据通信（如个人计算机、条形码阅读机和打印机）。此时，数据的发送和接收是通过 RS 指令指定的数据寄存器来进行的，整个系统的扩展距离为 50m。

② 专用协议的数据传送：使用 FX$_{2N}$-485-BD 和 RS-485-ADP，将计算机作为主站，通过 FX-485PC-IF 与 N 台 FX、A 系列 PLC（作为从站）进行连接（系统的扩展距离为 50m，最多 16 个站），形成通信网络（即 1∶N 连接），实现生产线、车间或整个工厂的监视和自动化，如图 5-53 所示。

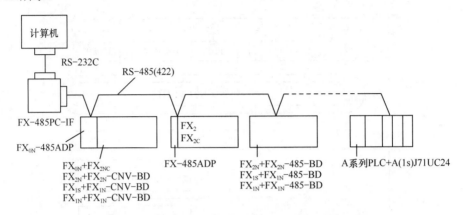

图 5-53　使用 RS-485 接口的计算机连接系统配置

③ 并行连接的数据传送：两台 FX$_{2N}$ 系列 PLC，可在 1∶1 的基础上进行数据传送，可对 100 个辅助继电器和 10 个数据寄存器进行数据传送，整个系统的扩展距离为 50m（最远 500m）。

④ N∶N 网络的数据传送：可以将若干台 FX$_{2N}$ 系列 PLC 通过 FX$_{2N}$-485-DB 相连接，组成 N∶N（总线上 N 个 PLC）的 RS-485 通信网络，整个系统的扩展距离为 50m（最远 500m），最多为 8 个站。

（2）特性（见表 5-11）

表 5-11　FX$_{2N}$-485-DB 通信板的特性

项　目	内　容	项　目	内　容
通信标准	遵照 RS-485 和 RS-422A	通信距离	最远 50m
通信方法和协议	N∶N 网络	传输速率	专用协议和无协议：300～19200bit/s
	专用协议（格式 1 或格式 4）		并行连接：19200bit/s
	半双工通信		N∶N 网络：38400bit/s
	并行连接		
LED 指示	SD、RD	隔离	无隔离

（3）设备连接

图 5-54 为 FX$_{2N}$-485-BD 板，其设备连线有两种接线方式：一是使用两对导线连接（见图 5-55）；二是使用一对导线连接（见图 5-56）。图中 R 为端子电阻（330Ω），在两对导线连接时，端子 SDA 和 SDB 及 RDA 和 RDB 之间需连接端子电阻；在一对导线连接时，仅端子 RDA 和 RDB 之间需连接端子电阻。屏蔽双绞电缆的屏蔽线必须接地（<100Ω），且当使用并行连接时，两端都需接地。

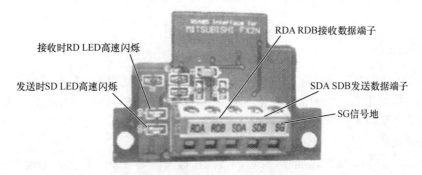

图 5-54 FX$_{2N}$-485-DB 板

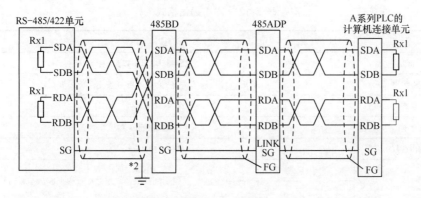

图 5-55 采用两对导线时的连接

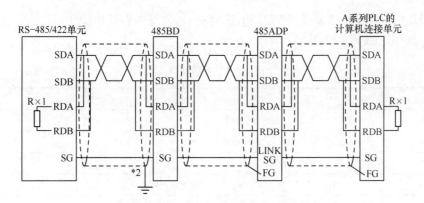

图 5-56 采用一对导线时的连接

5.3.3 PLC 与 PLC 之间的通信

在工业控制系统中，对于多控制任务的复杂控制系统，不可能单靠增大 PLC 点数或改进机型来实现复杂的控制功能，而是采用多台 PLC 组网通信来实现。PLC 与 PLC 之间的通信称为同位通信，又可分为并行通信和 N:N 通信，PLC 与 PLC 之间使用 RS-485 通信用的 485BD 功能扩展板或特殊适配器来连接，可以通过简单的程序实现 2～8 台 PLC 的数据连接。在各 PLC 间，位软元件（0～64 点）和字软元件（4～8 点）被自动连接，因此，在任何一台 PLC 上都可以知道其他 PLC 位元件的 ON/OFF 状态和数据寄存器的数值。应该注意的是，通信时其内部的特殊辅助继电器不能作为其他用途。这种连接适用于生产线的分布控制和集中管理等场合。

1．并行通信

FX 系列 PLC 的并行通信即 1∶1 通信，它应用特殊辅助继电器和数据寄存器在两台 PLC 间进行自动的数据传送。并行通信有普通模式和高速模式两种，由特殊辅助继电器 M8162 识别；主、从站分别由 M8170 和 M8171 特殊辅助继电器来设定。

（1）通信规格

FX$_{2N}$（C）、FX$_{1N}$ 和 FX$_{3U}$ 系列 PLC 的数据传输可在 1∶1 的基础上，通过 100 个辅助继电器和 10 个数据寄存器来完成。其通信规格如表 5-12 所示。

表 5-12 1∶1 通信格式

项　　目	规　　格	
通信标准	与 RS-485 及 RS-422 一致	
最大传输距离	500m（使用通信适配器），50m（使用功能扩展板）	
通信方式	半双工通信	
传输速率	19200bit/s	
可连接站点数	1∶1	
通信时间	一般模式：70ms	包括交换数据、主站运行周期和从站运行周期
	高速模式：20ms	

（2）通信标志

在使用 1∶1 网络时，FX 系列 PLC 的部分特殊辅助继电器被用做通信标志，代表不同的通信状态，其作用如表 5-13 所示。

表 5-13 通信标志

元　　件	作　　用
M8070	并行通信时，主站 PLC 必须使 M8070 为 ON
M8071	并行通信时，从站 PLC 必须使 M8071 为 ON
M8072	并行通信时，PLC 运行时为 ON
M8073	并行通信时，当 M8070、M8071 被不正确设置时为 ON
M8162	并行通信时，刷新范围设置，ON 为高速模式，OFF 为一般模式
D8070	并行通信监视时间，默认为 500ms

（3）软元件分配

在使用 1∶1 网络时，FX 系列 PLC 的部分辅助继电器和部分数据寄存器被用于存放本站的信息，其他站可以在 1∶1 网络上读取这些信息，从而实现信息的交换，其辅助继电器和部分数据寄存器的分配如下。

① 一般模式。

在使用 1∶1 网络时，若使特殊辅助继电器 M8162 为 OFF，则选择一般模式进行通信，其通信时间为 70ms。对于 FX$_{2N}$（C）、FX$_{1N}$ 系列 PLC，其部分辅助继电器和数据寄存器被用于传输网络信息，分配如图 5-57 所示。

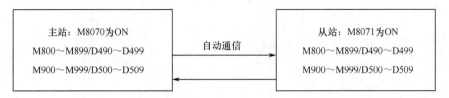

图 5-57　辅助继电器和数据寄存器分配

② 高速模式。

在使用 1∶1 网络时，若使特殊辅助继电器 M8126 为 ON，则选择高速模式进行通信，其通信时间为 20ms。对于 FX_{2N}（C）、FX_{1N} 系列 PLC，其 4 个数据寄存器被用于传输网络信息，分配如图 5-58 所示。

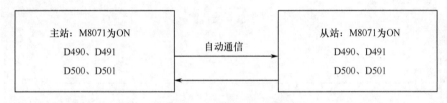

图 5-58　数据寄存器分配

2. PLC 的 1∶1 通信

设计一个具有两台 PLC 的 1∶1 网络通信系统，并在实验室完成调试。

（1）设计要求

① 该系统设有两个站，其中一个主站，一个从站，采用 RS-485BD 板，通过 1∶1 网络的一般模式进行通信。

② 主站输入信号（X0～X7）的 ON/OFF 状态要求从两台 PLC 的 Y0～Y7 输出。

③ 从站输入信号（X0～X7）的 ON/OFF 状态要求从两台 PLC 的 Y10～Y17 输出。

④ 主、从 PLC 的输入信号 X10 分别为其计数器 C0 的输入信号。当两个站的计数器 C0 的计数之和小于 5 时，系统输出 Y20；大于等于 5 且小于等于 10 时，系统输出 Y21；大于 10 时，系统输出 Y22。

（2）设计思路

系统由两台 PLC 组成 1∶1 网络，两台 PLC 分别设为主站和从站。每个站除了将本站的信息挂到网上，同时，还要从网上接收需要的信息，然后进行处理，执行相应的操作。

（3）I/O 分配及系统接线图

根据系统的控制要求、设计思路，PLC 的 I/O 分配为 X0～X10：SB0～SB8；Y0～Y7：对应主站的输入信号 X0～X7；Y10～Y17：对应从站的输入信号 X0～X7；Y20：计数之和小于 5 指示，Y21：计数之和大于等于 5 小于等于 10 指示，Y22：计数之和大于 10 指示。系统接线图如图 5-59 所示。

（4）系统程序

根据 PLC 的输入输出分配及设计思路，PLC 的控制程序如图 5-60 所示。

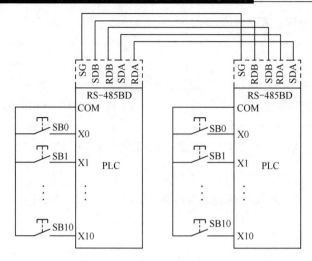

SG
SDB
RDB
SDA
RDA
RS-485BD
COM
SB0
X0
SB1
X1
PLC
SB10
X10
SG
RDB
SDB
RDA
SDA
RS-485BD
COM
SB0
X0
SB1
X1
PLC
SB10
X10

图 5-59　接线图

* < 设为主站 >
0
X8000
M8070
* < 将主站输入信号挂网上 >
MOV K2X000 K2M800
* < 将比较结果挂网上 >
MOV K1Y020 K1M808
* < 将主站输入信号输出 >
MOV K2X000 K2Y000
* < 读取从站输入信号，并将其输出 >
MOV K2M900 K2Y010
* < 对X10进行计数 >
23
X010
K100
C0
* < 求两台PLC的计数次数 >
27
M8000
ADD C0 D500 D0
* < 将计数次数进行比较，并将结果输出 >
ZCP K5 K10 D0 Y020
44
END

（a）主站程序

图 5-60　控制程序

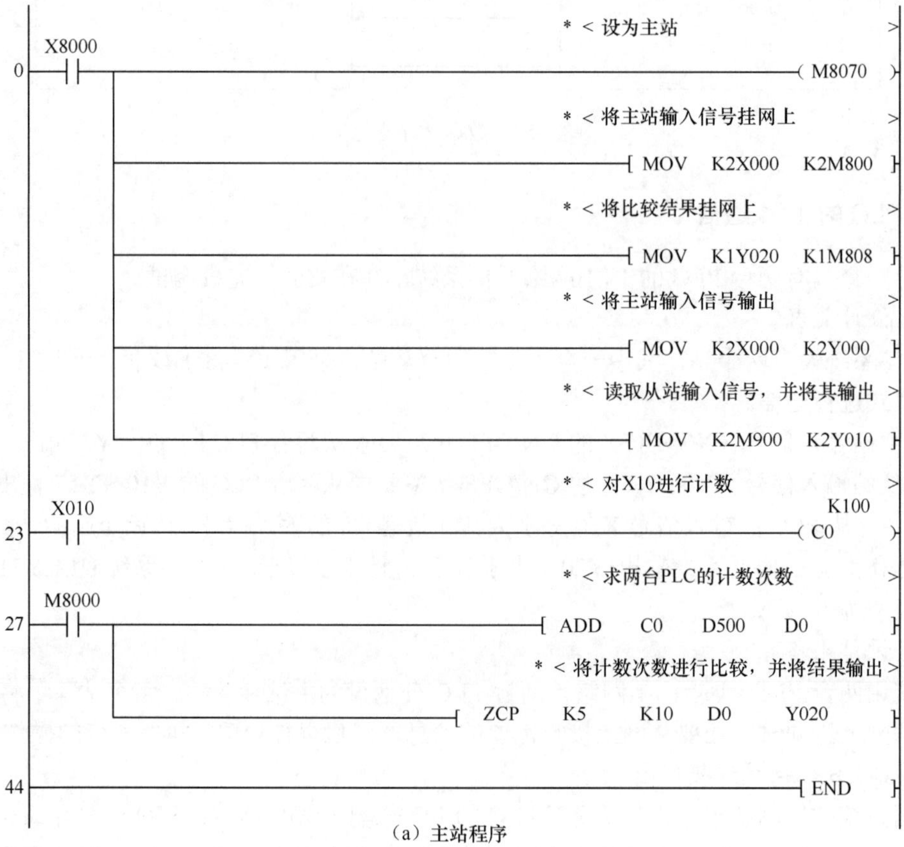

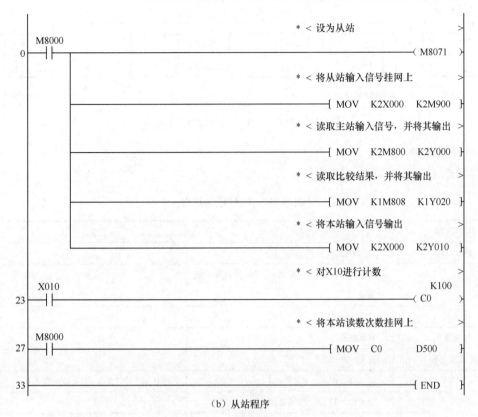

（b）从站程序

图 5-60　控制程序（续）

（5）系统调试

① 按图 5-60 输入程序，下载至 PLC。

② 按图 5-59 接线图连接好 PLC 输入电路及 RS-485 总线。

③ 按主站的输入信号 SB0（X0）～SB7（X7）中的任意若干个，则两个站的对应输出信号 Y0～Y7 指示亮。

④ 按从站的输入信号 SB0（X0）～SB7（X7）中的任意若干个，则两个站的对应输出信号 Y10～Y17 指示亮。

⑤ 按任意站的输入信号 SB8（X10）若干次，当所按次数之和小于 5 时，两个站的输出信号 Y20 指示亮；大于等于 5 且小于等于 10 时，两个站的输出 Y21 指示亮；大于 10 时，两个站的输出信号 Y22 指示亮。

3．N∶N 通信

FX 系列 PLC 进行的数据传输可建立 N∶N 的通信，通信时必须有一台 PLC 为主站，其他 PLC 为从站，最多能够连接 8 台 FX 系列 PLC，如图 5-61 所示。在被连接的站点中，位元件（0～64 点）和字元件（4～8 点）可以被自动连接，每一个站可以监控其他站的共享数据。通信时所需的设备有 RS-485 适配器或功能扩展板（FX₂N-485-BD、FX₁N-485-BD）。

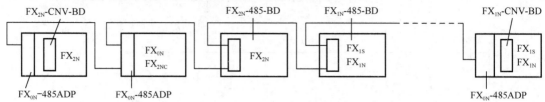

图 5-61 PLC 与 PLC 之间的 N：N 通信

（1）通信规格

N：N 的通信规格如表 5-14 所示。

表 5-14 N：N 通信规格

项　　目		规　　格	备　　注
通信标准		RS-485	
最大传输距离		500m（使用通信适配器），50m（使用功能扩展板）	
方式		半双工通信	
传输速率		38400bit/s	
可连接点数		最多 8 个站	
刷新范围	模式 0	位元件：0 点，字元件：4 点	若使用了 1 个 FX$_{1S}$，则只能用模式 0
	模式 1	位元件：32 点，字元件：4 点	
	模式 2	位元件：64 点，字元件：8 点	

（2）通信标志继电器

在使用 N：N 通信时，FX 系列 PLC 的部分辅助继电器被用做通信标志，代表不同的通信状态，其分配及作用如表 5-15 所示。

表 5-15 通信标志继电器分配及作用

辅助继电器		名　　称	作　　用	影　响　站　点
FX$_{0N}$、FX$_{1S}$	FX$_{1N}$、FX$_{2N}$（C）			
M8038		网络参数设置标志	用于设置 N：N 网络参数	M（主）/L（从）
M504	M8183	主站通信错误标志	当主站通信错误时为 ON	L（从）
M505～M511	M8184～M8190	从站通信错误标志	当从站通信错误时为 ON	M（主）/L（从）
M503	M8191	数据通信标志	当与其他站通信时为 ON	M（主）/L（从）

从表 5-15 可看出，在 CPU 出错或程序有错或在停止状态下，对每一站点处产生的通信错误数目不能计数。

此外，PLC 内部辅助继电器与从站号是一一对应的。如对 FX$_{0N}$/FX$_{1S}$ 来说，第 1 从站是 M505，第 2 从站是 M506，……，第 7 从站是 M511。而对于 FX$_{1N}$/FX$_{2N}$/FX$_{2N}$（C）来说，第 1 从站是 M8184，第 2 从站是 M8185，……，第 7 从站是 M8190。

（3）数据寄存器

在使用 N∶N 通信时，FX 系列 PLC 的部分数据寄存器被用于设置通信参数和存储错误代码，其分配及作用如表 5-16 所示。

表 5-16 数据寄存器的分配及作用

数据寄存器		名　称	作　用	站点响应
FX_{0N}、FX_{1S}	FX_{1N}、FX_{2N}（C）			
D8173		站号存储	用于存储本站的站号	M/L
D8174		从站总数	用于存储从站的总数	M/L
D8175		刷新范围	用于存储刷新范围	M/L
D8176		站号设置	用于设置站号，0 为主站，1～7 为从站	M/L
D8177		从站数设置	用于主站中设置从站的总数（默认 7）	M
D8178		刷新范围设置	用于设置刷新范围，0～2 对应模式 0～2（默认 0）	M
D8179		重试次数设置	用于在主站中设置重试次数 0～10（默认 3）	M
D8180		通信超时设置	设置通信超时的时间 50～2550ms，对应设置为 5～255（默认 5）	M
D201	D8201	当前网络扫描时间	存储当前网络扫描时间	M/L
D202	D8202	网络最大扫描时间	存储网络最大扫描时间	M/L
D203	D8203	主站通信错误数目	存储主站通信错误数量	L
D204～D210	D8204～D8210	从站通信错误数目	存储从站通信错误数目	M/L
D211	D8211	主站通信错误代码	存储主站通信错误代码	L
D212～D218	D8212～D8218	从站通信错误代码	存储从站通信错误代码	M/L

D8177 为设定从站点总数数据寄存器。当 D8177=1 时，为 1 个从站点，当 D8177=2 时，为 2 个从站点，……，当 D8177=7 时，为 7 个从站点，当不设定时，默认值为 7。

D8178 为设定刷新范围（0～2）数据寄存器。当 D8178=0 时，为模式 0；当 D8178=1 时，为模式 1，当 D8178=2 时，为模式 2。

（4）软元件分配

在使用 N∶N 通信时，FX 系列 PLC 的部分辅助继电器和部分数据寄存器被用于存放本站的信息，其他站可以在 N∶N 网络上读取这些信息，从而实现信息的交换，其辅助继电器和部分数据寄存器的分配如表 5-17 所示。

表 5-17 软元件的分配

站　号	模式 0	模式 1		模式 2	
	字元件（D）	位元件（M）	字元件（D）	位元件（M）	字元件（D）
	4 点	32 点	4 点	64 点	8 点
0#站	D0～D3	M1000～M1031	D0～D3	M1000～M1063	D0～D7
1#站	D10～D13	M1064～M1095	D10～D13	M1064～M1127	D10～D17
2#站	D20～D23	M1128～M1159	D20～D23	M1128～M1191	D20～D27
3#站	D30～D33	M1192～M1223	D30～D33	M1192～M1255	D30～D37

续表

站　号	模式 0	模式 1		模式 2	
	字元件（D）	位元件（M）	字元件（D）	位元件（M）	字元件（D）
	4 点	32 点	4 点	64 点	8 点
4#站	D40～D43	M1256～M1287	D40～D43	M1256～M1319	D40～D47
5#站	D50～D53	M1320～M1351	D50～D53	M1320～M1383	D50～D57
6#站	D60～D63	M1384～M1415	D60～D63	M1384～M1447	D60～D67
7#站	D70～D73	M1448～M1479	D70～D73	M1448～M1511	D70～D77

模式 0 时，对于 FX$_{0N}$、FX$_{1S}$、FX$_{1N}$、FX$_{2N}$、FX$_{2N}$（C）系列 PLC 来说，第 0～7 号站的位软元件不刷新，而只对字软元件（每站 4 点）刷新，即只对第 0 号站的 D0～D3，第 1 号站的 D10～D13，……，第 7 号站的 D70～D73 刷新。

模式 1 时，对于 FX$_{1N}$、FX$_{2N}$、FX$_{2N}$（C）系列 PLC 来说，可对每站 32 点位软元件、4 点字软元件的刷新范围刷新，即可对第 0 号站的 M1000～M1031、D0～D3，第 1 号站的 M1064～M1095、D10～D13，第 2 号站的 M1128～M1159、D20～D23，……，第 7 号站的 M1448～M1479、D70～D73 刷新。

模式 2 时，对于 FX$_{1N}$、FX$_{2N}$、FX$_{2N}$（C）系列 PLC 来说，可对每站 64 点位软元件，8 点字软元件的刷新范围刷新，即可对第 0 号站的 M1000～M1063、D0～D7，第 1 号站的 M1064～M1127、D10～D17，……，第 7 号站的 M1448～M1511、D70～D77 刷新。

（5）参数设置程序例

在进行 N∶N 网络通信时，需要在主站设置站号（0）、从站总数（2）、刷新范围（1）、重试次数（3）和通信超时（60ms）等参数，为了确保参数设置程序作为 N∶N 通信参数，通信参数设置程序必须从第 0 步开始编写，其程序如图 5-62 所示。

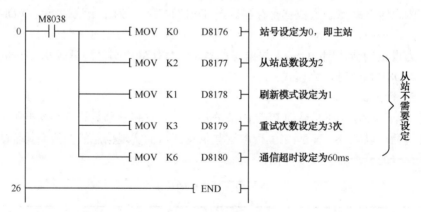

图 5-62　主站参数设置程序

5.3.4　任务实现：3 台 PLC 的 N∶N 网络通信系统

1. 设计思路

系统由 3 台 PLC 组成 N∶N 网络，3 台 PLC 分别设为网络的 0#站（即主站）、1#站和 2#站。每个站除了设置通信参数外，还要将本站的信息挂到网上，同时，还要接收网上相应的信息，然后进行处理，执行相应的操作。

2. I/O 分配与硬件接线

根据系统的控制要求、设计思路，PLC 的 I/O 分配为 X0：SB0；X1：SB1，X2：SB2，X3：SB3，X4：SB4；Y0：计数之和小于 5 指示，Y1：计数之和大于等于 5 且小于等于 10 指示，Y2：计数之和大于 10 指示，Y10～Y23 为相应站的输入指示。系统接线图如图 5-63 所示。

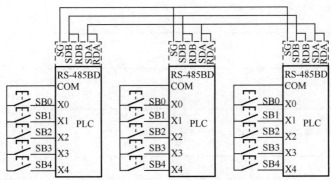

说明：对于单对子布线，要在 RDA 与 RDB 之间并联 300Ω 的电阻。

图 5-63　接线图

3. 系统程序

根据 PLC 的输入输出分配及设计思路，PLC 的控制程序如图 5-64 所示。

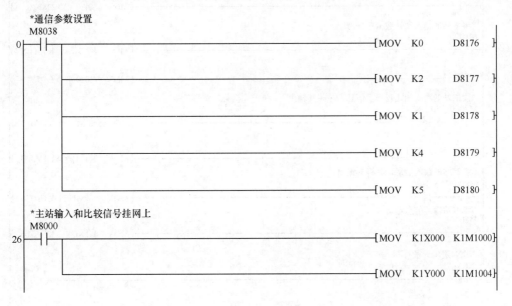

图 5-64　控制程序

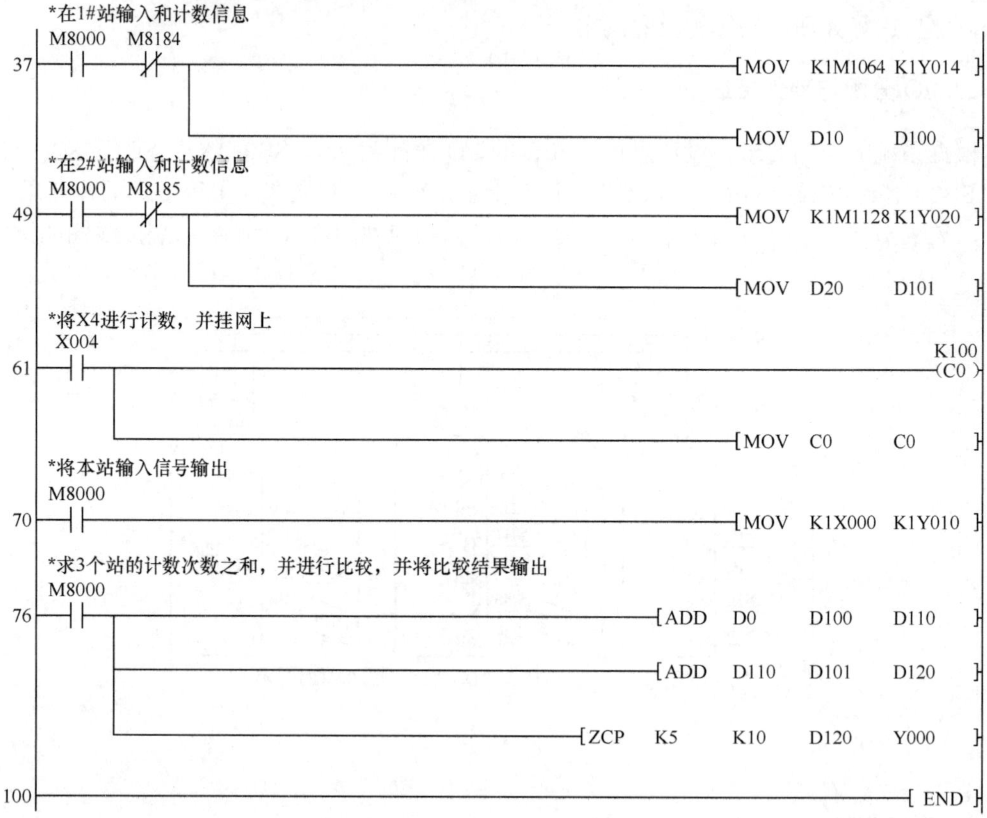

*在1#站输入和计数信息
```
     M8000  M8184
37 ──┤├────┤/├──────────────────────────────[MOV  K1M1064 K1Y014]
                │
                └──────────────────────────[MOV  D10      D100  ]
```

*在2#站输入和计数信息
```
     M8000  M8185
49 ──┤├────┤/├──────────────────────────────[MOV  K1M1128 K1Y020]
                │
                └──────────────────────────[MOV  D20      D101  ]
```

*将X4进行计数，并挂网上
```
     X004                                                  K100
61 ──┤├────┬───────────────────────────────────────────(C0   )
           │
           └──────────────────────────────[MOV  C0       C0    ]
```

*将本站输入信号输出
```
     M8000
70 ──┤├────────────────────────────────────[MOV  K1X000  K1Y010]
```

*求3个站的计数次数之和，并进行比较，并将比较结果输出
```
     M8000
76 ──┤├────┬───────────────────────[ADD  D0    D100   D110 ]
           │
           ├───────────────────────[ADD  D110  D101   D120 ]
           │
           └───────────────[ZCP  K5    K10    D120   Y000 ]

100 ─────────────────────────────────────────────────[ END ]
```

（a）主站程序

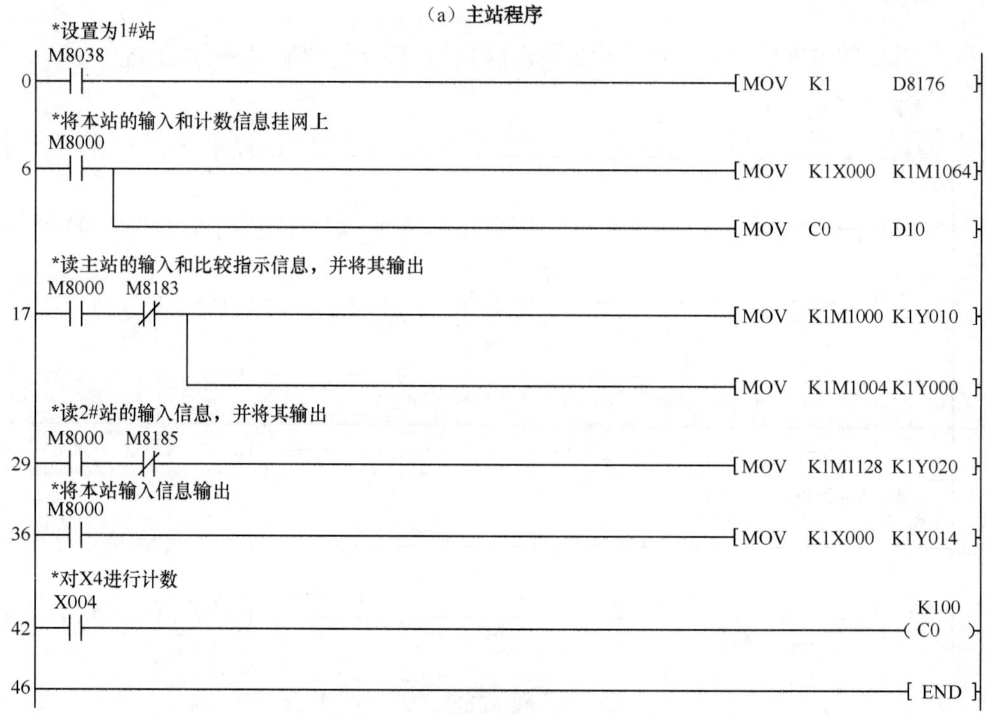

*设置为1#站
```
     M8038
 0 ──┤├────────────────────────────────────[MOV  K1       D8176 ]
```

*将本站的输入和计数信息挂网上
```
     M8000
 6 ──┤├────┬───────────────────────────────[MOV  K1X000  K1M1064]
           │
           └───────────────────────────────[MOV  C0       D10   ]
```

*读主站的输入和比较指示信息，并将其输出
```
     M8000  M8183
17 ──┤├────┤/├──────────────────────────────[MOV  K1M1000 K1Y010]
                │
                └──────────────────────────[MOV  K1M1004 K1Y000]
```

*读2#站的输入信息，并将其输出
```
     M8000  M8185
29 ──┤├────┤/├──────────────────────────────[MOV  K1M1128 K1Y020]
```

*将本站输入信息输出
```
     M8000
36 ──┤├────────────────────────────────────[MOV  K1X000  K1Y014]
```

*对X4进行计数
```
     X004                                                  K100
42 ──┤├───────────────────────────────────────────────(C0   )

46 ─────────────────────────────────────────────────[ END ]
```

（b）1#站程序

图 5-64 控制程序（续）

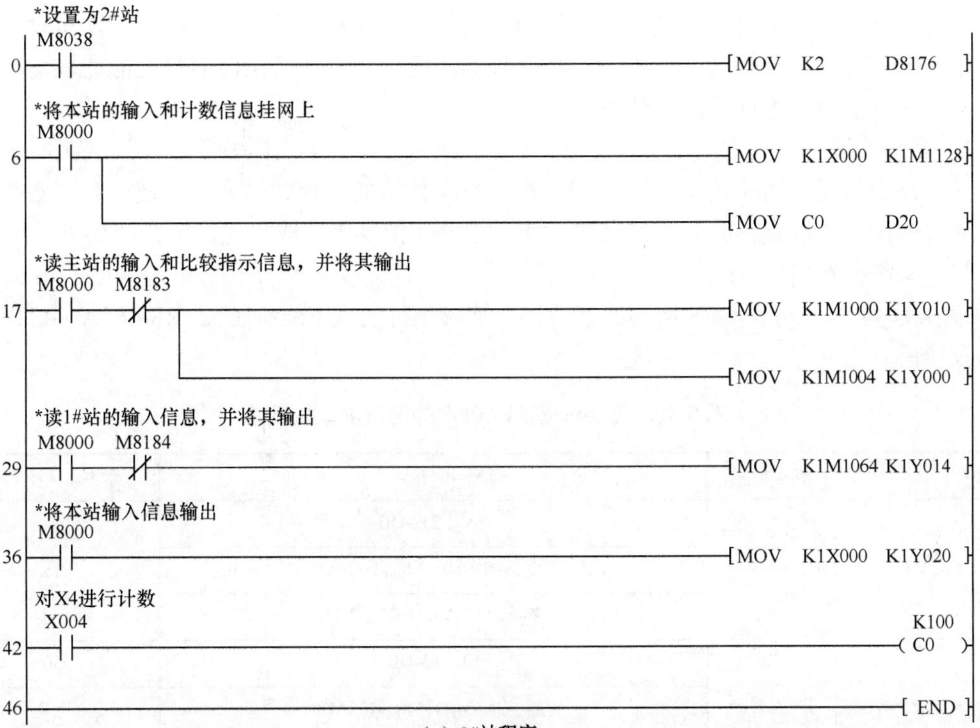

```
      *设置为2#站
       M8038
  0 ───┤├──────────────────────────────────────────[MOV    K2        D8176 ]

      *将本站的输入和计数信息挂网上
       M8000
  6 ───┤├──────────┬───────────────────────────────[MOV    K1X000   K1M1128]
                   │
                   └───────────────────────────────[MOV    C0        D20   ]

      *读主站的输入和比较指示信息，并将其输出
       M8000    M8183
 17 ───┤├──────┤/├─────────┬─────────────────────────[MOV   K1M1000  K1Y010 ]
                           │
                           └─────────────────────────[MOV   K1M1004  K1Y000 ]

      *读1#站的输入信息，并将其输出
       M8000    M8184
 29 ───┤├──────┤/├──────────────────────────────────[MOV   K1M1064  K1Y014 ]

      *将本站输入信息输出
       M8000
 36 ───┤├──────────────────────────────────────────[MOV   K1X000   K1Y020 ]

      对X4进行计数
       X004                                                            K100
 42 ───┤├──────────────────────────────────────────────────────────( C0 )

 46 ─────────────────────────────────────────────────────────────[ END ]
```

（c）2#站程序

图 5-64　控制程序（续）

4. 系统调试

（1）按图 5-64 输入程序，下载至 PLC。

（2）按图 5-63 接线图连接好 PLC 输入电路及 RS-485 总线（将 RDA 和 SDA 连接作为 DA，将 RDB 和 SDB 连接作为 DB）。

（3）按主站的输入信号 SB0（X0）、SB1（X1）、SB2（X2）、SB3（X3）中的任意 1 个或 2 个或 3 个或 4 个，则 3 个站的对应输出信号 Y10、Y11、Y12、Y13 指示亮。

（4）按 1#站的输入信号 SB0（X0）或 SB1（X1）或 SB2（X2）或 SB3（X3）中的任意 1 个或 2 个或 3 个或 4 个，则 3 个站的对应输出信号 Y14、Y15、Y16、Y17 指示亮。

（5）按 2#站的输入信号 SB0（X0）或 SB1（X1）或 SB2（X2）或 SB3（X3）中的任意 1 个或 2 个或 3 个或 4 个，则 3 个站的对应输出信号 Y20、Y21、Y22、Y23 指示亮。

（6）按任意站的输入信号 SB4（X4）若干次，当所按次数之和小于 5 时，3 个站的输出信号 Y0 指示亮；大于等于 5 且小于等于 10 时，3 个站的输出信号 Y1 指示亮；大于 10 时，3 个站的输出信号 Y2 指示亮。

 知识链接

1. PLC 与变频器的通信

PLC 与变频器之间通过通信方式实施控制得到了越来越广泛的应用，因为这种控制方式

抗干扰能力强、传输距离远、硬件简单且成本较低。它的缺点是编程工作量大，实时性没有模拟量控制及时。这种控制方式不但控制变频器的运行和频率变化，而且还能读取变频器的各种数据，对变频器进行监控和处理。

1）无协议通信

无协议通信就是用 RS 串行通信指令进行数据传输的一种通信方式，通信时，必须配置相应的通信接口、设置相应的通信格式、使用相关的指令来完成，现简要介绍如下。

（1）系统配置

FX_{2N} 系列 PLC 与表 5-18 所列的通信接口连接，可实现 RS-232C 或 RS-485A（422A）的无协议通信。

表 5-18　无协议通信时 PLC 与通信接口的配置

传 输 标 准	PLC 型号	使 用 接 口	最大通信距离/m
RS-232C	FX_{2N}	FX_{2N}-232-DB	15
		FX_{2N}-CNV-DB+FX_{0N}-232ADP	
		FX_{2N}(C)-CNV-IF+FX_{2N}-232IF	
RS-485A(422A)		FX-485-DB	50
		FX_{2N}-CNV-BD+FX_{0N}-485ADP	500
		使用计算机的 RS-232C 接口连接时，需要 RS-485A/RS-232C 信号转换器	

（2）通信数据的处理

无协议通信的数据处理是通过串行数据通信指令 RS 来完成的，因此，首先介绍与通信有关的功能指令。

① 串行数据通信指令 RS。RS 指令是串行数据传送指令，该指令为 16 位指令，用于对 RS-232 及 RS-485 等扩展功能板及特殊适配器进行串行数据的发送和接收的指令，其指令形式如图 5-65 所示。

图 5-65　RS 指令

图中 m 和 n 是发送和接收数据的字节数，可以用数据寄存器（D）或直接用 K、H 常数来设定。在不进行数据发送（或接收）的系统中，将发送（或接收）的字节数设定为 0。

注意：本指令在编程时可以多次使用，但在运行时任一时刻只能有一条指令被激活。

② 通信格式的设定（D8120）。在 PLC 中，特殊功能数据寄存器 D8120 用于设定通信格式，D8120 除了用于 RS 指令的无协议通信外，还可用于计算机链接通信。D8120 的位定义如表 5-19 所示。若通信格式的设定如表 5-20 所示，则 D8120 的设定程序如图 5-66 所示。

表 5-19 D8120 位信息表

位　号	名　称	内　容	
		0（位 OFF）	1（位 ON）
b0	数据长度	7 位	8 位
(b 1, b 2)	奇偶性	(0, 0) 无，(0, 1) 奇，(1, 1) 偶	
b 3	停止位	1 位	2 位
(b 4, b 5, b 6, b 7)	传输速率（bit/s）	(0, 0, 1, 1) 300，(0, 1, 0, 0) 600，(0, 1, 0, 1) 1200，(0, 1, 1, 0) 2400，(0, 1, 1, 1) 4800，(1, 0, 0, 0) 9600，(1, 0, 0, 1) 19200	
b 8	起始符	无	有（D8124）初始值：STX(02H)
b 9	终止符	无	有（D8125）初始值：ETX(03H)
(b 10, b11)	控制线	无顺序 (0, 0)：无（RS-232C 接口） (0, 1)：普通模式（RS-232C 接口） (1, 0)：互锁模式（RS-232C 接口） (1, 1)：调制解调器模式（RS-232C 接口，RS-485 接口）	
		计算机链接通信 (0, 0)：RS-485 接口 (1, 0)：RS-232C 接口	
b 12		不可使用	
b 13	和校验	不附加	附加
b 14	协议	不使用	使用
b 15	控制顺序	格式 1	格式 4

表 5-20 设定举例

数据长度	7 位	起始符	无
奇偶检验	奇数	终止符	无
停止位	1	控制线	无
传输速率	19200bit/s		

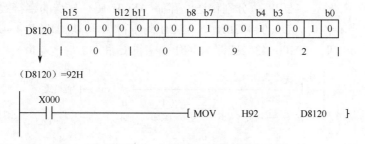

图 5-66 D8120 的设定程序

③ RS 指令收发数据的程序。RS 指令指定 PLC 发送数据的起始地址与字节数以及接收数据的起始地址与字节数，其接收和发送数据的程序如图 5-67 所示。

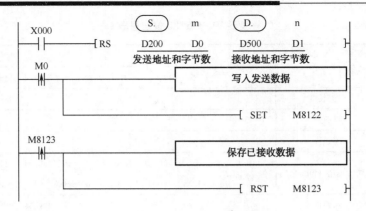

图 5-67 RS 程序格式

④ 发送请求标志（M8122）。在图 5-67 中，RS 指令的驱动输入 X000 为 ON 时，PLC 即进入发送和接收等待状态。在发送和接收等待状态时，用脉冲指令置位特殊辅助继电器 M8122，就开始发送从 D200 开始的 D0 长度的数据，数据发送完毕，M8122 自动复位。

⑤ 接收完成标志（M8123）。数据接收完成后，接收完成标志特殊辅助继电器 M8123 置位，M8123 需通过程序复位，但在复位前，要将接收的数据进行保存，否则接收的数据将被下一次接收的数据覆盖。复位完成后，则再次进入接收等待状态。

⑥ 数据处理模式（M8161）。特殊辅助继电器 M8161 是 RS、HEX、ASCI 和 CCD 指令公用的特殊标志。当 M8161=OFF 时，即 16 位数据处理模式，先发送或接收数据寄存器的低 8 位，然后是高 8 位；当 M8161=ON 时，即 8 位数据处理模式，忽略高 8 位，仅低 8 位有效，即只发送或接收数据寄存器的低 8 位。

⑦ HEX→ASCII 变换指令 ASCI。ASCI 指令是将十六进制数转换成 ASCII 码的指令，其使用说明如下：

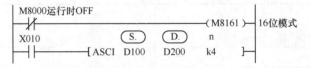

当 M8161=OFF 时，[S.]中的 HEX 数据的各位按低位到高位的顺序转换成 ASCII 码后，向目标元件[D.]的高 8 位、低 8 位分别传送、存储 ASCII 码，传送的字符数由 n 指定。如 D100=0ABCH，当 n=4 时，D200=4130H 即 ASCII 码字符 A 和 0，D201=4342H 即 ASCII 码字符 C 和 B；当 n=2 时，D200=4342H 即 ASCII 码字符 C 和 B。

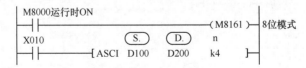

当 M8161=ON 时，[S.]中的 HEX 数据的各位转换成 ASCII 码后，向目标元件[D.]的低 8 位传送、存储 ASCII 码，高 8 位将被忽略（为 0），传送的字符数由 n 指定。如 D100=0ABCH，当 n=4 时，D200=0030H 即 ASCII 码字符 0，D201=0041H 即 ASCII 码字符 A，D202=0042H 即 ASCII 码字符 B，D203=0043H 即 ASCII 码字符 C；当 n=2 时，D200=0042H 即 ASCII 码字符 B，D201=0043H 即 ASCII 码字符 C。

⑧ 校验码指令 CCD。CCD 指令是计算校验码的专用指令，可以计算总和校验和水平校验数据。在通信数据传输时，常用 CCD 指令生成校验码，其使用说明如下：

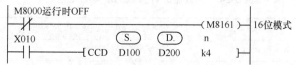

当 M8161=OFF 时，[S.]指定的元件为起始的 n 个字节，将其高低各 8 位的数据总和与水平校验数据存于[D.]和[D.]+1 的元件中，总和校验溢出部分无效。

当 M8161=ON 时，[S.]指定的元件为起始的 n 个数据的低 8 位，将其数据总和与水平校验数据存于[D.]和[D.]+1 的元件中，[S.]的高 8 位将被忽略，总和校验溢出部分无效。

2）变频器的 RS-485 通信

（1）RS-485 通信的数据格式

变频器与计算机、PLC 等进行 RS-485 通信时，其通信格式有多种，分别是 A、A′、B、C、D、E、E′、F 格式，现介绍如下。

① 数据写入时从计算机到变频器的通信请求数据格式（见表 5-21）。

表 5-21　计算机通信请求时的数据格式

格式	字 符 排 列												
	1	2	3	4	5	6	7	8	9	10	11	12	13
A	ENQ	变频器站号		指令代码		等待时间	数据				总和校验码		CR/LF
A′	ENQ	变频器站号		指令代码		等待时间	数据		总和校验码		CR/LF		
B	ENQ	变频器站号		指令代码		等待时间	总和校验码		CR/LF				

② 数据写入时从变频器到计算机的应答数据格式（见表 5-22）。

表 5-22　变频器应答时的数据格式

格　式	字 符 排 列				
	1	2	3	4	5
C	ACK	变频器站号		CR/LF	
D	NAK	变频器站号		错误代码	CR/LF

③ 读出数据时变频器到计算机的应答数据格式（见表 5-23）。

表 5-23　读数据时变频器的应答数据格式

格式	字 符 排 列										
	1	2	3	4	5	6	7	8	9	10	11
E	STX	变频器站号		读的数据				ETX	总和校验码		CR/LF
E′	STX	变频器站号		读的数据		ETX	总和校验码		CR/LF		
D	NAK	变频器站号		错误代码	CR/LF						

④ 读出数据时从计算机到变频器的发送数据格式（见表 5-24）。

表 5-24　读数据时计算机的发送数据格式

格　式	数据排列			
	1	2	3	4
C	ACK	变频器站号		CR/LF
F	NAK	变频器站号		CR/LF

在以上通信格式中其控制代码的意义如表 5-25 所示。

表 5-25　控制代码

信　号	ASCⅡ码	说　　明
STX	H02	正文开始（数据开始）
ETX	H03	正文结束（数据结束）
ENQ	H05	询问（通信请求）
ACK	H06	承认（没有发现数据错误）
LF	H0A	换行
CR	H0D	回车
NAK	H15	不承认（发现数据错误）

变频器站号是指与计算机、PLC 通信的变频器的站号，可指定为 0～31。指令代码是指计算机、PLC 等发送到变频器，指定变频器需要执行的操作代码，如运行、停止、监视等。数据是指与变频器运行相关的数据，如频率、参数等。等待时间是指变频器收到计算机、PLC 的数据和传输应答数据之间的等待时间，它由 Pr.123 来设定；当 Pr.123 设定为 9999 时，才在此通信数据中进行设定；当 Pr.123 设定为 0～150 时，通信数据不用设定等待时间，通信数据则少一个字符。总和校验码是指通信数据的 ASCII 码的代数和，取其低 2 位（16 进制数）数字的 ASCII 码。求总和校验码的方法如表 5-26、表 5-27 所示。

表 5-26　总和校验 1

A 格式	ENQ	站号	指令代码	等待时间	数据	总和校验码
数据位	1	2　3	4　5	6	7　8　9　10	11　12
原始数据	H05	0　1	E　1	1	0　7　A　D	F　4
ASCII 码	H05	H30　H31	H45　H31	H31	H30　H37　H41　H44	H46　H34
求校验总和	H30+H31+H45+H31+H31+ H30+H37+H41+H44=H1F4 HF4 为总和校验原始数据					

表 5-27　总和校验 2

E 格式	STX	站　　号	读 出 数 据	ETX	总和校验码
数据位	1	2　3	4　5　6　7	8	9　10

续表

E 格式	STX	站　　号	读 出 数 据	ETX	总和校验码
原始数据	H02	0　1	1　7　7　0	H03	3　10
ASCII 码	H02	H30　H31	H31　H37　H37　H30	H03	H33　H30
求校验总和	H30+H31+H31+H37+H37+H30=H130　H30 为总和校验原始数据				

（2）运行指令代码

变频器是通过执行计算机或 PLC 发送来的指令代码 HFA 和 HF9（扩展时）以及相关数据来运行的，其相关数据的数据位定义如表 5-28 所示。

表 5-28　运行指令代码的数据位定义

指 令 代 码	位长	数据位定义	指 令 代 码	位长	数据位定义
HFA	8 位	b0：AU（电流输入选择） b1：正转指令 b2：反转指令 b3：RL（低速指令） b4：RM（中速指令） b5：RH（高速指令） b6：RT（第 2 功能选择） b7：MRS（输出停止）	HF9（扩展）	16 位	b0～ b7：与 HFA 指令代码相同 b8：JOG（点动运行） b9：CS（瞬时停电再启动选择） b10：STOP（启动自动保持） b11：RES（复位） b12～ b15：未定义

如设定正转启动，则可将 HFA 运行指令代码的数据位设定为 b1=1，即将数据设定为 H02，如要反转，则将 HFA 运行指令代码的数据位设定为 b2=1，即将数据设定为 H04。

（3）运行状态监视指令代码

变频器运行状态监视是指通过读取该指令代码的数据位数据，来监视变频器的运行状态，其数据位定义如表 5-29 所示。

表 5-29　运行状态监视指令代码的数据位定义

指 令 代 码	位长	数据位定义	指 令 代 码	位长	数据位定义
H7A	8	b0：RUN（变频器运行中） b1：正转中 b2：反转中 b3：SU（频率到达） b4：OL（过负荷） b5：IPF（瞬时停电） b6：FU（频率检测） b7：ABC1（异常）	H79 扩展时	16	b0～b7：与 H7A 指令代码相同 b8：ABC2（异常） b9～b14：未定义 b15：发生异常

（4）其他指令代码

其他指令代码包括监视器、频率的写入、变频器复位、参数清除等指令功能，其说明如表 5-30 所示。

表 5-30 其他指令代码的数据位定义

序号	项目名称		读/写	指令代码	数据位定义	指令格式
1	运行模式		读	H7B	H0000：网络运行；	B，E，D
			写	HFB	H0001：外部运行； H0002：PU 运行	A，C，D
2	监视器	输出频率/转速	读	H6F	H0000～HFFFF：输出频率，单位为 0.01Hz（转速单位为 1r/min，Pr.37=1～9998 或者 Pr.144=2～12，102～112 时）	B，E，D
		输出电流	读	H70	H0000～HFFFF：输出电流（十六进制），单位 0.01A	B，E，D
		输出电压	读	H71	H0000～HFFFF：输出电压（十六进制），单位 0.1V	B，E，D
		特殊监视器	读	H72	H0000～HFFFF：根据指令代码 HF3 选择的监视器数据	B，E，D
		特殊监视器选择代码	读	H73	H01～H36	B，E'，D
			写	HF3		A，C，D
		异常内容	读	H74～H77	H0000～HFFFF B15～B8　　　　B7～B0 H74：2 次前的异常　最新异常 H75：4 次前的异常　3 次前的异常 H76：6 次前的异常　5 次前的异常 H77：8 次前的异常　7 次前的异常	B，E，D
3	运行指令（扩展）		写	HF9	正转信号及反转信号等的控制输入指令	A'，C，D
	运行指令		写	HFA		A，C，D
4	变频器状态监视器（扩展）		读	H79	监视正转、反转中以及变频器运行中的输出信号的状态	B，E，D
	变频器状态监视器		读	H7A		B，E，D
5	读取设定频率（RAM）		读	H6D	在 RAM 或 EEPROM 中读取设定频率/旋转数。范围为 H0000～HFFFF；设定频率，单位为 0.01Hz，旋转数，单位为 r/min（Pr.37=1～9998 或 Pr.144=2～12，102～112 时）	B，E，D
	读取设定频率（EEPROM）			H6E		
	写入设定频率（RAM）		写	HED	在 RAM 或 EEPROM 中读取设定频率/旋转数。频率范围为 H0000～H9C40（0～400.00Hz）；单位 0.01Hz（十六进制）；旋转数范围为 H0000～H270E（0～9998），旋转数单位为 r/min（Pr.37=1～9998 或 Pr.144=2～12，102～112）	A，C，D
	写入设定频率（EEPROM）			HEE		

续表

序号	项目名称	读/写	指令代码	数据位定义	指令格式
6	变频器复位	写	HFD	H9696：先复位变频器，由于变频器复位无法向计算机发送返回数据	C
				H9966：变频器先向计算机返回 ACK 后复位	A，D
7	异常内容清除	写	HF4	H9696：清除异常历史记录	A，C，D
8	参数全部清除	写	HFC	有以下几种不同的清除方式： |	通信参数	校准	其他参数	HEC HF3 HFF
---	---	---	---	---
H9696	√	×	√	√
H9966	√	√	√	√
H5A5A	×	×	√	√
H55AA	×	√	√	√ | 执行 H9696 或 H9966 时，所有参数清除，只有 Pr.75 不被清除	A，C，D
9	参数	读	H00～H63	参照指令代码根据需要实施写入、读取。设定 Pr.100 以后的参数时需要进行链接参数扩展设定	B，E，D
10		写	H80～HE3		A，C，D
11	链接参数扩展设定	读	H7F	根据 H00～H09 的设定进行参数内容的切换	B，E，D
		写	HFF		A'，C，D
12	第 2 参数切换（指令代码 HFF=1、9）	读	H6C	设定校正参数时	B，E'，D
		写	HEC	H00：补偿/增益 H01：设定参数的模拟值 H02：从端子输入的模拟值	A'，C，D

2. 通过 RS-485 通信控制单台电动机变频运行

设计一个通过 RS-485 通信控制单台电动机变频运行的控制系统。

1）控制要求

（1）利用变频器的指令代码表进行 PLC 与变频器的通信。

（2）使用 PLC 输入信号，通过 PLC 的 RS-485 总线控制变频器正转、反转、停止。

（3）使用 PLC 输入信号，通过 PLC 的 RS-485 总线在运行中直接修改变频器的运行频率。

（4）使用触摸屏，通过 PLC 的 RS-485 总线实现上述功能。

2）设计思路

系统采用 PLC 与变频器的 RS-485 通信方式进行控制，因此，变频器通信参数的设置和 PLC 与变频器通信程序的设计是关键。

（1）数据传输格式

PLC 与变频器的 RS-485 通信就是在 PLC 与变频器之间进行数据的传输，只是传输的数据必须以 ASCII 码的形式表示。一般按照通信请求→站号→指令代码→数据内容→校验码的格式进行传输，即格式 A 或 A'；校验码是求站号、指令代码、数据内容的 ASCII 码的总和，然后取其低 2 位的 ASCII 码。如求站号（00H）、指令代码（FAH）、数据内容（02H）的校验码，首先将待传输的数据变为 ASCII 码，如站号（30H30H）、指令代码（46H41H）、数据内容（30H32H），其次求待传输数据 ASCII 码的总和（149H），最后求低 2 位（49H）的 ASCII 码（34H39H）即为校验码。

（2）通信格式设置

通信格式设置是通过特殊数据寄存器 D8120 来设置的，根据控制要求，其通信格式设置如下：

① 设数据长度为 8 位，即 D8120 的 b0=1；

② 奇偶性设为偶数，即 D8120 的 b1=1，b2=1；

③ 停止位设为 2 位，即 D8120 的 b3=1；

④ 通信速率设为 19200bit/s，即 D8120 的 b4=b7=1，b6=b5=0；

⑤ D8120 的其他各位均设为 0（请参考表 5-18）。

因此，通信格式设置为 D8120=9FH。

（3）变频器参数设置

根据上述的通信设置，变频器必须设置如下参数：

① 操作模式选择（Pr.79=2、Pr.340=1 时，为网络通信控制模式运行）Pr.79=2；

② 站号设定 Pr.117=0（设定范围为 0～31 号站，共 32 个站）；

③ 通信速率 Pr.118=192（即 19200bit/s，要与 PLC 的通信速率相一致）；

④ 数据长度及停止位长 Pr.119=1（即数据长为 8，停止位长为 2，要与 PLC 的设置相一致）；

⑤ 奇偶性设定 Pr.120=2（即偶数，要与 PLC 的设置相一致）；

⑥ 通信再试次数 Pr.121=1（数据接收错误后允许再试的次数，设定范围为 0～10, 9999）；

⑦ 通信校验时间间隔 Pr.122=9999（即无通信时，不报警，设定范围为 0，0.1～999.8s，9999）；

⑧ 等待时间设定 Pr.123=20（设定数据传输到变频器的响应时间，设定范围为 0～150ms，9999）；

⑨ 换行/回车有无选择 Pr.124=0（即无换行/回车）；

⑩ 其他参数按出厂值设置。

注意：变频器参数设置完后或改变与通信有关的参数后，变频器都必须停机复位，否则无法运行。

3）软元件分配

（1）PLC 的 I/O 分配为 X3：手动加速，X4：手动减速；Y0：正转指示，Y1：反转指示，Y2：停止指示。

（2）触摸屏元件分配为 M10：正转按钮，M11：反转按钮，M12：停止按钮，M3：手动加速，M4：手动减速。

4）触摸屏画面制作

按图 5-68 所示制作触摸屏画面。

5）程序设计

根据 PLC 的输入输出分配及程序设计思路，PLC 的控制程序如图 5-69 所示。

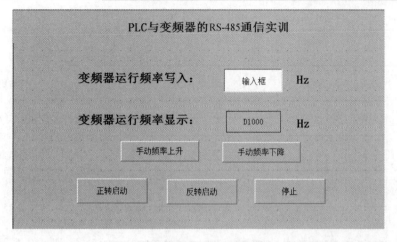

图 5-68　触摸屏画面

```
         X003                                                    *<手动加速>
  0      ─┤↑├──┬──────────────────────────────[ADD   D1000  K100   D1000 ]
          M3   │
        ─┤↑├──┘

         X004                                                    *<手动减速>
 11      ─┤↑├──┬──────────────────────────────[SUB   D1000  K100   D1000 ]
          M4   │
        ─┤↑├──┘

         M8000                                              *<设定8位处理模式>
 22      ─┤├───────────────────────────────────────────────────( M8161 )

         M8002                                                  *<设定通信格式>
 25      ─┤├──────────────────────────────────[ MOV   H9F    D8120 ]

         X000   Y001                                         *<存正转数据内容>
 31      ─┤├───┤/├──┬──────────────────────────[ MOV   H2     D10 ]
          M10       │                                           *<调子程序>
        ─┤├─────────┼─────────────────────────[ CALL   P0 ]
                    │                                           *<正转指示>
                    └─────────────────────────[ SET    Y000 ]

         X001   Y000                                         *<存反转数据内容>
 43      ─┤├───┤/├──┬──────────────────────────[ MOV   H4     D10 ]
          M11       │                                           *<调子程序>
        ─┤├─────────┼─────────────────────────[ CALL   P0 ]
                    │                                           *<反转指示>
                    └─────────────────────────[ SET    Y001 ]

         X002                                               *<存停止数据内容>
 55      ─┤├──┬───────────────────────────────[ MOV   H0     D10 ]
          M12  │                                                *<调子程序>
        ─┤├───┼──────────────────────────────[ CALL   P0 ]
              │                                                 *<停止指示>
              └──────────────────────────────[ SET    Y002 ]
```

图 5-69　控制程序

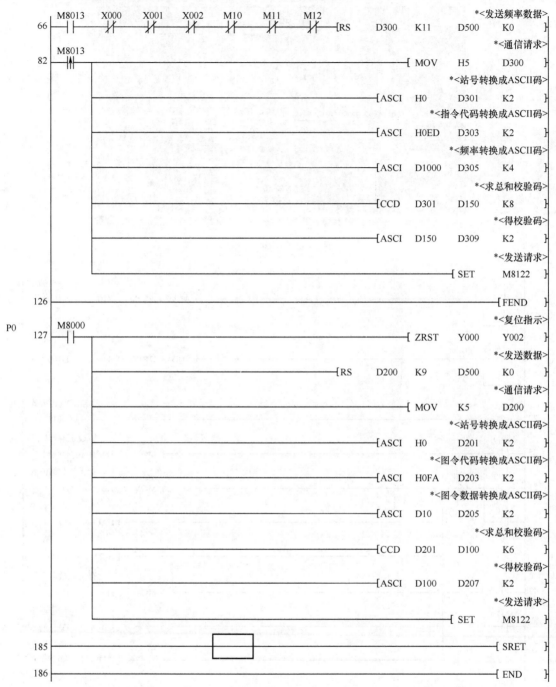

图 5-69 控制程序（续）

6）系统接线图

根据系统控制要求，系统接线如图 5-70 所示。

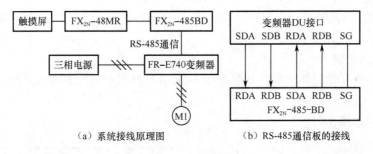

(a) 系统接线原理图　　　　（b) RS-485 通信板的接线

图 5-70　系统接线图

7）系统调试

（1）设定参数，按上述变频器的参数值进行设定。

（2）输入程序，将设计的程序正确输入 PLC 中。

（3）触摸屏与 PLC 的通信调试，将制作好的触摸屏画面传送给触摸屏，并将触摸屏与 PLC 连接好，通过操作 PLC 输入信号或触摸屏上的触摸键，观察触摸屏指示和 PLC 输出指示灯的变化是否符合要求，否则，检查并修改触摸屏画面或 PLC 程序，直至指示正确。

（4）空载调试，按图 5-70（b）正确连接好 RS-485 的通信线（变频器不接电动机），进行 PLC、变频器的空载调试。观察变频器的操作面板和 PLC 的输出指示灯的状态是否符合要求，否则，检查系统接线、变频器参数、PLC 程序及触摸屏画面，直至按要求指示。

（5）系统调试，按要求正确连接好全部设备，进行系统调试，观察电动机能否按控制要求运行，否则，检查系统接线、变频器参数、PLC 程序及触摸屏画面，直至电动机按控制要求运行。

3. 通过 RS-485 通信控制多台电动机变频运行

1）控制要求

用一台 PLC 与两台变频器进行 RS-485 通信控制，控制两台变频器驱动的电动机的正转、反转和停止，并能改变电动机的运行速度，变频器的加减速时间和其他参数使用默认值。

2）设计思路

系统由一台 PLC 与两台变频器组成的 RS-485 网络，两台变频器分别设为网络的 1#站、2#站，PLC 作为控制的核心，可以分别对两台变频器进行控制。所以，除了设置两台变频器的参数外，关键是 PLC 与变频器通信程序的设计，程序设计思路可参照上例进行。调试时可以将相邻的两组变频器组合成一个系统，大家可既有分工又有合作，共同制定与讨论实施方案。

3）变频器参数设置

变频器参数设置可参照上例，注意两台变频器的站号不同。

4）软元件分配

（1）PLC 的 I/O 分配为 X1：1#正转启动；X2：1#反转启动；X3：1#停止；X11：2#正转启动；X12：2#反转启动；X13：2#停止；X5：1#加速；X4：1#减速；X15：2#加速；X14：2#减速。

（2）触摸屏的软元件分配为 M1：1#正转启动；M2：1#反转启动；M3：1#停止；M11：2#正转启动；M12：2#反转启动；M13：2#停止；M5：1#加速；M4：1#减速；M15：2#加速；M14：2#减速。

5）触摸屏画面制作

根据上述触摸屏软元件分配，并参照图 5-68 所示制作本例触摸屏的画面。

6）系统接线图

系统接线图如图 5-71 所示。

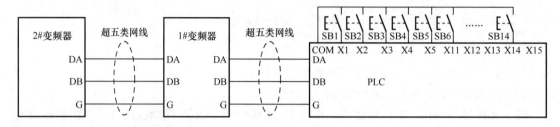

图 5-71　系统接线图

7）系统程序

根据 PLC 的输入输出分配及设计思路，PLC 的控制程序如图 5-72 所示。

8）系统调试

（1）按图 5-72 输入程序，并下载至 PLC。

（2）按图 5-71 接线图连接好 PLC 输入电路及变频器主电源，连接好 RS-485 总线（将 RDA 和 SDA 连接作为 DA，将 RDB 和 SDB 连接作为 DB）。

（3）先清除变频器所有设置，再分别设置好两台变频器参数，重启电源。

（4）通过触摸屏设定运行频率为 40Hz，观察触摸屏显示的数据。

（5）按 1#变频器启动（正转或反转）按钮，通信板上 SD 和 RD 指示灯闪烁，变频器运行，频率为 40Hz，若不闪烁，检查 PLC 程序，如只有 SD 指示灯闪烁，检查变频器设置。

（6）按 1#变频器加速（减速）按钮，变频器加速（减速），每按一次加速（减速）1Hz。

（7）按停止按钮，SD 和 RD 指示灯闪烁，变频器停止运行。

（8）2#变频器的调试与上述相似。

 巩固与提高

1. 如果要读取变频器频率、电压、电流等参数，应该用哪种格式？

2. 尝试编写当变频器运行变频到达设定频率时输出 Y0 报警信号的程序。

3. 设计一个通过 RS-485 通信控制 8 台电动机变频运行的控制系统，其控制要求与本例类似。

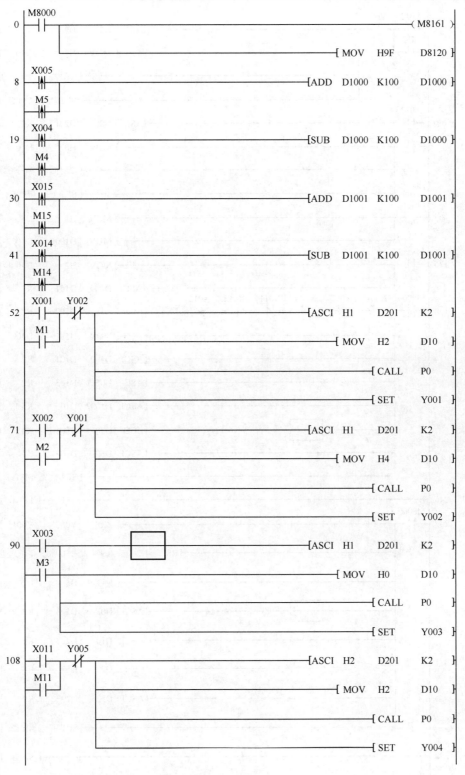

图 5-72　控制程序

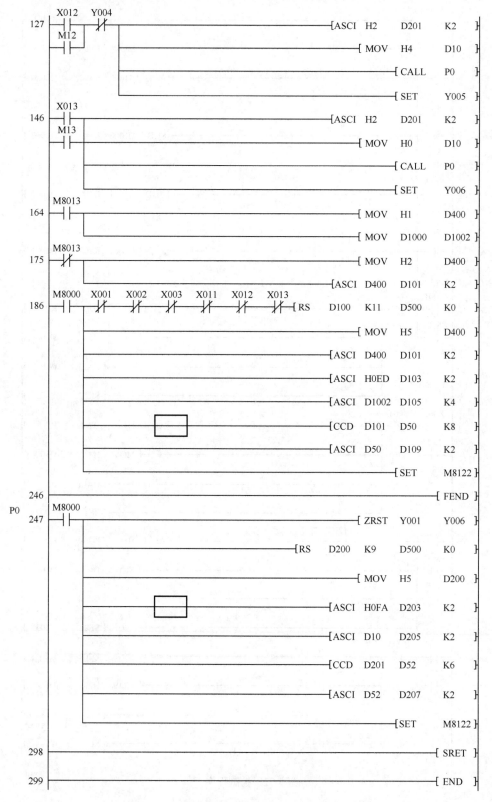

图 5-72 控制程序（续）

附录 A 常用电气设备图形符号及文字符号

表 A1 常用电气设备图形符号及文字符号

名　称	图形符号	文字符号	名　称	图形符号	文字符号
三极开关		QS	时间继电器	通电延时型： 断电延时型： 延时闭合的动合触点： 延时断开的动合触点： 延时闭合的动断触点： 延时断开的动断触点：	KT
负荷开关		QS			
隔离开关		QS			
具有自动释放的负荷开关		QS			
三相笼型异步电动机	3M~	M			
单相笼型异步电动机	1M~	M			
三相绕线转子异步电动机	3M~	M			
带间隙铁芯的双绕组变压器		TC	速度继电器触点		S
接触器	线圈： 主触点： 辅助触点：	KM	动合按钮（不闭锁）	E	SB
			动断按钮（不闭锁）	E	SB
			旋钮开关、旋转开关（闭锁）		SA

续表

名 称	图 形 符 号	文 字 符 号	名 称	图 形 符 号	文 字 符 号
过电流继电器	线圈： $I>$	K	行程开关、接近开关	动合触点：	SQ
				动断触点：	SQ
欠电压继电器	线圈： $U<$	K		对两个独立电路做双向机械操作的位置或限制 开关：	SQ
中间继电器	线圈：	KA	断路器		QF
继电器触点	触点：	K、KA	热继电器的热元件		FR
熔断器		FU	热继电器的动断触点		FR

附录 B FX_{2N} 系列可编程控制器主要技术指标

FX$_{2N}$ 系列可编程控制器的技术指标包括一般技术指标、电源技术指标、输入技术指标、输出技术指标和性能技术指标，分别如表 B1~表 B5 所示。

表 B1 FX$_{2N}$ 一般技术指标

环境温度	使用时：0~55℃，储存时：−20~+70℃	
环境湿度	35%~89%RH（不结露）使用时	
抗振	JIS C0911 标准 10~55Hz 0.5mm（最大 2G）3 轴方向各 2h（但用 DIN 导轨安装时 0.5G）	
抗冲击	JIS C0912 标准 10G 3 轴方向各 3 次	
抗噪声干扰	用噪声仿真器产生电压为 1000V$_{P-P}$，噪声脉冲宽度为 1μs，周期为 30~100Hz 的噪声，在此噪声干扰下 PLC 工作正常	
耐压	AC1500V 1min	所有端子与接地端之间
绝缘电阻	5MΩ 以上（DC 500V 兆欧表）	
接地	第三种接地，不能接地时，亦可浮空	
使用环境	无腐蚀性气体，无尘埃	

表 B2 FX$_{2N}$ 电源技术指标

项 目		FX$_{2N}$–16M	FX$_{2N}$–32M FX$_{2N}$–32E	FX$_{2N}$–48M FX$_{2N}$–48E	FX$_{2N}$–64M	FX$_{2N}$–80M	FX$_{2N}$–128M
电源电压		AC 100~240V 50/60Hz					
允许瞬间断电时间		对于 10ms 以下的瞬间断电，控制动作不受影响					
电源熔断器		250V 3.15A，$\phi 5 \times 20$mm		250V 5A，$\phi 5 \times 20$mm			
电力消耗 /（VA）		35	40（32E 35）	50（48E 45）	60	70	100
传感器电源	无扩展部件	DC 24V 250mA 以下		DC 24V 460mA 以下			
	有扩展部件	DC 5V 基本单元 290mA 扩展单元 690mA					

表 B3 FX$_{2N}$ 输入技术指标

输入电压	输入电流		输入 ON 电流		输入 OFF 电流		输入阻抗		输入隔离	输入响应时间
	X000~7	X010 以内	X000~7	X010 以内	X000~7	X010 以内	X000~7	X010 以内		
DC 24V	7mA	5mA	4.5mA	3.5mA	≤1.5mA	≤1.5mA	3.3kΩ	4.3kΩ	光电绝缘	0~60ms 可变

注：输入端 X0~X17 内有数字滤波器，其响应时间可由程序调整为 0~60ms。

表 B4 FX₂ₙ 输出技术指标

项　　目		继电器输出	晶闸管输出	晶体管输出
外部电源		AC 250V，DC 30V 以下	AC 85~240V	DC 5~30V
最大负载	电阻负载	2A/1 点；8A/4 点共享；8A/8 点共享	0.3A/1 点 0.8A/4 点	0.5A/1 点 0.8A/4 点
	感性负载	80VA	15V A / AC　100V 30V A / AC　200V	12W / DC 24V
	灯负载	100W	30W	1.5W/DC 24V
开路漏电流		—	1mA / AC 100V 2mA / AC 200V	0. 1mA 以下 / DC 30V
响应	OFF 到 ON	约 10ms	1ms 以下	0.2ms 以下
时间	ON 到 OFF	约 10ms	最大 10ms	0.2ms 以下①
电路隔离		机械隔离	光电晶闸管隔离	光电耦合器隔离
动作显示		继电器通电时 LED 灯亮	光电晶闸管驱动时 LED 灯亮	光电耦合器隔离驱动时 LED 灯亮

① 响应时间 0.2ms 是在条件为 24V/200mA 时，实际所需时间为电路切断负载电流到电流为 0 的时间，可用并接续流二极管的方法改善响应时间。大电流时为 0.4mA 以下。

表 B5 FX₂ₙ 功能技术指标

运算控制方式		存储程序反复运算方法（专用 LSI），中断命令	
输入/输出控制方式		批处理方式（在执行 END 指令时），但有输入/输出刷新指令	
运算处理	基本指令	0.08μs/指令	
速度	应用指令	(1.52μs~数百μs)/指令	
程序语言		继电器符号+步进梯形图方式（可用 SFC 表示）	
程序容量存储器形式		内附 8K 步 RAM，最大为 16K 步（可选 RAM，EPROM 及 EEPROM 存储卡盒）	
指令数	基本、步进指令	基本（顺控）指令 27 个，步进指令 2 个	
	应用指令	128 种 298 个	
	输入继电器	X000~X267（八进制编号）184 点	合计 256 点
	输出继电器	X000~X267（八进制编号）184 点	
辅助继电器	一般用①	M000~M499① 500 点	合计 2572 点
	锁存用	M500~M1023② 524 点，M1024~M3071③ 2048 点	
	特殊用	M8000~M8255 256 点	
状态寄存器	初始化用	S0~S9 10 点	
	一般用	S10~S499① 490 点	
	锁存用	S500~S899② 400 点	
	报警用	S900~S999③ 100 点	

续表

运算控制方式			存储程序反复运算方法（专用 LSI），中断命令
定时器	100ms		T0~T199（0.1~3276.7s）　200 点
	10ms		T200~T245（0.01~327.67s）46 点
	lms（积算型）		T246~T249③（0.001~32.767s）4 点
	100ms（积算型）		T250~T255③（0.1，32.767s）　6 点
	模拟定时器（内附）		1 点③
计数器	增计数	一般用	C0~C99①（0~32，767）（16 位）　100 点
		锁存用	C100~C199②（0~32，767）（16 位）100 点
	增 / 减 计数用	一般用	C200~C219①（32 位）　20 点
		锁存用	C220~C234②（32 位）15 点
	高速用		C235~C255 中有：1 相 60kHz 2 点，10kHz 4 点或 2 相 30kHz 1 点，5kHz 1 点
数据寄存器	通用数据 寄存器	一般用	D0~D199①（16 位）　200 点
		锁存用	D200~D511②（16 位）312 点，D512~D7999③（16 位）　7498 点
	特殊用		D8000~D8195（16 位）106 点
	变址用		V0~V7，Z0~Z7（16 位）16 点
	文件寄存器		通用寄存器的 D1000④以后在 500 个单位设定文件寄存（MAX7000 点）
指针	跳转、调用		P0~P127 128 点
	输入中断、计时中断		I0□～ I8□9 点
	计数中断		I010~ I060 6 点
	嵌套（主控）		N0~N7 8 点
常数	十进制 K		16 位：−32768~+32767；32 位：−2147483648~+2147483647
	十六进制 H		16 位：0~FFFF（H）；32 位：0~FFFFFFFF（H）
SFC 程序			○
注释输入			○
内附 RUN/STOP 开关			○
模拟定时器			FX₂ₙ~8AV-BD（选择）安装时 8 点
程序 RUN 中写入			○
时钟功能			○（内藏）
输入滤波器调整			X000~X017　0~60ms 可变；FX₂ₙ~16M　X000~X007
恒定扫描			○
采样跟踪			○
关键字登录			○
报警信号器			○
脉冲列输出			20kHz / DC 5V 或 10kHz / DC l2~24V 1 点

① 非后备锂电池保持区。通过参数设置，可改为后备锂电池保持区。

② 由后备锂电池保持区保持，通过参数设置，可改为非后备锂电池保持区。

③ 由后备锂电池固定保持区固定，该区域特性不可改变。

附录 C FX₂N 可编程控制器特殊元件编号及名称检索

1. PLC 状态

编号	名　称	备　注
[M]8000	RUN 监控　　a 接点	RUN 时为 ON
[M]8001	RUN 监控　　b 接点	RUN 时为 OFF
[M]8002	初始脉冲　　a 接点	RUN 后 1 操作为 ON
[M]8003	初始脉冲　　b 接点	RUN 后 1 操作为 OFF
[M]8004	出错	M8060 ~ M8067 检测⑧
[M]8005	电池电压降低	锂电池电压下降
[M]8006	电池电压降低锁存	保持降低信号
[M]8007	瞬停检测	
[M]8008	停电检测	
[M]8009	DC 24V 降低	检测 24V 电源异常

编号	名　称	备　注
D8000	监视定时器	初始值 200ms
[D]8001	PLC 型号和版本	⑤
[D]8002	存储器容量	⑥
[D]8003	存储器种类	⑦
[D]8004	出错特 M 地址	M8060 ~ M8067
[D]8005	电池电压	0.1V 单位
[D]8006	电池电压降低检测	3.0V(0.1V 单位)
[D]8007	瞬停次数	电源关闭清除
D8008	停电检测时间	4 – 2 项
[D]8009	下降单元编号	降低的起始输出编号

2. 时钟

编号	名　称	备　注
[M]8010		
[M]8011	10ms 时钟	10ms 周期振荡
[M]8012	100ms 时钟	100ms 周期振荡
[M]8013	1s 时钟	1s 周期振荡
[M]8014	1min 时钟	1min 周期振荡
M8015	计时停止或预置	
M8016	时间显示停止	
M8017	± 30s 修正	
[M]8018	内装 RTC 检测	常时 ON
[M]8019	内装 RTC 出错	

编号	名　称	备　注
[D]8010	扫描当前值	0.1ms 单位包括常数扫描等待时间
[D]8011	最小扫描时间	
[D]8012	最大扫描时间	
D8013	秒 0 ~ 59 预置值或当前值	
D8014	分 0 ~ 59 预置值或当前值	
D8015	时 0 ~ 23 预置值或当前值	
D8016	日 1 ~ 31 预置值或当前值	
D8017	月 1 ~ 12 预置值或当前值	
D8018	公历 4 位预置值或当前值	
D8019	星期 0(日) ~ 6(六)预置值或当前值	

3. 标记

编号	名　称	备　注
[M]8020	零标记	
[M]8021	借位标记	应用指令运算标记
M8022	进位标记	
[M]8023		
M8024	BMOV 方向指定	
M8025	HSC 方式(FNC53 – 55)	
M8026	RAMP 方式(FNC67)	
M8027	PR 方式(FNC77)	
M8028	执行 FROM/TO 指令时允许中断	
[M]8029	执行指令结束标记	应用命令用

编号	名　称	备　注
[D]8020	调整输入滤波器	初始值 10ms
[D]8021		
[D]8022		
[D]8023		
[D]8024		
[D]8025		
[D]8026		
[D]8027		
[D]8028	Z0(Z) 寄存器内容	寻址寄存器 Z 的内容
[D]8029	V0(Z) 寄存器内容	寻址寄存器 V 的内容

4.PLC 方式

编号	名 称	备 注
M8030	电池关灯指令	关闭面板灯④
M8031	非保存存储清除	消除元件的 ON/OFF
M8032	保存存储清除	和当前值④
M8033	存储保存停止	图像存储保持
M8034	全输出禁止	外部输出均为 OFF④
M8035	强制 RUN 方式	
M8036	强制 RUN 指令	8～1项①
M8037	强制 STOP 指令	
[M]8038		
M8039	恒定扫描方式	定周期运作

编号	名 称	备 注
[D]8030		
[D]8031		
[D]8032		
[D]8033		
[D]8034		
[D]8035		
[D]8036		
[D]8037		
[D]8038		
[D]8039	常数扫描时间	初始值0(1ms 单位)

5. 步进梯形图

编号	名 称	备 注
M8040	禁止转移	状态间禁止转移
M8041	开始转移①	
M8042	启动脉冲	
M8043	复原完毕	FNC60(IST)命令用途
M8044	原点条件①	
M8045	禁止全输出复位	
[M]8046	STL 状态工作④	S0～999 工作检测
M8047	STL 监视有效④	D8040～8047 有效
[M]8048	报警工作④	S900～999 工作检测
M8049	报警有效④	D8049 有效

编号	名 称	备 注
[D]8040	RUN 监控 a接点	RUN 时为 ON
[D]8041	RUN 监控 b接点	RUN 时为 OFF
[D]8042	初始脉冲 a接点	RUN 后1操作为 ON
[D]8043	初始脉冲 b接点	RUN 后1操作为 OFF
[D]8044	出错	M8060～M8067 检测⑧
[D]8045	电池电压降低	锂电池电压下降
[D]8046	电池电压降低锁存	保持降低信号
[D]8047	瞬停检测	
[D]8048	停电检测	
[D]8049	DC 24V 降低	检测 24V 电源异常

6. 中断禁止

编号	名 称	备 注
M8050	I00□禁止	
M8051	I10□禁止	
M8052	I20□禁止	
M8053	I30□禁止	输入中断禁止
M8054	I40□禁止	
M8055	I50□禁止	
M8056	I60□禁止	
M8057	I70□禁止	定时中断禁止
M8058	I80□禁止	
M8059	I010～I060 全禁止	计数中断禁止

编号	名 称	备 注
[D]8050		
[D]8051		
[D]8052		
[D]8053		
[D]8054	未使用	
[D]8055		
[D]8056		
[D]8057		
[D]8058		
[D]8059		

7. 出错检测

编号	名 称	备 注
[M]8060	I/O 配置出错	可编程序控制器 RUN 继续
[M]8061	PC 硬件出错	可编程序控制器停止
[M]8062	PC/PP 通信出错	可编程序控制器 RUN 继续
[M]8063	并行连接	可编程序控制器 RUN 继续②
[M]8064	参数出错	可编程序控制器停止
[M]8065	语法出错	可编程序控制器停止
[M]8066	电路出错	可编程序控制器停止
[M]8067	运算出错	可编程序控制器 RUN 继续
M8068	运算出错锁存	M8067 保持
M8069	I/O 总线检查	总线检查开始

编号	名 称	备 注
[D]8060	出错的 I/O 起始号	
[D]8061	PC 硬件出错代码	
[D]8062	PC/PP 通信出错代码	
[D]8063	连接通信出错代码	存储出错代码。
[D]8064	参数出错代码	参考下面的出错代
[D]8065	语法出错代码	码
[D]8066	电路出错代码	
[D]8067	运算出错代码②	
[D]8068	运算出错产生的步	步编号保持
[D]8069	M8065～7 出错产生步号	②

8. 并行连接功能

编号	名 称	备 注
M8070	并行连接主站说明	主站时为 ON②
M8071	并行连接主站说明	从站时为 ON②
[M]8072	并行连接运转中为 ON	运行中为 ON
[M]8073	主站/从站设置不良	M8070,8071 设定不良

编号	名 称	备 注
[D]8070	并行连接出错判定时间	初始值 500ms
[D]8071		
[D]8072		
[D]8073		

9. 采样跟踪

编号	名 称	备 注
[M]8074		
M8075	准备开始指令	
M8076	执行开始指令	采样跟踪功能
[M]8077	执行中监测	
[M]8078	执行结束监测	
[M]8079	跟踪 512 次以上	

编号	名 称	备 注
[D]8090	位元件号 No10	
[D]8091	位元件号 No11	
[D]8092	位元件号 No12	
[D]8093	位元件号 No13	跟踪采样功能用
[D]8094	位元件号 No14	
[D]8095	位元件号 No15	
[D]8096	位元件号 No0	
[D]8097	位元件号 No1	
[D]8098	位元件号 No2	

编号	名 称	备 注
[D]8074	采样剩余次数	
D8075	采样次数设定(1~512)	采样跟踪功能
D8076	采样周期	
D8077	指定触发器	
D8078	触发器条件元件号	
[M]8079	取样数据指针	
D8080	位元件号 No0	
D8081	位元件号 No1	
D8082	位元件号 No2	
D8083	位元件号 No3	详细请见编程手册
D8084	位元件号 No4	
D8085	位元件号 No5	
D8086	位元件号 No6	
D8087	位元件号 No7	
D8088	位元件号 No8	
D8089	位元件号 No9	

10. 存储容量

编号	名 称	备 注
[M]8102	存储容量	设置内容 0002 = 2K 步,0004 = 4K 步,0008 = 8K 步,0016 = 16K 步

11. 输出更换

编号	名 称	备 注
[M]8109	输出更换错误生成	状态间禁止转移

编号	名 称	备 注
[D]8109	输出更换错误生成	0、10、20…被存储

12. 高速环形计数器

编号	名 称	备 注
[M]8099	高速环形计数器工作	允许计数器工作

编号	名 称	备 注
D8099	0.1ms 环形计数器	0~32767 增序

13. 特殊功能

编号	名 称	备 注
[M]8120		
[M]8121	RS232C 发送待机中②	
[M]8122	RS232C 发送标记②	RS232C 通信用
[M]8123	RS232C 发送完标记②	
[M]8124	RS232C 载波接收	
[M]8125		
[M]8126	全信号	
[M]8127	请求手动信号	
M8128	请求出错标记	RS485 通信用
M8129	请求字/位切换	

编号	名 称	备 注
D8120	通信格式③	
D8121	设定局编号③	
[D]8122	发送数据余数②	
[D]8123	接收数据余数②	
D8124	标题(STX)	详细请见各通信适配器使用手册
D8125	终结字符(ETX)	
[D]8126		
D8127	指定请求用起始号	
D8128	请求数据数的约定	
D8129	判定时间输出时间	

14. 高速列表

编号	名　　称	备　注
M8130	HSZ 表比较方式	
[M]8131	同上执行完标记	
M8132	HSZ PLSY 速度图形	
[M]8133	同上执行完标记	

编号	名　　称		备　注
[D]8140	输出给 PLSY,PLSR	下位	详细请见编程手册
[D]8141	Y000 的脉冲数	上位	
[D]8142	输出给 PLSY,PLSR	下位	
[D]8143	Y001 的脉冲数	上位	

编号	名　　称		备　注
[D]8130	HSZ 列表计数器		
[D]8131	HSZ PLSY 列表计数器		
[D]8132	速度图形频率 HSZ,	下位	
[D]8133	PLSY	空	
[D]8134	速度图形目标	下位	详细请见编程手册
[D]8135	脉冲数 HSZ, PLSY	上位	
[D]8136	输出脉冲数	下位	
[D]8137	PLSY, PLSR	上位	
[D]8138			
[D]8139			

15. 扩展功能

编号	名　　称	备　注
M8160	XCH 的 SWAP 功能	同一元件内交换
M8161	8 位单位切换	16/8 位切换^②
M8162	高速并串连接方式	
[M]8163		
[M]8164		
[M]8165		写入十六进制数据
[M]8166	HKY 的 HEX 处理	停止 BCD 切换
M8167	SMOV 的 HEX 处理	
M8168		
[M]8169		

脉冲捕捉

编号	名　　称	备　注
M8170	输入 X000 脉冲捕捉	
M8171	输入 X001 脉冲捕捉	
M8172	输入 X002 脉冲捕捉	
M8173	输入 X003 脉冲捕捉	
M8174	输入 X004 脉冲捕捉	详细请见编程手册
M8175	输入 X005 脉冲捕捉	
[M]8176		
[M]8177		
[M]8178		
[M]8179		

16. 寻址寄存器当前值

编号	名　　称	备　注
[D]8180		
[D]8181		
[D]8182	Z1 寄存器的数据	
[D]8183	V1 寄存器的数据	
[D]8184	Z2 寄存器的数据	
[D]8185	V2 寄存器的数据	
[D]8186	Z3 寄存器的数据	寻址寄存器当前值
[D]8187	V3 寄存器的数据	
[D]8188	Z4 寄存器的数据	
[D]8189	V4 寄存器的数据	

编号	名　　称	备　注
D8190	Z5 寄存器的数据	
D8191	V5 寄存器的数据	
[D]8192	Z6 寄存器的数据	
[D]8193	V6 寄存器的数据	寻址寄存器当前值
[D]8194	Z7 寄存器的数据	
[D]8195	V7 寄存器的数据	
[D]8196		
[D]8197		
[D]8198		
[D]8199		

17. 内部增降序计数器

编号	名　　称	备　注
M8200		
M8201 ⋮ ⋮ ⋮ ⋮ M8233	驱动 M8□□□时 C□□□降序计数 M8□□□在不驱动时 C□□□增序计数 (□□□为 200~234)	详细请见编程手册
M8234		

18．高速计数器

编号	名　　称	备　注
M8235		
M8236		
M8237	M8□□□被驱动时，1 相高速计数器 C□□□为降序方式，不驱动时为增序方式。（□□□为 235～245）	详细请见编程手册
M8238		
M8239		
M8240		
M8241		
M8242		
M8243		
M8244		

编号	名　　称	备　注
［M］8246		
［M］8247	根据 1 相 2 输入计数器□□□ 的 增、降序，M8□□□ 为 ON/OFF（□□□ 为 246～250）	
［M］8248		
［M］8249		详细请见各通信适配器使用手册
［M］8250		
［M］8251		
［M］8252	由于 2 相计数器□□□的 增、降序，M8□□□ 为 ON/OFF（□□□ 为 251～255）	
［M］8253		
［M］8254		
［M］8255		

①RUN→STOP 时清除。

②STOP→RUN 时清除。

③电池后备。

④END 指令结束时处理。

⑤其内容为 24100；24 表示 FX$_{2N}$，100 表示版本 1.00。

⑥若内容为 0002，则为 2K 步；0004 为 4K 步；0008 为 8K 步；FX$_{2N}$的 D8002 可达 0016＝16K 步。

⑦00H＝FX－RAM8　01H＝FX－EPROM－8

02H＝FX－EPROM－4，8，16（保护为 OFF）　0AH＝FX－EPROM－4，8，16（保护为 ON）

D8102 加在以上项目，0016＝16K 步。

⑧M8062 除外。

⑨适用于 ASC、RS、HEX、CCD。

19．特殊数据寄存器 D8060～D8067，存储的错误代码和内容

类　型	出错代码	出　错　内　容	处　理　方　法
I/O 结构出错 M8060：（D8060）：继续运行	例 1020	没有装 I/O 起始元件号"1020"时，最高位 1＝输入 X，0＝输出 Y；后三位 020＝元件号	还没有装的输入继电器，输出继电器的编号被输入程序，可编程控制器可以继续运行，若是程序员，请进行修改
PLC 硬件出错 M8061 （D8061）停止运行	0000	无异常	
	6101	RAM 出错	
	6102	运算电路出错	
	6103	I/O 总线出错（M8069 驱动时）	
	6104	扩展设备 24V 以下（M8069）ON 时	
	6105	监视定时器出错	运算时间超过 D8000 的值，检查程序
PLC/PP 通信出错 M8062 （D8062）继续运行	0000	无异常	
	6201	奇偶出错　超过出错　成帧出错	
	6202	通信字符有误	编程器（PP）或编程器连接的设备与可编程控制器（PLC）间的连接是否正确
	6203	通信数据的求和不一致	
	6204	数据格式有误	
	6205	指令有误	

续表

类 型	出错代码	出 错 内 容	处 理 方 法
并行连接 通信出错 M8063 （D8063）继续 运行	0000	无异常	检查双方的可编程控制器的电源是否为 ON，适配器和控制器之间，以及适配器之间连接是否正确
	6301	奇偶出错 超过出错 成帧出错	
	6302	通信字符有误	
	6303	通信数据的求和不一致	
	6304	数据格式有误	
	6305	指令有误	
	6306	监视定时器溢出	
	6307～6311	无	
	6312	并行连接字符出错	
	6313	并行连接和数出错	
	6314	并行连接格式出错	
参数出错 M8064 （D8064） 停止运行	0000	无异常	停止可编程控制器的运行，用参数方式设定正确值
	6401	程序的求和不一致	
	6402	存储的容量设定有误	
	6403	保存区域设定有误	
	6404	注释区的设定有误	
	6405	文件寄存器区的设定有误	
	6409	其他设定有误	
语法出错 M8065 （D8065） 停止运行	0000	无异常	检查编程时对各个指令的使用是否正确。产生错误时请用程序模式进行修改
	6501	指令－元件符号－元件号的组合有误	
	6502	设定值之前无 OUT T，OUT C	
	6503	①OUT T，OUT C 之后无设定值 ②应用指令操作数数量不足	
	6504	①卷标编号重复 ②中断输入和高速计数器输入重复	
	6505	元件号范围溢出	
	6506	使用了未定义指令	
	6507	卷标编号（P）定义出错	
	6508	中断输入（I）的定义出错	
	6509	其他	
	6510	MC 嵌套编号大小有错误	
	6511	中断输入和高速计数器输入重复	
电路出错 M8066 （D8066） 停止运行	0000	无异常	对整个电路块而言，当指令组合不正确时、对指令关系有错时都能产生错误，在程序中要修改指令的相互关系，使之正确无误
	6601	LD，LDI 的连续使用次数在 9 次以上	
	6602	①没有 LD，LDI 指令。没有线圈，LD，LDI 和 ANB，ORB 之间关系有错 ②STL，RET，MCR，P（指针），I（中断），EI，DI，SRET，IRET，FOR，NEXT，FEND，END 没有与总线连接 ③忘记了 MPP	

类 型	出错代码	出 错 内 容	处 理 方 法
电路出错 M8066 （D8066） 停止运行	6603	MPS 的连续使用次数在 12 次以上	对整个电路块而言，当指令组合不正确时、对指令关系有错时都能产生错误，在程序中要修改指令的相互关系，使之正确无误
	6604	MPS 和 MRD、MPP 的关系出错	
	6605	①STL 的连续使用次数在 9 次以上 ②在 STL 内有 MC，MCR，I（中断），SRET ③在 STL 外有 RET，没有 RET	
	6606	①没有 P（指针），I（中断） ②没有 SRET，IRET ③（中断），SRET，IRET 在主程序中 ④STC，RET，MC，MCR 在子程序和中断子程序中	
	6607	①FOR 和 NEXT 关系有错误，嵌套在 6 次以上 ②在 FOR - NEXT 之间有 STL，RET，MC，MCR，IRET，SRET，FEND，END	
	6608	①MC 和 MCR 的关系有错误 ②MCR 没有 N0 ③MC ~ MCR 之间有 SRET、IRET、I（中断）	
	6609	其他	
	6610	LD，LDI 的连续使用次数在 9 次以上	
	6611	对 LD、LDI 指令而言，ANB、ORB 指令数太多	
	6612	对 LD、LDI 指令而言，ANB、ORB 指令数太少	
	6613	MPS 连续使用次数在 12 次以上	
	6614	MPS 忘记	
	6615	MPP 忘记	
	6616	MPS - MRD，MPP 间的线圈忘记，或关系有错误	
	6617	必须从总线开始的指令却没有与总线连接，有 STL、RET、MCR、P、I、DI、EI、FOR、NEXT、SRET、IRET、FEND、END	
	6618	只能在主程序中使用的指令却在主程序之外（中断、子程序等）	
	6619	FOR - NEXT 之间使用了不能用的指令：STL，RET，MC，MCR，I，IRET	
	6620	FOR - NEXT 间嵌套溢出	
	6621	FOR - NEXT 数的关系有错误	

类 型	出错代码	出 错 内 容	处 理 方 法
电路出错 M8066 (D8066) 停止运行	6622	没有 NEXT 指令	对整个电路块而言，当指令组合不正确时、对指令关系有错时都能产生错误，在程序中要修改指令的相互关系，使之正确无误
	6623	没有 MC 指令	
	6624	没有 MCR 指令	
	6625	STL 的连续使用次数在 9 次以上	
	6626	在 STL – RET 之间有不能用的指令：MC，MCR，I，SRET，IRET	
	6627	没有 RET 指令	
	6628	在主程序中有不能用的指令：I，SRET，IRET	
	6629	无 P，I	
	6630	没有 SRET，IRET 指令	
	6631	SRET 位于不能用的场所	
	6632	FEND 位于不能用的场所	
	0000	没有异常	运算过程中产生错误，以及程序的修改或应用指令的操作数的内容是否有错误。即使语法、电路没有出错，下述原因也可能产生运算错误。例如 T200Z 也没有错，但运算结果 $Z = 100$ 时，T 300，这样，元件编号则溢出
	6701	①CJ，CALL 没有跳转地址 ②在 END 指令后面有卷标 ③在 FOR – NEXT 间或子程序之间有单独的卷标	
	6702	CALL 的嵌套级在 6 层以上	
	6703	中断的嵌套级在 6 层以上	
	6704	FOR – NEXT 的嵌套级在 6 层以上	
	6705	应用指令的操作数在目标元件之外	
	6706	应用指令的操作数的元件号范围和数据值溢出	
	6707	因没有设定文件寄存器的参数而存取了文件寄存器	
	6708	FROM/TO 指令出错	
	6709	其他（IRET，SRET 忘记，FOR – NEXT 关系有错误等）	
语法出错 M8065 (D8065) 停止运行	6730	取样时间（T_S）在目标范围外（$T_S = 0$）	PID 运算停止
	6732	输入滤波器常数（a）在目标范围外（$a < 0$ 或 $100 \leqslant a$）	
	6733	比例阈（K_P）在目标范围外（$K_P < 0$）	产生控制参数的设定值和 PID 运算中产生数据错误。请检查参数
	6734	积分时间（T_I）在目标范围外（$T_I < 0$）	
	6735	微分阈（K_D）在目标范围外（$K_D < 0$ 或 $201 \leqslant K_D$）	
	6736	微分时间在目标范围外（$T_D < 0$）	

续表

类　型	出错代码	出　错　内　容	处　理　方　法	
语法出错 M8065 （D8065） 停止运行	6740	取样时间（T_s）≤运算周期	将运算数据 作 MAX 值，继 续运算	产生控制参数的设 定值和 PID 运算中产 生数据错误。请检查 参数
	6742	测定值变量溢出（$\Delta P_V < 32768$ 或 $3267 < \Delta P_V$）		
	6743	偏差溢出（$E_V < -32768$ 或 $32767 < E_V$）		
	6744	积分计算值溢出（$-32768 \sim 32767$ 以外）		
	6745	因微分阈（K_P）溢出，产生微分值溢出		
	6746	微分计算值溢出（$-32768 \sim 32767$ 以外）		
	6747	PID 运算结果溢出（$-32768 \sim 32767$ 以外）		

20. FX$_{2N}$的错误按下述定时检查，把前项的出错代码存入特殊数据寄存器 D8060~D8067

出　错　项　目	电　源 ON→OFF	电源 ON 后初次 STOP→RUN 时	其　　他
M8060 I/O 地址号构成出错	检　查	检　查	运算中
M8061 PLC 硬件出错	—	—	运算中
M8062 PLC/PP 通信出错	—	—	从 PP 接收信号时
M8063 连续模块通信出错	—	—	从对方接收信号时
M8064 参数出错 M8065 语法出错 M8066 电路出错	检　查	检　查	程序变更时（STOP） 程序传送时（STOP）
M8067 运算出错 M8068 运算出错锁存	—	—	运算中（RUN）

注　D8060 ~ D8067 各存一个出错内容，同一出错项目产生多次出错时，每当清除出错原因时，仍存储发生中的出错代码，无出错时存入 "0"。

用 [ ] 括起来的 [M]、[D] 软元件，未使用的软元件或没有记载的未定义的软元件，请不要在程序上运行或写入。

附录 D FX₂ₙ 系列可编程控制器应用指令总表

分类	指令编号 FNC	指令助记符	指令格式、操作数(可用软元件)				指令名称及功能简介	D命令	P命令
程序流程	00	CJ	S(·)(指针 P0~P127)				条件跳转; 程序跳转到[S(·)]P 指针指定处 P63 为 END 步序,不需指定		O
	01	CALL	S(·)(指针 P0~P127)				调用子程序; 程序调用[S(·)]P 指针指定的子程序,嵌套 5 层以内		O
	02	SRET					子程序返回; 从子程序返回主程序		
	03	IRET					中断返回主程序		
	04	EI					中断允许		
	05	DI					中断禁止		
	06	FEND					主程序结束		
	07	WDT					监视定时器;顺控指令中执行监视定时器刷新		O
	08	FOR	S(·)(W4)				循环开始; 重复执行开始,嵌套 5 层以内		
	09	NEXT					循环结束;重复执行结束		
传送和比较	010	CMP	S1(·) (W4)	S2(·) (W4)	D(·) (B′)		比较;[S1(·)]同[S2(·)]比较→[D(·)]	O	
	011	ZCP	S1(·) (W4) S2(·) (W4)	S(·) (W4)	D(·) (B′)		区间比较;[S(·)]同[S1(·)]~[S2(·)]比较→[D(·)],[D(·)]占 3 点	O	
	012	MOV	S(·) (W4)	D(·) (W2)			传送;[S(·)]→[D(·)]	O	
	013	SMOV	S(·) (W4) m_1(·) (W4″)	m_2(·) (W4″)	D(·) (W2)	n (W4″)	移位传送;[S(·)]第 m_1 位开始的 m_2 个数位移到[D(·)]的第 n 个位置,m_1、m_2、n = 1~4		
	014	CML	S(·) (W4)	D(·) (W2)			取反;[S(·)]取反→[D(·)]	O	O
	015	BMOV	S(·) (W3′)	D(·) (W2′)	n (W4′)		块传送;[S(·)]→[D(·)](n 点→n 点),[S(·)]包括文件寄存器,n≤512		O
	016	FMOV	S(·) (W4)	D(·) (W2′)	n (W4″)		多点传送;[S(·)]→[D(·)](1 点~n 点);n≤512	O	O
	017	XCH ◤	D1(·) (W2)	D2(·) (W2)			数据交换;[D1(·)]←→[D2(·)]	O	O
	018	BCD	S(·) (W3)	D(·) (W2)			求 BCD 码;[S(·)]16/32 位二进制数转换成 4/8 位 BCD→[D(·)]	O	O
	019	BIN	S(·) (W3)	D(·) (W2)			求二进制码;[S(·)]4/8 位 BCD 转换成 16/32 位二进制数→[D(·)]	O	O

续表

分类	指令编号 FNC	指令助记符	指令格式、操作数（可用软元件）				指令名称及功能简介	D命令	P命令
四则运算和逻辑运算	020	ADD	S1(·) (W4)	S2(·) (W4)		D(·) (W2)	二进制加法；[S1(·)]+[S2(·)] →[D(·)]	O	O
	021	SUB	S1(·) (W4)	S2(·) (W4)		D(·) (W2)	二进制减法；[S1(·)]−[S2(·)] →[D(·)]	O	O
	022	MUL	S1(·) (W4)	S2(·) (W4)		D(·) (W2′)	二进制乘法；[S1(·)]×[S2(·)] →[D(·)]	O	O
	023	DIV	S1(·) (W4)	S2(·) (W4)		D(·) (W2′)	二进制除法；[S1(·)]÷[S2(·)] →[D(·)]	O	O
	024	INC ▼	D(·)(W2)				二进制加 1；[D(·)]+1→[D (·)]	O	O
	025	DEC ▼	D(·)(W2)				二进制减 1；[D(·)]−1→[D (·)]	O	O
	026	AND	S1(·) (W4)	S2(·) (W4)		D(·) (W2)	逻辑字与；[S1(·)]∧[S2(·)]→ [D(·)]	O	O
	027	OR	S1(·) (W4)	S2(·) (W4)		D(·) (W2)	逻辑字或；[S1(·)]∨[S2(·)]→ [D(·)]	O	O
	028	XOR	S1(·) (W4)	S2(·) (W4)		D(·) (W2)	逻辑字异或；[S1(·)]⊕[S2(·)] →[D(·)]	O	O
	029	NEG ▼	D(·)(W2)				求补码；[D(·)]按位取反+1→ [D(·)]	O	O
循环移位与移位	030	ROR ▼	D(·)(W2)		n (W4″)		循环右移；执行条件成立，[D (·)]循环右移 n 位(高位→低位 →高位)	O	O
	031	ROL ▼	D(·)(W2)		n (W4″)		循环左移；执行条件成立，[D (·)]循环左移 n 位(低位→高位 →低位)	O	O
	032	RCR ▼	D(·)(W2)		n (W4″)		带进位循环右移；[D(·)]带进 位循环右移 n 位(高位→低位→ 十进位→高位)	O	O
	033	RCL ▼	D(·)(W2)		n (W4″)		带进位循环左移；[D(·)]带进 位循环左移 n 位(低位→高位→ 十进位→低位)	O	O
	034	SFTR ▼	S(·) (B)	D(·) (B′)	n_1 (W4″)	n_2 (W4″)	位右移；n_2 位[S(·)]右移→n_1 位的[D(·)]，高位进，低位溢出		O
	035	SFTL ▼	S(·) (B)	D(·) (B′)	n_1 (W4″)	n_2 (W4″)	位左移；n_2[S(·)]左移→n_1 位 的[D(·)]，低位进，高位溢出		O
	036	WSFR ▼	S(·) (W3′)	D(·) (W2′)	n_1 (W4″)	n_2 (W4″)	字右移；n_2 字[S(·)]右移→[D (·)]开始的 n_1 字，高字进，低字溢 出		O
	037	WSFL ▼	S(·) (W3′)	D(·) (W2′)	n_1 (W4″)	n_2 (W4″)	字左移；n_2 字[S(·)]左移→[D (·)]开始的 n_1 字，低字进，高字溢 出		O
	038	SFWR ▼	S(·) (W4)	D(·) (W2′)	n (W4″)		FIFO 写入；先进先出控制的数 据写入，$2 \leqslant n \leqslant 512$		O
	039	SFRD ▼	S(·) (W2′)	D(·) (W2′)	n (W4′)		FIFO 读出；先进先出控制的数 据读出，$2 \leqslant n \leqslant 512$		O

分类	指令编号 FNC	指令助记符	指令格式、操作数(可用软元件)				指令名称及功能简介	D命令	P命令
数据处理	040	ZRST ◣	D1(·) (W1'、B')		D2(·) (W1'、B')		成批复位;[D1(·)]~[D2(·)] 复位,[D1(·)]<[D2(·)]		O
	041	DECO ◣	S(·) (B、W1、W4")	D(·) (B'、W1)	n (W4")		解码;[S(·)]的 n(n=1~8)位 二进制数解码为十进制数 α→[D (·)],使[D(·)]的第 α 位为"1"		O
	042	ENCO ◣	S(·) (B、W1)	D(·) (W1)	n (W4")		编码;[S(·)]的 2ⁿ(n=1~8)位 中的最高"1"位代表的位数(十进 制数)编码为二进制数后→[D (·)]		O
	043	SUM	S(·) (W4)	D(·) (W2)			求置 ON 位的总和;[S(·)]中 "1"的数目存入[D(·)]	O	O
	044	BON	S(·) (W4)	D(·) (B')	n (W4")		ON 位判断;[S(·)]中第 n 位为 ON 时,[D(·)]为 ON(n=0~15)		O
	045	MEAN	S(·) (W3')	D(·) (W2)	n (W4")		平均值;[S(·)]中 n 点平均值 →[D(·)](n=1~64)		O
	046	ANS	S(·) (T)	m (K)	D(·) (S)		标志置位;若执行条件为 ON,[S (·)]中定时器定时 mms 后,标志 位[D(·)]置位。[D(·)]为 S900~ S999		
	047	ANR ◣					标志复位;被置位的定时器复位		O
	048	SOR	S(·) (D、W4")	D(·) (D)			二进制平方根;[S(·)]平方根值 →[D(·)]	O	O
	049	FLT	S(·) (D)	D(·) (D)			二进制整数与二进制浮点数转 换;[S(·)]内二进制整数→[D (·)]二进制浮点数	O	O
高速处理	050	REF	D(·) (X、Y)		n (W4")		输入输出刷新;指令执行,[D (·)]立即刷新。[D(·)]为 X000、 X010、…、Y000、Y010、…,n 为 8、 16、…、256		O
	051	REFF	n (W4")				滤波调整;输入滤波时间调整为 nms,刷新 X000~X017,n=0~60		O
	052	MTR	S(·) (X)	D1(·) (Y)	D2(·) (B')	n (W4")	矩阵输入(使用一次);n 列 8 点 数据以 D1(·)输出的选通信号分 时将[S(·)]数据读入[D2(·)]		
	053	HSCS	S1(·) (W4)	S2(·) (C)	D(·) (B')		比较置位(高速计数);[S1(·)] =[S2(·)]时,D(·)置位,中断输 出到 Y,S2(·)为 C235~C255	O	
	054	HSCR	S1(·) (W4)	S2(·) (C)	D(·) (B'C)		比较复位(高速计数);[S1(·)] =[S2(·)]时,[D(·)]复位,中断 输出到 Y,[D(·)]为 C 时,自复位	O	

分类	指令编号 FNC	指令助记符	指令格式、操作数（可用软元件）				指令名称及功能简介	D命令	P命令
高速处理	055	HSZ	S1(·) (W4)	S2(·) (W4)	S(·) (C)	D(·) (B')	区间比较（高速计数）；[S(·)]与 [S1(·)]~[S2(·)]比较，结果驱动 [D(·)]	O	
	056	SPD	S1(·) (X0~X5)		S2(·) (W4)	D(·) (W1)	脉冲密度；在[S2(·)]时间内，将 [S1(·)]输入的脉冲存入[D(·)]		
	057	PLSY	S1(·) (W4)		S2(·) (W4)	D(·) (Y0 或 Y1)	脉冲输出（使用一次）；以[S1 (·)]的频率从[D(·)]送出[S2 (·)]个脉冲；[S1(·)]:1~1000Hz	O	
	058	PWM	S1(·) (W4)		S2(·) (W4)	D(·) (Y0 或 Y1)	脉宽调制（使用一次）；输出周期 [S2(·)]、脉冲宽度[S1(·)]的脉冲 至[D(·)]。周期为 1~32767ms，脉宽为 1~32767ms		
	059	PLSR	S1(·) (W4)	S2(·) (W4)	S3(·) (W4)	D(·) (Y0 或 Y1)	可调速脉冲输出（使用一次）；[S1(·)]最高频率：10~20000Hz；[S2(·)]总输出脉冲数；[S3(·)]增减速时间：5000ms 以下；[D(·)]:输出脉冲	O	
便利指令	060	IST	S(·) (X、Y、M)		D1(·) (S20~S899)	D2(·) (S20~S899)	状态初始化（使用一次）；自动控制步进顺控中的状态初始化。[S(·)]为运行模式的初始输入；[D1(·)]为自动模式中的实用状态的最小号码；[D2(·)]为自动模式中的实用状态的最大号码		
	061	SER	S1(·) (W3')	S2(·) (C')	D(·) (W2')	n (W4")	查找数据；检索以[S1(·)]为起始的 n 与[S2(·)]相同的数据，并将其个数存于[D(·)]	O	O
	062	ABSD	S1(·) (W3')	S2(·) (C')	D(·) (B')	n (W4")	绝对值式凸轮控制（使用一次）；对应[S2(·)]计数器的当前值，输出[D(·)]开始的 n 点由[S1(·)]内数据决定的输出波形		
	063	INCD	S1(·) (W3')	S2(·) (C)	D(·) (B')	n (W4")	增量式凸轮顺控（使用一次）；对应[S2(·)]的计数器当前值，输出[D(·)]开始的 n 点由[S1(·)]内数据决定的输出波形。[S2(·)]的第二个计数器统计复位次数		
	064	TIMR	D(·) (D)		n (0~2)		示数定时器；用[D(·)]开始的第二个数据寄存器测定执行条件 ON 的时间，乘以 n 指定的倍率存入[D(·)],n 为 0~2		
	065	STMR	S(·) (T)		m (W4")	D(·) (B')	特殊定时器；m 指定的值作为 [S(·)]指定定时器的设定值，使 [D(·)]指定的 4 个器件构成延时断开定时器、输入 ON→OFF 后的脉冲定时器、输入 OFF→ON 后的脉冲定时器、滞后输入信号向相反方向变化的脉冲定时器		

续表

分类	指令编号 FNC	指令助记符	指令格式、操作数(可用软元件)				指令名称及功能简介	D命令	P命令
便利指令	066	ALT ▼	D(·) (B')				交替输出;每次执行条件由 OFF→ON 的变化时,[D(·)]由 OFF→ON、ON→OFF……交替输出	O	
	067	RAMP	S1(·) (D)	S2(·) (D)	D(·) (B')	n (W4")	斜坡信号;[D(·)]的内容从[S1(·)]的值到[S2(·)]的值慢慢变化,其变化时间为 n 个扫描周期。n:1~32767		
	068	ROTC	S(·) (D)	m₁ (W4")	m₂ (W4")	D(·) (B')	旋转工作台控制(使用一次);[S(·)]指定开始的 D 为工作台位置检测计数寄存器,其次指定的 D 为取出位置号寄存器,再次指定的 D 为要取工件号寄存器,m₁ 为分度区数,m₂ 为低速运行行程。完成上述设定,指令就自动在[D(·)]指定输出控制信号		
	069	SORT	S(·) (D)	m₁ (W4")	m₂ (W4")	D(·) (D)	表数据排序(使用一次);[S(·)]为排序表的首地址,m₁ 为行号,m₂ 为列号。指令将以 n 指定的列号,将数据从小开始进行整理排列,结果存入[D(·)]指定的为首地址的目标元件中,形成新的排序表;m₁:1~32,m₂:1~6,n:1~m₂		
外部机器 I/O	070	TKY	S(·) (B)	D1(·) (W2')	D2(·) (B')		十键输入(使用一次);外部十键键号次次为 0~9,连接于[S(·)],每按一次键,其键号依次存入[D1(·)],[D2(·)]指定的位元件依次为 ON	O	
	071	HKY	S(·) (X)	D1(·) (Y)	D2(·) (W1)	D3(·) (B')	十六键输入(使用一次);以[D1(·)]为选通信号,顺序将[S(·)]所按键号存入[D2(·)],每次按键以 BIN 码存入,超出上限 9999,溢出;按 A~F 键,[D3(·)]指定位元件依次为 ON	O	
	072	DSW	S(·) (X)	D1(·) (Y)	D2(·) (W1)	n (W4")	数字开关(使用二次);四位一组(n=1)或四位二组(n=2)BCD 数字开关由[S(·)]输入,以[D1(·)]为选通信号,顺序将[S(·)]所输入数字送到[D2(·)]		
	073	SEGD	S(·) (W4)		D(·) (W2)		七段码译码;将[S(·)]低四位指定的 0~F 的数据译成七段码显示的数据格式存入[D(·)],[D(·)]高 8 位不变		O
	074	SEGL	S(·) (W4)		D(·) (X)	n (W4")	带锁存七段码显示(使用二次),四位一组(n=0~3)或四位二组(n=4~7)七段码,由[D(·)]的第 2 四位为选通信号,顺序显示由[S(·)]经[D(·)]的第 1 四位或[D(·)]的第 3 四位输出的值		O

分类	指令编号 FNC	指令助记符	指令格式、操作数（可用软元件）				指令名称及功能简介	D命令	P命令
外部机器 I/O	075	ARWS	S(·) (B)	D1(·) (W1)	D2(·) (Y)	n (W4″)	方向开关（使用一次）；[S(·)]指定位移位与各位数值增减用的箭头开关，[D1(·)]指定的元件中存放显示的二进制数，根据[D2(·)]指定的第 2 个四位输出的选通信号，依次从[D2(·)]指定的第 1 个四位输出显示。按位移开关，顺序选择所要显示位；按数值增减开关，[D1(·)]数值由 0～9 或 9～0 变化。n 为 0～3，选择选通位		
外部机器 I/O	076	ASC	S(·) （字母数字）	D(·) (W1′)			ASCⅡ码转换；[S(·)]存入微机输入 8 个字节以下的字母数字。指令执行后，将[S(·)]转换为 ASC 码后送到[D(·)]		
外部机器 I/O	077	PR	S(·) (W1′)	D(·) (Y)			ASCⅡ码打印（使用二次）；将[S(·)]的 ASC 码→[D(·)]		
外部机器 I/O	078	FROM	m₁ (W4″)	m₂ (W4″)	D(·) (W2)	n (W4″)	BFM 读出；将特殊单元缓冲存储器（BMF）的 n 点数据读到[D(·)]；m₁＝0～7，特殊单元特殊模块号；m₂＝0～31，缓冲存储器（BFM）号码；n＝1～32，传送点数	0	0
外部机器 I/O	079	TO	m₁ (W4″)	m₂ (W4″)	S(·) (W4)	n (W4″)	写入 BFM；将可编程控制器[S(·)]的 n 点数据写入特殊单元缓冲存储器（BFM），m₁＝0～7，特殊单元模块号；m₂＝0～31，缓冲存储器（BFM）号码；n＝1～32，传送点数	0	0
外部机器 SER	080	RS	S(·) (D)	m (W4″)	D(·) (D)	n (W4″)	串行通信传递；使用功能扩展板进行发送接收串行数据。发送[S(·)]m 点数据至[D(·)]n 点数据。m、n：0～256		
外部机器 SER	081	PRUN	S(·) (KnM、KnX) （n＝1～8）	D(·) (KnY、KnM) （n＝1～8）			八进制位传送；[S(·)]转换为八进制，送到[D(·)]	0	0
外部机器 SER	082	ASCI	S(·) (W4)	D(·) (W2′)	n (W4″)		HEX→ASCⅡ变换；将[S(·)]内 HEX（十六进）制数据的各位转换成 ASCⅡ码向[D(·)]的高低 8 位传送。传送的字符数由 n 指定，n：1～256		0
外部机器 SER	083	HEX	S(·) (W4′)	D(·) (W2)	n (W4″)		ASCⅡ→HEX变换；将[S(·)]内高低 8 位的 ASCⅡ（十六进制）数据的各位转换成 ASCⅡ码向[D(·)]的高低 8 位传送。传送的字符数由 n 指定，n：1～256		0

分类	指令编号 FNC	指令助记符	指令格式、操作数(可用软元件)				指令名称及功能简介	D命令	P命令
外部机器 SER	084	CCD	S(·) (W3')	D(·) (W1")	n (W4")		检验码;用于通信数据的校验。以[S(·)]指定的元件为起始的 n 点数据,将其高低 8 位数据的总和校验检查[D(·)]与[D(·)]+1 的元件		O
	085	VRRD	S(·) (W4")		D(·) (W2)		模拟量输入;将[S(·)]指定的模拟量设定模板的开关模拟值 0~255 转换为 8 位 BIN 传送到[D(·)]		O
	086	VRRD	S(·) (W4")		D(·) (W2)		模拟量开关设定;[S(·)]指定的开关刻度 0~10 转换为 8 位 BIN 传送到[D(·)]。[S(·)]:开关号码 0~7		O
	087								
	088	PID	S1(·) (D)	S2(·) (D)	S3(·) (D)	D(·) (D)	PID 回路运算;在[S1(·)]设定目标值;在[S2(·)]设定测定当前值;在[S3(·)]~[S3(·)]+6 设定控制参数值;执行程序时,运算结果被存入[D(·)]。[S3(·)]:D0~D975		
	089								
浮点运算	110	ECMP	S1(·)	S2(·)	D(·)		二进制浮点比较;[S1(·)]与[S2(·)]比较→[D(·)]	O	O
	111	EZCP	S1(·)	S2(·)	S(·)	D(·)	二进制浮点比较;[S1(·)]与[S2(·)]比较→[D(·)]。[D(·)]占 3 点,[S1(·)]<[S2(·)]	O	O
	118	EBCD	S(·)	D(·)			二进制浮点转换十进制浮点;[S(·)]转换为十进制浮点→[D(·)]	O	O
	119	EBIN	S(·)	D(·)			十进制浮点转换二进制浮点;[S(·)]转换为二进制浮点→[D(·)]	O	O
	120	EADD	S1(·)	S2(·)	D(·)		二进制浮点加法;[S1(·)]+[S2(·)]→[D(·)]	O	O
	121	ESUB	S1(·)	S2(·)	D(·)		二进制浮点减法;[S1(·)]-[S2(·)]→[D(·)]	O	O
	122	EMUL	S1(·)	S2(·)	D(·)		二进制浮点乘法;[S1(·)]×[S2(·)]→[D(·)]	O	O
	123	EDIV	S1(·)	S2(·)	D(·)		二进制浮点除法;[S1(·)]÷[S2(·)]→[D(·)]	O	O
	127	ESOR	S(·)	D(·)			开方;[S(·)]开方→[D(·)]	O	O
	129	INT	S(·)	D(·)			二进制浮点→BIN 整数转换;[S(·)]转换 BIN 整数→[D(·)]	O	O
	130	SIN	S(·)	D(·)			浮点 SIN 运算;[S(·)]角度的正弦→[D(·)]。0°≤角度<360°	O	O

续表

分类	指令编号 FNC	指令助记符	指令格式、操作数（可用软元件）					指令名称及功能简介	D命令	P命令
浮点运算	131	COS	S(·)			D(·)		浮点 COS 运算；[S(·)]角度的余弦→[D(·)]。0°≤角度＜360°	O	O
	132	TAN	S(·)			D(·)		浮点 TAN 运算；[S(·)]角度的正切→[D(·)]。0°≤角度＜360°	O	O
数据处理2	147	SWAP	S(·)					高低位变换；16 位时，低 8 位与高 8 位交换；32 位时，各个低 8 位与高 8 位交换	O	O
时钟运算	160	TCMP	S1(·)	S2(·)	S3(·)	S(·)	D(·)	时钟数据比较；指定时刻[S(·)]与时钟数据[S1(·)]时[S2(·)]分[S3(·)]秒比较，比较结果在[D(·)]显示。[D(·)]占有 3 点		O
	161	TZCP	S1(·)	S2(·)	S9(·)		D(·)	时钟数据区域比较；指定时刻[S(·)]与时钟数据区域[S1(·)]～[S2(·)]比较，比较结果在[D(·)]显示。[D(·)]占有 3 点。[S1(·)]≤[S2(·)]		O
	162	TADD	S1(·)		S2(·)		D(·)	时钟数据加法；以[S2(·)]起始的 3 点时刻数据加上存入[S1(·)]起始的 3 点时刻数据，其结果存入以[D(·)]起始的 3 点中		O
	163	TSUB	S1(·)		S2(·)		D(·)	时钟数据减法；以[S1(·)]起始的 3 点时刻数据减去存入以[S2(·)]起始的 3 点时刻数据，其结果存入以[D(·)]起始的 3 点中		O
	166	TRD	D(·)					时钟数据读出；将内藏的实时计算器的数据在[D(·)]占有的 7 点读出		O
	167	TWR	S(·)					时钟数据写入；将 S[(·)]占有的 7 点数据写入内藏的实时计算器		O
格雷码转换	170	GRY	S(·)			D(·)		格雷码转换；将[S(·)]格雷码转换为二进制值，存入[D(·)]	O	O
	171	GBIN	S(·)			D(·)		格雷码逆变换；将[S(·)]二进制值转换为格雷码，存入[D(·)]	O	O
接点比较	224	LD =	S1(·)			S2(·)		触点型比较指令；连接母线型接点，当[S1(·)]=[S2(·)]时接通	O	
	225	LD >	S1(·)			S2(·)		触点型比较指令；连接母线型接点，当[S1(·)]>[S2(·)]时接通	O	
	226	LD <	S1(·)			S2(·)		触点型比较指令；连接母线型接点，当[S1(·)]<[S2(·)]时接通	O	

续表

分类	指令编号 FNC	指令助记符	指令格式、操作数(可用软元件)		指令名称及功能简介	D命令	P命令
接点比较	228	LD < >	S1(·)	S2(·)	触点型比较指令;连接母线接点,当[S1(·)] < >[S2(·)]时接通	O	
	229	LD ≤	S1(·)	S2(·)	触点型比较指令;连接母线接点,当[S1(·)] ≤[S2(·)]时接通	O	
	230	LD ≥	S1(·)	S2(·)	触点型比较指令;连接母线型接点,当[S1(·)] ≥[S2(·)]时接通	O	
	232	AND =	S1(·)	S2(·)	触点型比较指令;串联型接点,当[S1(·)] =[S2(·)]时接通	O	
	233	AND >	S1(·)	S2(·)	触点型比较指令;串联型接点,当[S1(·)] >[S2(·)]时接通	O	
	234	AND <	S1(·)	S2(·)	触点型比较指令;串联型接点,当[S1(·)] <[S2(·)]时接通	O	
	236	AND < >	S1(·)	S2(·)	触点型比较指令;串联型接点,当[S1(·)] < >[S2(·)]时接通	O	
	237	AND ≤	S1(·)	S2(·)	触点型比较指令;串联型接点,当[S1(·)] ≤[S2(·)]时接通	O	
	238	AND ≥	S1(·)	S2(·)	触点型比较指令;串联型接点,当[S1(·)] ≥[S2(·)]时接通	O	
	240	OR =	S1(·)	S2(·)	触点型比较指令;并联型接点,当[S1(·)] =[S2(·)]时接通	O	
	241	OR >	S1(·)	S2(·)	触点型比较指令;并联型接点,当[S1(·)] >[S2(·)]时接通	O	
	242	OR <	S1(·)	S2(·)	触点型比较指令;并联型接点,当[S1(·)] <[S2(·)]时接通	O	
	244	OR < >	S1(·)	S2(·)	触点型比较指令;并联型接点,当[S1(·)] < >[S2(·)]时接通	O	
	245	OR ≤	S1(·)	S2(·)	触点型比较指令;并联型接点,当[S1(·)] ≤[S2(·)]时接通	O	
	246	OR ≥	S1(·)	S2(·)	触点型比较指令;并联型接点,当[S1(·)] ≥[S2(·)]时接通	O	

注 表中 D 命令栏中有"O"的表示可以是 32 位的指令;P 命令栏中有"O"的表示可以是脉冲执行型的指令。

上表中,表示各操作数可用元件类型的范围符号是:B、B′、W1、W2、W3、W4、W1′、W2′、W3′、W4′、W1″、W4″,其表示的范围如图 D1 所示。

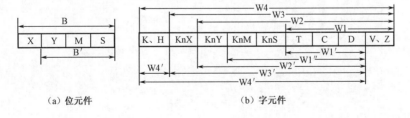

图 D1 操作数可用元件类型的范围符号

参 考 文 献

[1] 张万忠. 可编程控制器入门与应用实例[M]. 北京：中国电力出版社，2007.

[2] 廖常初. PLC 基础及应用[M]. 北京：人民邮电出版社，2007.

[3] 郭琼. PLC 应用技术[M]. 北京：机械工业出版社，2009.

[4] 阮友德. PLC 基础实训教程[M]. 北京：人民邮电出版社，2007.

[5] 苏家健. 可编程程序控制器应用实训[M]. 北京：电子工业出版社，2009.

[6] 黄中玉. PLC 应用技术[M]. 北京：人民邮电出版社，2009.

[7] 孙德胜. PLC 操作实训[M]. 北京：机械工业出版社，2008.

[8] 高南. PLC 控制系统编程与实现任务解析[M]. 北京：北京邮电大学出版社，2008.

反侵权盗版声明

电子工业出版社依法对本作品享有专有出版权。任何未经权利人书面许可，复制、销售或通过信息网络传播本作品的行为，歪曲、篡改、剽窃本作品的行为，均违反《中华人民共和国著作权法》，其行为人应承担相应的民事责任和行政责任，构成犯罪的，将被依法追究刑事责任。

为了维护市场秩序，保护权利人的合法权益，我社将依法查处和打击侵权盗版的单位和个人。欢迎社会各界人士积极举报侵权盗版行为，本社将奖励举报有功人员，并保证举报人的信息不被泄露。

举报电话：（010）88254396；（010）88258888

传　　真：（010）88254397

E-mail：　dbqq@phei.com.cn

通信地址：北京市万寿路 173 信箱

　　　　　电子工业出版社总编办公室

邮　　编：100036